# 有機化学

基礎化合物から機能材料まで

荒木孝二・工藤一秋 著

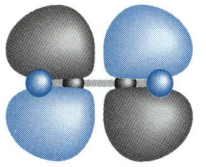

東京化学同人

# 序

　炭素を主体とする有機化合物の最大の特徴は，その多様性である．自然界には，多種・多様な構造と特性をもつ有機化合物が存在する．有機化学は，このような生命が生み出す有機物質の性質を分析し理解することから始まったが，1828年のWöhlerによる尿素の人工合成を契機に，自然界にない新しい有機化合物の合成も対象となり大きく発展してきた．20世紀後半以降になると，新しい有機化合物がつぎつぎにつくり出されてその数は急激に増加し，自然界に存在する数をはるかに凌駕している．そして，膨大な数の有機分子が集積した有機物質・材料は，無限ともいえるほど多様な集積構造をとることが可能であり，最適化された組織構造の実現により，生命活動に代表される精緻で高度な特性・機能を発現できることが明らかになりつつある．また多様な有機物質・材料は，私たちの生活を支える物質として，身近なところから最先端の材料まで，あらゆるところで欠かすことのできない役割を担っている．

　このように，有機分子だけでなく生命現象や有機材料に関する知識が急速に進展した現在では，生命を担い生活を支える多様な有機化合物・物質の全体像を知るためには，従来のように有機化合物の分子としての性質や反応を主として学ぶだけでは十分とはいえず，より現代的な視点からのアプローチが必要となる．本書では，有機化学を「有機化合物の化学」として位置づけ，有機化合物の分子構造，性質，反応，分子間相互作用などの基礎的な事項に加えて，生命を担う有機化合物や生活を支える有機化合物についても記述し，魅力にあふれる新しい有機化学の全体像をわかりやすく解説した．より深く有機化学を学ぶための出発点となる教科書として，また生命科学や物質科学で重要性が増大している有機化合物の基礎を学ぶための入門書として，本書が役に立つことを願ってやまない．

　末筆となりますが，本書の刊行に向けて忍耐強く熱心にご尽力いただいた東京化学同人編集部の山田豊氏に深く感謝いたします．

2010年9月

著者を代表して

荒　木　孝　二

# 目　　次

## 1章　有機化合物と有機化学 ··········································································· 1
1・1　有機化合物と生命 ············· 1
1・2　有機化学とその歴史 ············ 2
1・3　有機化合物の多様性とその機能 ········ 4

> コラム　天然由来の香料と染料／再生繊維と合成繊維／分子認識から超分子化学へ

## 2章　有機分子をつくる化学結合と分子間相互作用 ·············································· 7
2・1　原子から分子へ ··············· 7
 2・1・1　原子構造と電子 ············ 7
 2・1・2　イオン化エネルギーと電子親和力 ··· 9
 2・1・3　化学結合 ················ 10
2・2　有機化合物と共有結合 ········· 11
 2・2・1　有機化合物の電子状態 ······· 11
 2・2・2　炭素–水素間および
　　　　炭素–炭素間の共有結合 ······ 14
 2・2・3　共有結合と分極 ············ 15
2・3　共有結合の切断と形成——化学反応 ··· 16
 2・3・1　化学反応の速度と次数 ······· 16
 2・3・2　化学反応の素反応と形式 ······ 18
2・4　分子間にはたらく力——
　　　　　　　　　分子間相互作用 ····· 18
 2・4・1　分子間にはたらく力の取扱い ··· 19
 2・4・2　静電相互作用と van der Waals 力 ··· 20
 2・4・3　電荷移動相互作用 ··········· 22
 2・4・4　その他の分子間相互作用 ······ 22
 2・4・5　分子間相互作用の特徴 ······· 24

> コラム　イオン結合の強さを見積もる／混成軌道とその形／飽和化合物と不飽和化合物／分極と双極子モーメント／誘電率と静電相互作用

## 3章　脂肪族化合物の構造と性質 ···································································· 25
3・1　有機化合物の命名法 ··········· 25
3・2　アルカンとシクロアルカン ····· 28
 3・2・1　アルカン類の分子構造と性質 ··· 28
 3・2・2　アルカン類の反応と特徴 ······ 34
 3・2・3　アルカンの製造と用途 ······· 36
3・3　アルケンとアルキン ··········· 37
 3・3・1　アルケン，アルキンの
　　　　分子構造と性質 ············ 37
 3・3・2　アルケン，アルキンの反応 ····· 41
 3・3・3　アルケン，アルキンの製造と用途 ··· 44
3・4　ヘテロ原子を含む脂肪族化合物 ··· 44
3・5　ハロアルカン（ハロゲン化アルキル） ··· 45
 3・5・1　ハロアルカンの分子構造と性質 ··· 45
 3・5・2　ハロアルカンの反応 ········· 46
 3・5・3　ハロアルカンの用途 ········· 47

3・6 酸素を含む有機化合物：アルコール，
　　　アルデヒドとケトン，カルボン酸……47
　3・6・1 アルコールとエーテル……………47
　3・6・2 アルデヒドとケトン………………51
　3・6・3 カルボン酸…………………………54
3・7 窒素を含む有機化合物……………………59
　3・7・1 アミン………………………………59
　3・7・2 その他の窒素をもつ有機化合物…61

コラム　置換基と特性基/分子の表し方/CAS 登録番号/高級と低級/Newman 投影図/位置番号の付け方/多環式飽和炭化水素/ラジカル（遊離基）/ラジカルの生成しやすさ/メタンハイドレート/多重結合や特性基を接尾語で示すときの位置の表示/フロンティア軌道/求電子反応と求核反応/カルボカチオンとカルボアニオン/Markovnikov 則と位置選択性/Grignard 反応剤/フロンとハロン/Williamson 法によるエーテル合成/アルドール縮合/酸と塩基/酸の強さと $pK_a$/カカオバター/化合物の酸性・塩基性の強さを決める因子/塩基の強さと $pK_a$/ハロゲン，酸素，窒素以外のヘテロ原子を含む脂肪族化合物

## 4章　π共役系と芳香族化合物の構造と性質……………………………………………………65

4・1 π共役系……………………………………65
　4・1・1 共役ジエンとπ電子の
　　　　　非局在化……………………………65
　4・1・2 π共役系をもつ化合物の性質………67
4・2 環状π共役系をもつ化合物………………70
　4・2・1 ベンゼン……………………………70
　4・2・2 その他の環状π共役系をもつ
　　　　　炭化水素……………………………71
4・3 芳香族化合物………………………………72
　4・3・1 芳香族性……………………………72
　4・3・2 芳香族化合物の命名法……………72
　4・3・3 代表的な芳香族化合物……………73
4・4 芳香族化合物の性質………………………75
　4・4・1 ベンゼン誘導体の置換基効果(1)：
　　　　　化学的性質…………………………75
　4・4・2 置換基の電子的影響………………77
　4・4・3 ベンゼン誘導体の置換基効果(2)：
　　　　　イオン化エネルギー………………78
　4・4・4 ベンゼン誘導体の置換基効果(3)：
　　　　　光吸収………………………………80
4・5 芳香族化合物の反応………………………80
　4・5・1 ベンゼン環で起こる反応…………81
　4・5・2 ベンゼン誘導体の
　　　　　置換基で起こる反応………………82
4・6 多環式芳香族化合物………………………83
4・7 私たちの生活と芳香族化合物……………85

コラム　量子化学で見るπ電子の非局在化/光の吸収と色/ジエンの共鳴構造/芳香族化合物とにおい/ポリフェノール/紫外線吸収剤

## 5章　複素環式化合物の構造と性質……………………………………………………………………87

5・1 複素環式化合物……………………………87
5・2 複素環式化合物の命名法…………………87
5・3 代表的な複素環式化合物の構造と性質…88
　5・3・1 6員環複素環式化合物……………88
　5・3・2 5員環複素環式化合物……………90
5・4 複素環式化合物の反応……………………94
　5・4・1 5員環複素環式化合物……………94
　5・4・2 6員環複素環式化合物……………94
5・5 私たちの生活と複素環式化合物…………94

コラム　ピリリウムイオンと花の色/プリン誘導体と痛風

## 6章　生命を担う有機化合物 ……… 97

- 6・1　立体化学 ……… 97
  - 6・1・1　立体化学の表記法 ……… 97
  - 6・1・2　分子構造とキラリティー ……… 99
  - 6・1・3　光学活性体 ……… 99
  - 6・1・4　立体化学の命名法 ……… 100
  - 6・1・5　ジアステレオマー ……… 101
  - 6・1・6　光学活性体の入手 ……… 103
  - 6・1・7　光学分割 ……… 103
  - 6・1・8　不斉合成 ……… 104
- 6・2　エナンチオマーの生理作用 ……… 106
  - 6・2・1　味とにおい ……… 106
  - 6・2・2　薬の作用 ……… 107
  - 6・2・3　レセプターとエナンチオマーの相互作用 ……… 107
- 6・3　生体有機分子の化学と生命現象 ……… 108
  - 6・3・1　生命現象と分子 ……… 108
  - 6・3・2　アミノ酸, ペプチド, タンパク質 ……… 108
  - 6・3・3　糖　質 ……… 113
  - 6・3・4　脂　質 ……… 116
  - 6・3・5　核　酸 ……… 118
  - 6・3・6　有機化学と生命現象 ……… 121

> コラム　計算化学的手法で求めたコンホメーション I／アルケンの *E/Z* 表示法／計算化学的手法で求めたコンホメーション II／立体異性体の分類／有機分子不斉触媒／人工タンパク質／病気と治療薬／セルロースとバイオエタノール／もう一つの核酸——RNA

## 7章　有機化合物をつくる——有機合成化学 ……… 123

- 7・1　有機合成化学の方法論 ……… 123
- 7・2　炭素-炭素結合生成反応 ……… 126
  - 7・2・1　カルボアニオンを用いた炭素-炭素結合生成反応 ……… 128
  - 7・2・2　カルボカチオンを用いた炭素-炭素結合生成反応 ……… 129
  - 7・2・3　炭素骨格の構築と炭素の酸化度 ……… 130
- 7・3　目的化合物を選択的につくる ……… 131
  - 7・3・1　選択的反応 ……… 132
  - 7・3・2　保護基 ……… 133
- 7・4　触媒反応 ……… 134

> コラム　建築と有機合成／炭素の酸化度と有機反応の分類／Diels-Alder 反応

## 8章　生活と有機化学 ……… 135

- 8・1　高分子化合物 ……… 135
  - 8・1・1　高分子化合物の生成 ……… 135
  - 8・1・2　高分子化合物の組成と構造 ……… 140
  - 8・1・3　高分子化合物の性質 ……… 141
- 8・2　有機化学工業——産業としての有機化学 ……… 143
  - 8・2・1　有機化学工業のはじまり ……… 143
  - 8・2・2　現在の有機化学工業 ……… 144
  - 8・2・3　石油精製業 ……… 145
  - 8・2・4　石油化学工業 ……… 147
  - 8・2・5　高分子化学工業 ……… 148
  - 8・2・6　医薬品製造業 ……… 152
- 8・3　有機機能材料——有機化学の新しい展開 ……… 152
  - 8・3・1　光電子機能材料 ……… 153
  - 8・3・2　力学・強度機能材料 ……… 155
  - 8・3・3　生体機能材料 ……… 155
- 8・4　環境と有機化合物 ……… 156
  - 8・4・1　生体への影響 ……… 157
  - 8・4・2　環境への影響 ……… 158

8・5 よりよい生活に向けた有機化学…………163
    8・5・1 医薬品——
        命を助ける有機化合物………163

8・5・2 夢を実現する有機材料………………164
8・5・3 負の影響を最小限にする
    ための取組み………164

> コラム　ビニル化合物/エポキシドとラクタム/フェノール樹脂とメラミン樹脂/エチレンの重合法/粘性/ゲルとチキソトロピー/石炭化学工業——モーベインとアセチレン/石油の消費量/水素化精製/ガソリンのオクタン価とは/樹脂とプラスチック/分子と材料/油脂化学工業/液晶ディスプレイの動作原理/半数致死量/変異原性と発がん性/環境基本法/有害大気汚染物質/生物濃縮/ダイオキシン類/PCB

和文索引……………………………………………………………………………………167
欧文索引……………………………………………………………………………………176

**有機化合物の電子密度.** 電子密度が高いほうから低いほうへ向かって赤→橙→黄→緑→水色→青の順で表示されている.

アセトン（3章：p. 52 参照）

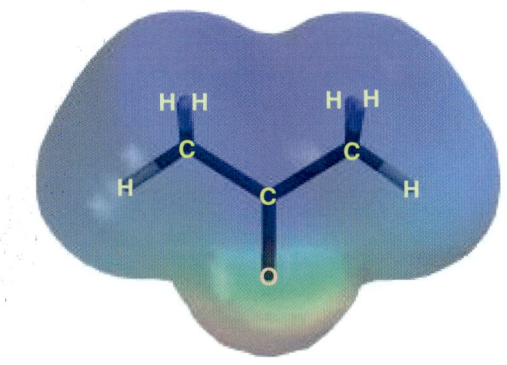

エチルアミン（3章：p. 61 参照）

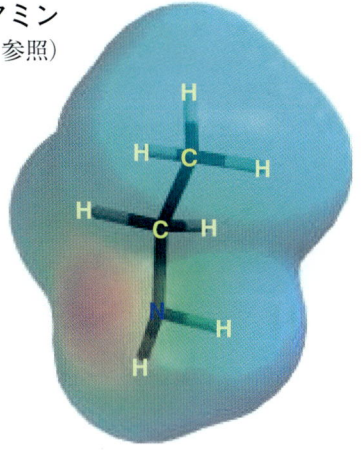

ベンゼン（4章：p. 70 参照）

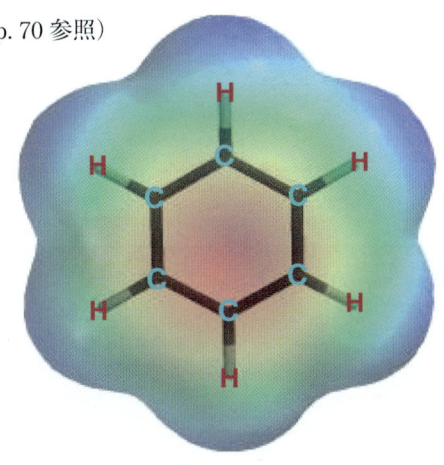

ピリジン（5章：p. 89 参照）

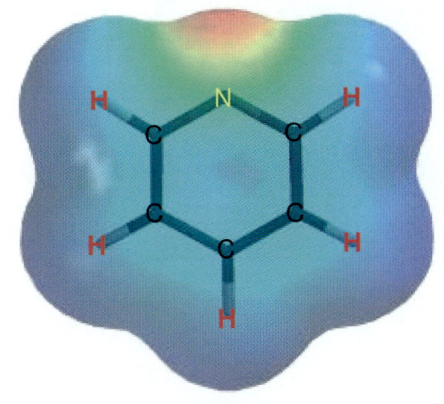

ピロール（5章：p. 91 参照）

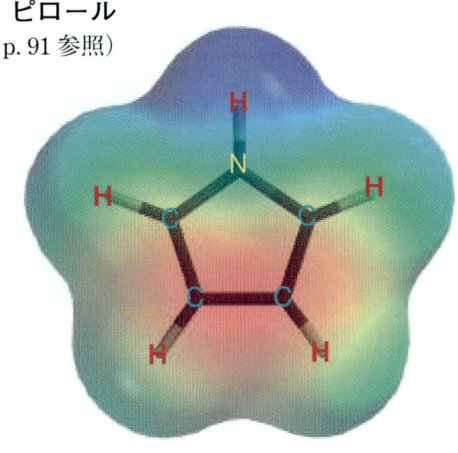

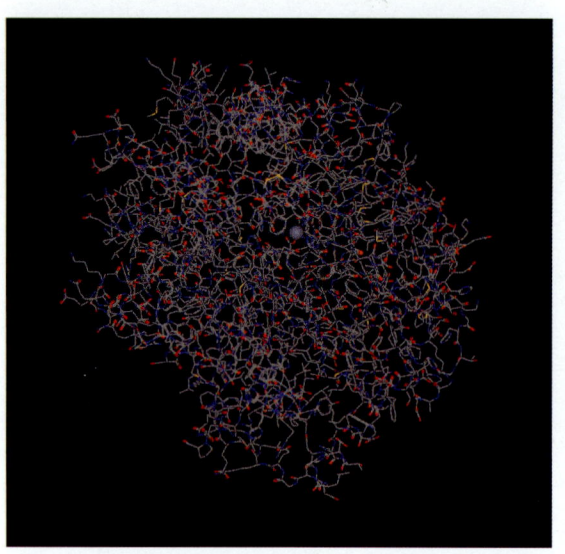 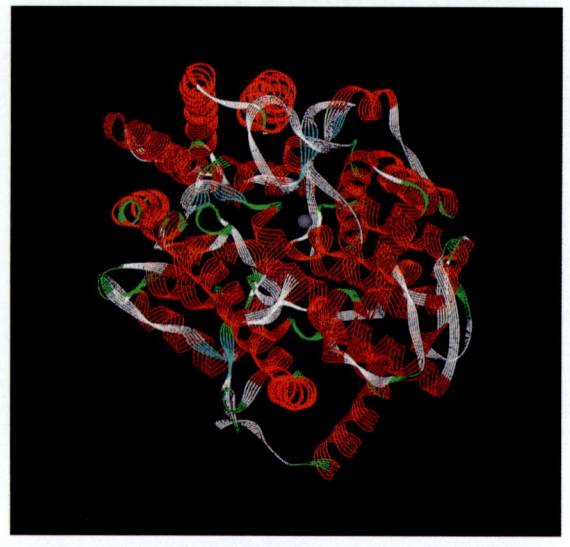

**アンギオテンシン変換酵素（ACE）の構造**．中心付近にある球は亜鉛（Ⅱ）イオンである．長いポリペプチド鎖がきわめてコンパクトに折りたたまれている．左は水素を除くすべての原子を表示したもの，右はポリペプチド主鎖のつながり方をリボン表示で概観したもの．赤い部分は$\alpha$ヘリックス，水色の部分は$\beta$ストランドである．6章：p. 110，112参照

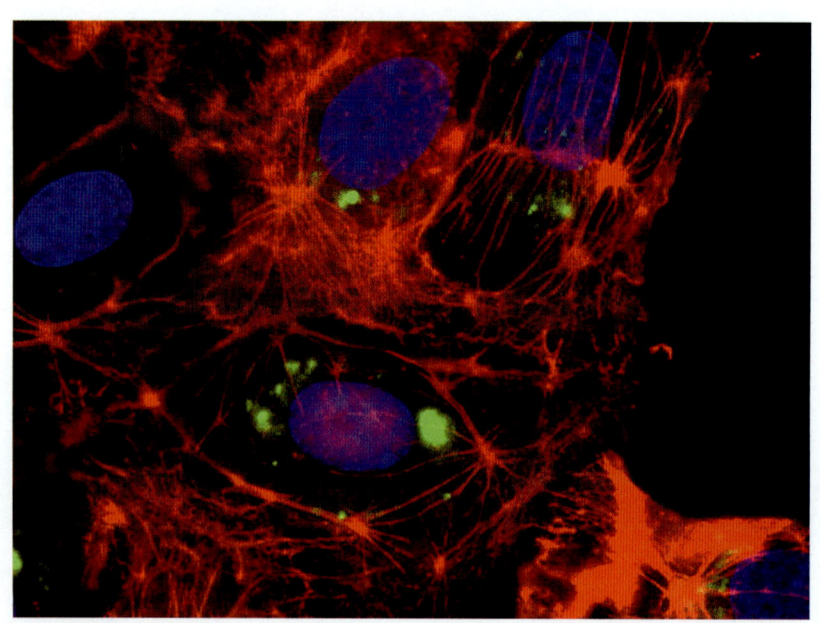

**蛍光染色したイヌの腎臓細胞**．赤はローダミンで染色したアクチン，緑はフルオレセインで染めた細胞接着斑タンパク質，青はDAPI（4′,6-ジアミジノ-2-フェニルインドール）で染色した核を示す．8章：p. 153参照．東京大学大学院工学系研究科　長棟研究室提供

# 1 有機化合物と有機化学

有機化学は，有機化合物を対象とする学問の一分野である．従来の有機化学は，有機化合物の分子としての性質や反応性を中心に取扱ってきた．しかしながら，生命現象の分子レベルでの解析，多種多様な有機材料の開発，高度な機能をもつ新しい有機材料の出現などを通して，有機化合物が集積した組織構造の重要性が強く認識され，従来の有機化学の概念を大きく拡張した超分子化学という分野として進展しつつある．この章ではこのような状況を概説する．

有機化学(organic chemistry)

## 1・1 有機化合物と生命

有機体とは生物を他の物質系と区別して表す言葉であり，**有機化合物**はもともと生物に由来する物質のことを意味していた．これらの物質は炭素を主体とする化合物であるが，その後，人工的に合成されるようになったため，生物由来の有無にかかわらず，現在では炭素化合物のことを総称して"有機化合物"とよんでいる．炭素と水素からなる炭化水素をはじめとして，多様な有機化合物が存在する．

2種類以上の元素からなる物質を化合物という．

有機化合物(organic compound)

炭酸塩や酸化物（二酸化炭素など）などは有機化合物に含まれない．

表1・1 地殻と人体の主な元素の存在度（wt %）

| 地殻 | | 人体 | |
|---|---|---|---|
| O | 47 | O | 65 |
| Si | 27 | C | 18 |
| Al | 8 | H | 10 |
| Fe | 5 | N | 3.0 |
| Ca | 4 | Ca | 1.5 |
| Na | 3 | P | 1.0 |
| K | 3 | S | 0.25 |
| Mg | 2 | K | 0.20 |
| Ti | 0.4 | Na | 0.15 |
| H | 0.1 | Cl | 0.15 |
| P | 0.1 | Mg | 0.05 |
| C | 0.02 | Fe | 0.01 |

地殻には $SiO_2$ や $Al_2O_3$ が多く含まれている．一方，人体には多量の水（$H_2O$）が含まれており，成人男子の場合で60％程度を占めるが，残りはおおよそ有機物35％と無機物5％であるとされている．

自然界には100を超える元素が存在するが，その中で周期表の第2周期，4族に位置する炭素が生命に直接かかわる元素としてきわめて重要なことは，元素の存在度からもうかがえる．地球の地殻を構成する元素としては，炭素は0.02％しか含まれていないにもかかわらず，人体では18％を占めている（表1・1）．この事実は，炭素化合物である有機化合物が生命現象を担うものとして重要であることを示している．

## 1・2 有機化学とその歴史

有機化学は，有機化合物の構造，物性，反応，合成などを取扱う一つの学問分野であるが，その始まりははっきりとわからない．現在の分子という概念に基づく有機化学が誕生する以前から，人類はさまざまな有機物質を食べ物としてだけでなく，多くの目的に利用していたからである．たとえば，発酵で得られるアルコール，植物や動物由来の香料，繊維を美しい色に染める染料，油脂を植物灰中の金属塩と反応させてつくるセッケンなどである．ただ，この段階では，有機物質が生命の神秘的な力によって生まれる，つまり有機物質は「生命がつくり出すもの」と考えられていたので，初期の有機化学の主題は有機物質の性質を分析し

ゲラニオール（geraniol）

ムスコン（muscone）

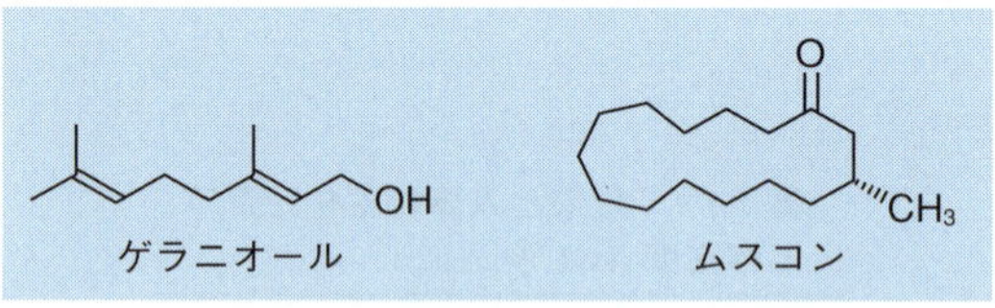

インジゴ（indigo）

アリザリン（alizarin）

---

### 天然由来の香料と染料

天然由来の香料としては，植物から得られる精油（バラ精油など）や樹脂（乳香など）が主であるが，ジャコウジカから得られるムスクのように動物由来のものもあり，いずれも古代から珍重されてきた．香料にはさまざまな成分が含まれているが，たとえばゲラニオール（3,7-ジメチル-2,6-オクタジエン-1-オール）はバラ精油に含まれる主要な香り成分の一つであり，ムスクの香りの主体はムスコンという環状ケトンであることが知られている．

一方，植物由来の天然染料としては，藍（アイ）から得られる鮮やかな青色を呈する染料であるインジゴ，アカネから得られる赤色のアリザリンなどがあるが，巻貝から得られるインジゴ誘導体（6,6′-ジブロモインジゴ）の紫色塗料（ロイヤルパープル）などもあり，いずれも高価なものとして珍重されてきた．

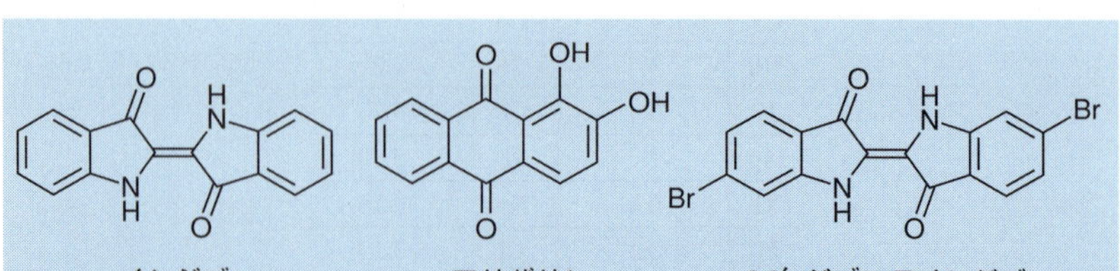

> ### 再生繊維と合成繊維
>
> 化学的な方法を用いてつくられる化学繊維には，天然繊維を一度溶解させ，紡糸して再び繊維とした**再生繊維**，天然繊維の分子構造を一部変換した**半合成繊維**，低分子化合物を有機化学的に結合させて高分子化合物とし，これを用いてつくられる**合成繊維**がある．再生繊維の代表例であるレーヨン（rayon）は，D-グルコースが重合した天然高分子であるセルロース（6・3・3節参照）を，水酸化ナトリウムと二硫化炭素 $CS_2$，あるいは硫酸銅-アンモニア水を用いて化学反応などで一度溶解した後に繊維状に凝固させて再生したもので，繊維は絹のような光沢をもつことから人絹ともいわれる．
>
> 一方，Carothers が最初に合成に成功したナイロン（nylon）は代表的な合成繊維の一つで du Pont 社の商品名であったが，一般的にはポリアミドのことを指す（8・1・1節参照）．

再生繊維（regenerated fiber）

半合成繊維（semisynthetic fiber）

合成繊維（synthetic fiber）

理解することであった．

しかし 19 世紀以降，物質に関する理解が急速に進み，有機化学も大きく変容した．1811 年，Avogadro（アボガドロ）により物質の性質を保持する最小単位として分子の概念が導入され，1828 年には Wöhler（ウェーラー）がシアン酸アンモニウムの加熱による尿素の人工合成に成功し，生命が関与しなくても有機化合物を人工的に合成できることを示した．その結果，炭素化合物である有機化合物は「生命を担うもの」であり，生体の主要な構成分子として生命現象の本質と不可分な役割を果たしていると認識された．

以降，有機化学は"生命がつくり出す有機物質"という概念を取払い，有機化合物の性質だけでなく，その合成も対象として大きく発展した．さらに時代が下って 20 世紀初頭にはレーヨンなどの化学繊維，そして 1934 年，Carothers（カロザース）によるナイロンの合成を契機とする，多様な合成高分子の出現により，『高分子化学』という新しい分野が誕生した．また効率，選択性にすぐれた反応触媒の開発も長足の進歩を遂げ，すぐれた性能をもつ汎用有機材料を化石燃料から安価で大量に製造するための『有機化学工業』が有機化学の一分野として大きく成長した．

一方，物理学でも 19 世紀末ごろから 20 世紀初頭にかけて，電子のような微小粒子のふるまいは古典的な物理学では説明できないことが明らかとなり，量子力学の誕生をもたらした．量子論に基づいた結合や有機分子の描像は，その性質や構造の理解を深めるのに大いに役に立つだけでなく，今では分子構造からその安定性や電子物性をはじめとする，さまざまな性質，反応性を予測することが可能となりつつある．さらに 20 世紀後半から 21 世紀にかけて，有機化合物が示すすぐれた特性や機能に焦点を当てた『物質・材料化学』の分野が大きく進展し，有機化合物の構造を精密に制御して新しい医薬品や光電子材料などがつぎつぎとつくり出されて，私たちの生活を大きく変化させている．

尿素（urea）

無機物質であるシアン酸アンモニウム $NH_4OCN$ を加熱すると，ほ乳類や両生類の尿に含まれる尿素 $H_2NCONH_2$ の結晶が得られる．

### 1・3 有機化合物の多様性とその機能

このような有機化合物の重要性について考えるうえで一つの鍵になるのは，その多様性である．有機化合物は，次章で説明するように常温付近の熱エネルギーよりはるかに大きな結合エネルギーをもつ強固で安定な共有結合で原子間が結ばれている．このため，置換基の位置や結合様式がわずかに違うだけで，それぞれが異なる化合物となり，たとえ同じ元素組成でも多くの種類の有機化合物が存在することになる．その結果，きわめて多様な分子構造をもつ分子種が存在し，それぞれが分子構造に基づく多様な特性・機能を示す．

また，一般に有機分子の大きさは，高分子を含めても 1～10 nm（1 nm＝$10^{-9}$ m）程度であるのに対し，実際の生命体や私たちが扱う物質・材料は，通常 μm（1 μm＝$10^{-6}$ m）以上の大きさであり，μm サイズの物質であっても $10^6$～$10^9$ 個以上という膨大な数の有機分子が集積していることになる（図 1・1）．

このため，多様な分子種が集積した混合物では，分子種の組合わせと組成比の違いによって多様性が飛躍的に増大する．さらに同一の分子組成であっても，分子運動の自由度が束縛された固相では，複雑な分子形状をもつ有機分子の向く方向や並び方によって，集積構造が異なることになる．分子種の組合わせと組成，そして集積構造の違いは，膨大な数の分子が集積した物質・材料の特性や機能に大きく影響する．このため，一定の大きさをもつ有機物質は分子種の多様性をはるかに超えて，無限ともいえる多様な特性・機能を示す．1987 年にノーベル化学賞を受賞した J.-M. Lehn（レーン）は，分子が集積してできた組織構造が分子集合体や材料の性質・機能に重要な役割を果たしていることに注目し，単一の分子を超えた組織体としてこれまでにないすぐれた特性・機能を発現できるという"超分子"という新しい概念を提唱した．これを契機に，『超分子化学』とい

図 1・1 中のポリマーアロイはスチレン-アクリロニトリル相にブタジエンゴムを分散させた ABS 樹脂のものである（表 8・3 参照）．また，OPC については 8・3・1 節参照．

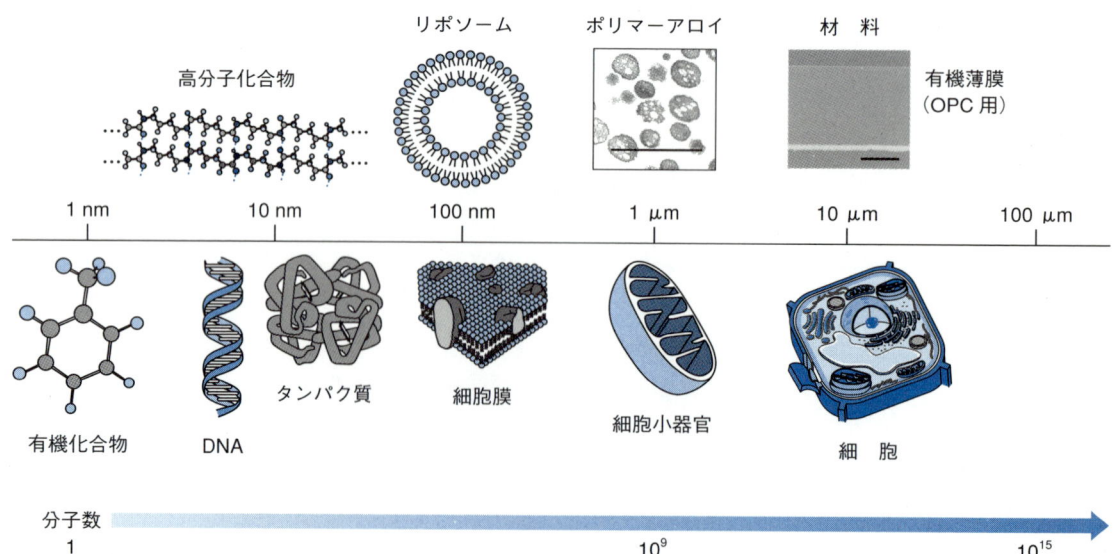

図 1・1 有機化合物から生命・材料へ

## 分子認識から超分子化学へ

1987年のノーベル化学賞は、複雑なホスト–ゲスト会合体をつくり出したD. J. Cram（クラム）、クラウンエーテルを初めて合成したC. J. Pedersen（ペダーセン）、クリプタンドなどを開発したJ.-M. Lehnの三人が受賞した。いずれも構造特異的な相互作用により高い選択性を示す分子の基礎と応用に関する業績が評価されたもので、"分子認識"という考えの重要性を示すことで**超分子化学**（supramolecular chemistry）の幕開けとなった。

**分子認識**（molecular recognition）とは、ある分子が特定の分子を選択して特異的に会合することをいい、特定の分子同士の組合わせでの会合が、さまざまな分子間相互作用の総和として最も有利となるために起こる。分子認識の際に、ある分子（ホスト）がもう一つの分子（ゲスト）を包み込むような形で形成される会合体を、"ホスト–ゲスト会合体"という。たとえば、以下に示す**クラウンエーテル**（crown ether）は、$K^+$イオンをその中心に選択的に取込むことが知られている。

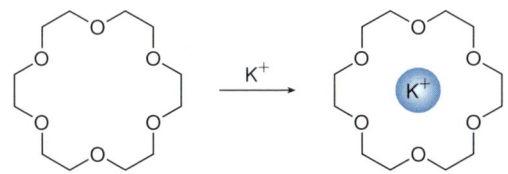

クラウンエーテル（18-クラウン-6）と$K^+$イオンを包接した会合体

う新しい分野が大きく進展し、注目を集めている。

生命現象は驚異的ともいえる高度な機能により支えられているが、これを有機化学の観点から見ると、無限の多様性の中で核酸やタンパク質をはじめとする機能性の高い生体有機分子が、生命現象を営むための最適な組織構造に精緻に集積されることで発現できたものといえる。たとえば、生体の基本的な単位となる細胞を包む厚さ数nmの細胞膜も、さまざまな脂質分子とタンパク質が集合してできた組織体であり（図6・21参照）、細胞に必要なものだけを細胞内に取込み、不要なものを放出するという選択的な物質輸送、ホルモン分子などが伝える情報を識別して細胞内に伝えるという情報伝達・処理、物質合成をはじめとする細胞膜上でのさまざまな化学反応など、多様で精緻な機能を発揮している。このように、無限の多様性をもつ有機物質・材料が、生命を担うものとして、あるいは私たちの生活を支えるものとして、重要な役割を果たしている。

**ホルモン**（hormone）とは血流で輸送されて特定の標的細胞のレセプターに結合することで特異的生理作用を示す生理活性物質（6章参照）のことをいう。甲状腺から分泌されて細胞の代謝を高める甲状腺ホルモンのチロキシンは、ヨウ素を含む有機化合物である。

チロキシン

# 2 有機分子をつくる化学結合と分子間相互作用

この章では，有機分子を形成する原子間の化学結合および化学反応，そして有機分子が集積する過程ではたらく分子間相互作用について，基礎的な事項を整理しておこう．

## 2・1 原子から分子へ
### 2・1・1 原子構造と電子

**原子**は，正の電荷をもつ陽子と電荷をもたない中性子からなる**原子核**および負の電荷をもつ**電子**で構成されている（表 2・1）．有機化合物の主要な構成原子である原子番号 6 の炭素は，それぞれ六つの陽子，中性子，電子で構成されている．原子の質量は原子核の質量とほとんど同じであり，電子の質量は無視できるほど小さい．しかし，原子核は原子の大きさの 1 万分の 1（$10^{-4}$）以下ときわめて小さい．このため，原子が占める空間は実質的に電子の軌道空間であり，原子同士が 0.1〜0.2 nm 程度に接近して形成される化学結合も，原子の中での電子配置を考えればよい．

原子（atom）

原子核（atomic nucleus）

電子（electron）

原子の種類は**元素記号**（symbol of elements）によって表す．場合によっては，元素記号に原子番号と質量数を付けて表すこともある．

X：元素記号，$A$：質量数＝陽子数＋中性子数，$Z$：原子番号＝陽子数
たとえば，原子番号 6，質量数 12 の炭素は以下のようになる．

**表 2・1 原子を構成する原子核と電子**

|  | 陽子 | 中性子 | 電子 |
|---|---|---|---|
| 質量×$10^{-27}$/kg | 1.673 | 1.675 | $9.11 \times 10^{-4}$ |
| 電荷×$10^{-19}$/C | +1.602 | 0 | −1.602 |
| 電荷/$e$ | +1 | 0 | −1 |

電子や陽子などの荷電素粒子 1 個がもつ電荷の絶対値は等しく，これを電気素量といい，通常 $e$ で表す．$e = 1.602 \times 10^{-19}$ C．イオンなどがもつ電荷は，電気素量を単位として，+1，−2 などのように表す．

微小な原子の中での電子のふるまいは，古典力学ではなく量子力学に従い，**波動関数**で記述される．主量子数 $n$（$n = 1, 2, 3, \cdots$），方位量子数 $l$（$l = 0, 1, 2, \cdots, n-1$），磁気量子数 $m_l$（$m_l = -l, -l+1, \cdots, -1, 0, 1, \cdots, l-1, l$）で規定された一つの状態における電子は，全空間にわたり均一に存在するのではなく，特定の空間領域での存在確率が高い．このため各量子数で規定された状態を示す波動関数を

波動関数（wave function）

**原子軌道**（atomic orbital）

主量子数で決まる軌道の組を電子殻，方位量子数で決まる軌道の組を副殻という．

**原子軌道**とよぶが，その原子軌道に存在する電子は一定のエネルギー値をとる．水素型原子の場合は，原子軌道のエネルギーは主量子数で決まり，軌道の形は方位量子数で決まる．さらに，各電子のスピン量子数 $m_s$（$m_s=+1/2, -1/2$）を含めた四つの量子数すべてが同じ値になることはないので，最大で一つの軌道にスピン量子数が異なる2個の電子が入る（表2・2）．

表 2・2 原子軌道と量子数

| 主量子数 $n$（殻） | 方位量子数 $l$（副殻） | 磁気量子数 $m_l$ | 電子の最大数 |
|---|---|---|---|
| 1（K） | 0（s） | 0 | 2 |
| 2（L） | 0（s） | 0 | 2 |
|  | 1（p） | $-1, 0, 1$ | 6 |
| 3（M） | 0（s） | 0 | 2 |
|  | 1（p） | $-1, 0, 1$ | 6 |
|  | 2（d） | $-2, -1, 0, 1, 2$ | 10 |

つぎに方位量子数で決まる副殻の s，p軌道について，その電子の空間分布を図2・1に示す．s軌道（$l=0, m_l=0$）は，半径 $r$ だけに依存した球対称の形をしている．一方，三つの p軌道（$l=1, m_l=+1, 0, -1$）は節をはさんで波動関数の位相が反対になっている二つのローブに分かれた形をしている．

波動関数の位相の符号が変わる点を**節**（node）という．この点では電子の存在する確率がゼロとなる．

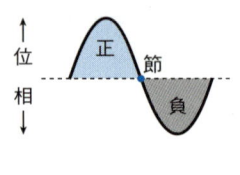

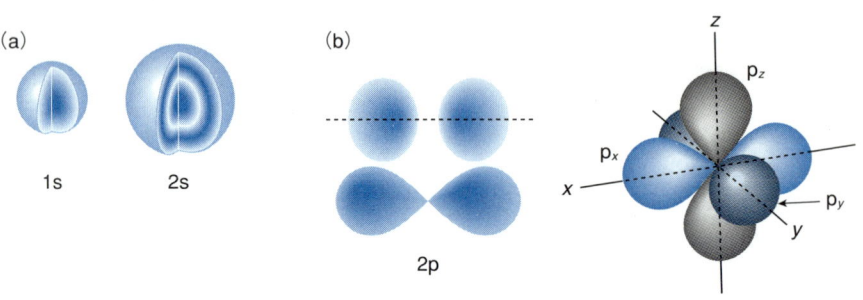

図 2・1 電子の空間分布．(a) s軌道，(b) p軌道

**電子配置**
（electron configuration）

多電子系における各軌道のおおよそのエネルギー準位を図2・2に示した．エネルギー準位の低い軌道から順に電子が存在し，原子の**電子配置**が決まる．さらに，**Hund**（フント）**の規則**により，二つ以上の軌道をもつ副殻に入る電子は，できるだけスピンが同じ方向を向く．たとえば，炭素の電子配置は，1s，2s にそれぞれスピン量子数が異なる2個の電子（これを電子対という），そして 2p の三つの軌道のうちの二つに同じ向きのスピンをもつ電子が入った軌道図で表すことができる（図2・3）．

**価電子**（valence electron）
**内殻電子**（core electron）

ここで最外殻の軌道にある電子を**価電子**，それより内側にあるものを**内殻電子**という．内殻電子は原子核との相互作用で強く安定化されているので，原子上に主に局在化している．これに対して，他の原子との化学結合の形成には，エネルギー準位の高い価電子が主に寄与する．

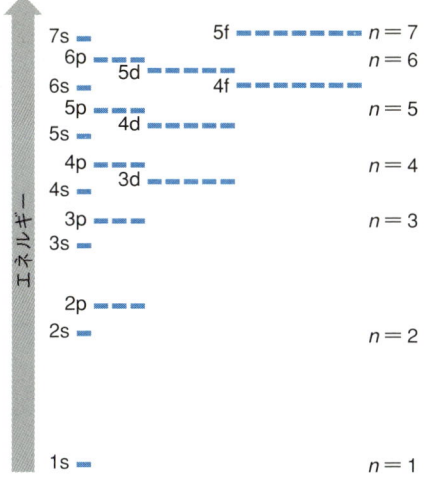

図 2・2 多電子系での各軌道のおおよそのエネルギー準位

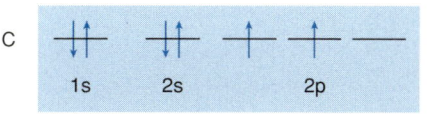

図 2・3 炭素の電子配置．スピン量子数の違う電子を，上向き，下向きの矢印で表している．

## 2・1・2 イオン化エネルギーと電子親和力

気体の原子から電子一つを取除き，無限遠まで引き離してカチオン（陽イオン）と電子に解離するのに必要なエネルギーを**イオン化エネルギー** $I$ という．第一イオン化エネルギーは最もエネルギー準位の高い，つまり安定化が小さな最外殻の価電子を解離するために必要なエネルギーに対応する．正電荷をもつ原子核との相互作用などにより，原子の中で電子がどのくらい強く安定化されているかを示す指標であり，結合の生成を考えるうえで重要となる．

$$\mathrm{X} \longrightarrow \mathrm{X}^+ + \mathrm{e}^- \qquad (2・1)$$

一方，**電子親和力** $E_{ea}$ は，気体の中性原子に電子を付加させたときに放出されるエネルギーであり，どのくらい電子を受取ってアニオン（陰イオン）になりやすいかを表す．

$$\mathrm{X} + \mathrm{e}^- \longrightarrow \mathrm{X}^- \qquad (2・2)$$

代表的な元素のイオン化エネルギーと電子親和力を表 2・3 に示す．炭素はいずれも中程度であり，カチオンにもアニオンにもなりにくい元素であるといえる．

**イオン化エネルギー**
(ionization energy)

**電子親和力**
(electron affinity)

物理量を表す単位は，以下の七つの基本単位をもとにした国際 (SI) 単位系を使用する．

### 国際 (SI) 基本単位

| 物理量 | 単 位 |
|---|---|
| 長 さ | メートル (m) |
| 質 量 | キログラム (kg) |
| 時 間 | 秒 (s) |
| 電 流 | アンペア (A) |
| 熱力学的温度 | ケルビン (K) |
| 物質量 | モル (mol) |
| 光 度 | カンデラ (cd) |

エネルギーの SI 単位はジュール (J) で，基本単位を用いてつぎのように定義される．

$$1\,\mathrm{J} = 1\,\mathrm{kg\,m^2\,s^{-2}}$$

また，慣用的に用いられる非 SI 単位としては，電子ボルト (eV)，カロリー (cal) などがある．原子や分子でよく用いられる電子ボルトは，単位電位差で単位電荷をもつ粒子が獲得するエネルギーを単位とする．

$$1\,\mathrm{eV} = 1.602 \times 10^{-19}\,\mathrm{J}$$
$$1\,\mathrm{cal} = 4.184\,\mathrm{J}$$

表 2・3 元素の第一イオン化エネルギーと電子親和力

| 元素 | 第一イオン化エネルギー/eV | 電子親和力/eV | 元素 | 第一イオン化エネルギー/eV | 電子親和力/eV |
|---|---|---|---|---|---|
| H | 13.598 | 0.754 | N | 14.534 | −0.07 |
| He | 24.587 | <0 | O | 13.618 | 1.461 |
| Li | 5.392 | 0.618 | F | 17.422 | 3.399 |
| Be | 9.322 | <0 | Ne | 21.564 | <0 |
| B | 8.298 | 0.277 | Na | 5.139 | 0.548 |
| C | 11.260 | 1.263 | Mg | 7.646 | <0 |

### 2・1・3 化学結合

**化学結合**（chemical bond）

**イオン結合**（ionic bond）

**静電相互作用**
(electrostatic interaction)

**クーロン力**（Coulomb force）

原子と原子をつなぐ**化学結合**として，静電相互作用に基づくイオン結合と，二つの原子が一対の電子を共有して形成される共有結合がある．

**イオン結合**は，反対の電荷をもつイオン間にはたらく**静電相互作用（クーロン力）**であり，カチオンになりやすい金属元素やアニオンになりやすいハロゲン元素などでは，主要な原子間結合となる．原子間距離 $r$ で隔てられた $z_1$ と $z_2$ の電荷をもつイオン間にはたらく静電相互作用 $F(r)$ は，

$$F(r) = \frac{z_1 z_2 e^2}{4\pi\varepsilon r^2} \tag{2・3}$$

で表される．ここで $e$ は電気素量，$\varepsilon$ は誘電率である．この静電相互作用に基づくポテンシャルエネルギーは，次式で表される．

$$U(r) = \frac{z_1 z_2 e^2}{4\pi\varepsilon r} \tag{2・4}$$

**誘電率**（permittivity）は，電束密度 $D$（単位断面積当たりの電束）と電場 $E$ との関係を表す比例係数であり，$D = \varepsilon E$ と表せる．比誘電率 $\varepsilon_r$ は，真空中の誘電率を $\varepsilon_0$（$= 8.854\times 10^{-12}\,\mathrm{F\,m^{-1}}$）としたときの相対値で，$\varepsilon_r = \varepsilon/\varepsilon_0$ となる．媒体の誘電特性を表すために，比誘電率を用いることが多い．

この式から明らかなように，原子のもつ電荷や媒体の誘電率が一定であれば，イオン結合の強さは原子間距離 $r$ だけの関数として表される．

これに対して**共有結合**は，イオンになりにくい炭素化合物の典型的な結合様式であり，有機化合物を特徴づけるものとして重要である．代表的な共有結合の性質を表 2・4 に示す．いずれも数百 $\mathrm{kJ\,mol^{-1}}$ の結合エネルギーであり，常温付近の熱エネルギーと比較してはるかに大きく，十分な安定性をもつ結合である．また結合距離と結合角がほぼ一定であり，強固で安定な結合である．共有結合は，有機化合物の骨格となる重要な結合であり，次節以降でさらに詳しく説明する．

**共有結合**（covalent bond）

熱エネルギーは分子の並進運動エネルギーだけを考えると $3/2\,kT$，ただし $k$ はボルツマン定数，$T$ は絶対温度であり，1 mol 当たりに換算すると $3/2\,RT$ となり，約 4 $\mathrm{kJ\,mol^{-1}}$ となる．

---

#### イオン結合の強さを見積もる

それぞれ +1 と -1 の電荷をもつ NaCl 結晶中での Na と Cl の平衡原子間距離を $r_0$（0.236 nm）とすると，両イオン間にはたらくクーロン力は，

$$F(r_0) = \frac{-e^2}{4\pi\varepsilon r_0^2}$$

となる．いま真空中（$\varepsilon = \varepsilon_0$）でクーロン力に逆らって両イオンを $r_0$ から無限遠まで引き離す（NaCl→Na$^+$＋Cl$^-$）ために必要なエネルギー $U$ は，次式のように $F(r)$ を $r_0$ から $\infty$ まで積分すればよいので，

$$U = -\int_{r_0}^{\infty} F(r)\,\mathrm{d}r = \frac{e^2}{4\pi\varepsilon_0}\int_{r_0}^{\infty}\frac{1}{r^2}\,\mathrm{d}r = \left[\frac{e^2}{4\pi\varepsilon_0 r}\right]_{r_0}^{\infty} = -\frac{e^2}{4\pi\varepsilon_0 r_0}$$

となる．それぞれの値（$\varepsilon_0 = 8.854\times 10^{-12}\,\mathrm{F\,m^{-1}}$）を代入すると，約 588 $\mathrm{kJ\,mol^{-1}}$ と見積もることができる．

表 2・4 代表的な共有結合の結合距離と結合エネルギー[a]

| 結合 | 化合物 | 結合距離/nm | 結合エネルギー/kJ mol$^{-1}$ |
|---|---|---|---|
| O−H | $H_2O$ | 0.0958 | 493 |
| N−H | $NH_3$ | 0.1012 | 447 |
| C−H | $CH_4$ | 0.1087 | 432 |
| C−C | $C_2H_6$ | 0.1535 | 366 |
| C=C | $C_2H_4$ | 0.1339 | 719 |
| C≡C | $C_2H_2$ | 0.1202 | 957 |
| C−O | $CH_3OH$ | 0.1421 | 378 |
| C=O | $CO_2$ | 0.1160 | 532 |

[a] 結合解離エネルギー

## 2・2 有機化合物と共有結合
### 2・2・1 有機化合物の電子状態
#### a. 原子価結合法

有機化合物は炭素を主とする原子が共有結合してできた分子であり，その電子状態を表す方法として，原子価結合法と分子軌道法がある．**原子価結合法**は，二つの原子同士が十分に近づいて，それぞれの原子に局在化している原子軌道（電子雲）の重なりが生じると，それらの軌道を重ね合わせてできた軌道に電子が対となって入ることで安定化し，結合が形成されると考える．軌道の重なりが大きいほど結合は強く，安定化が大きくなる．原子価結合法では原子同士の化学結合と直接対応させることができるので，有機化合物の反応などを見るうえで有用な考え方である．炭素原子の電子配置はすでに図 2・3 で示したように $1s^2 2s^2 2p^2$ であり，外殻の 2s および 2p 軌道には四つの価電子がある．

炭素が**メタン** $CH_4$ のように等価な 4 本の共有結合によって四面体構造（図 2・5 参照）を形成するのを理解するためには，原子軌道の**昇位**と**混成**という考え方を用いて説明できる．p 軌道より低いエネルギー準位にある s 軌道を p 軌道と同じ準位まで昇位させると，s 軌道と三つの p 軌道が混成した新たな四つの**混成軌道**ができる（図 2・4）．この混成軌道がそれぞれ結合の相手となる原子の軌道と重なりを生じ，炭素の四つの価電子がそれぞれの原子の電子と対になることで結合が生成する．このとき，s 軌道を昇位させるのに必要なエネルギー以上の結合の安定化が得られる．

メタンの場合であれば，**$sp^3$ 混成**で四つの等価な混成軌道ができ，水素原子四

原子価結合法
(valence bond theory, VB 法)

メタン (methane)

昇位 (promotion)

混成 (hybridization)

混成軌道 (hybrid orbital)

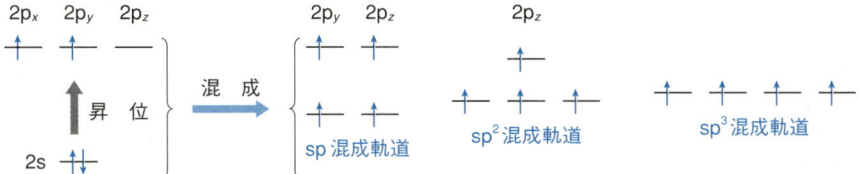

図 2・4 炭素の混成軌道

## 混成軌道とその形

炭素の 2s 軌道を昇位して三つの 2p 軌道と混成させてできる sp³ 混成軌道の波動関数 $h_1 \sim h_4$ は,各軌道の波動関数を用いてつぎのように表すことができ,正四面体形となる.

$$h_1 = (2s) + (2p_x) + (2p_y) + (2p_z)$$
$$h_2 = (2s) - (2p_x) - (2p_y) + (2p_z)$$
$$h_3 = (2s) - (2p_x) + (2p_y) - (2p_z)$$
$$h_4 = (2s) + (2p_x) - (2p_y) - (2p_z)$$

炭素の混成軌道の数と軌道の形を表に示す.

**表　炭素の混成軌道とその形**

| 混成軌道 | 数 | 軌道の形 | |
|---|---|---|---|
| sp | 2 | 直線 | |
| sp² | 3 | 平面三角形 | |
| sp³ | 4 | 正四面体 | |

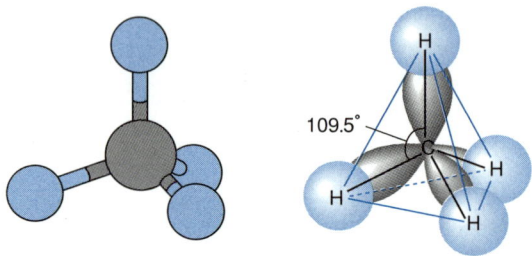

つと結合して,正四面体分子となる(図 2・5).また,**sp² 混成**では等価な三つの混成軌道となるために平面三角形,**sp 混成**では等価な二つの混成軌道となるために直線形となる(コラム参照).

**図 2・5　正四面体形のメタン CH₄**

### b. 分子軌道法

**分子軌道法**では,電子が特定の結合や原子に局在化しているのではなく,分子全体に広がった軌道,すなわち**分子軌道**に存在すると考える.分子軌道を表す波動関数 $\Phi_M$ は,近似的に各原子軌道 $\phi_n$ の**線形結合**として記述することができる.

**分子軌道法**(molecular orbital theory, MO 法)

**分子軌道**(molecular orbital)

**線形結合**(linear combination of atomic orbital, LCAO)

$$\Phi_M = a_1\phi_1 + a_2\phi_2 + a_3\phi_3 + \cdots\cdots + a_i\phi_i + \cdots\cdots + a_n\phi_n \quad (2 \cdot 5)$$

エネルギーの低い分子軌道から順に電子が存在することで,各原子が単独で存在する場合よりずっと大きな安定化が得られる.それぞれの分子軌道は,分子を形成する各結合とは対応しないが,このときの各原子軌道の係数 $a_n$ の二乗は分子軌道に対するその原子軌道の寄与を表す.

最も簡単な例として,1s 軌道のみの水素原子二つが結合した水素分子の分子軌道について説明する.水素分子の分子軌道を表す波動関数は,水素原子の 1s 軌道の波動関数を用いてつぎのように表す.

$$\Phi_{\sigma_{1s}} = \phi_{H1} + \phi_{H2} \quad \text{および} \quad \Phi_{\sigma^*_{1s}} = \phi_{H1} - \phi_{H2} \quad (2 \cdot 6)$$

それぞれの分子軌道は，各原子の波動関数が強め合うように重なってできる**結合性分子軌道**（$\sigma_{1s}$）と，弱め合うように重なってできる**反結合性分子軌道**（$\sigma^*_{1s}$）である（図 2・6）．エネルギー準位の低い $\sigma_{1s}$ 軌道に電子が入ることにより，水素分子は安定化される．

**結合性分子軌道**
（bonding molecular orbital）

**反結合性分子軌道**
（antibonding molecular orbital）

二つの原子核を結ぶ線を軸として，回転対称な空間分布をもつ電子軌道を σ 軌道という．

反結合性分子軌道であることを示すために，＊を付けて $\sigma^*$，$\pi^*$ のように記述し，結合性分子軌道 σ，π と区別する．

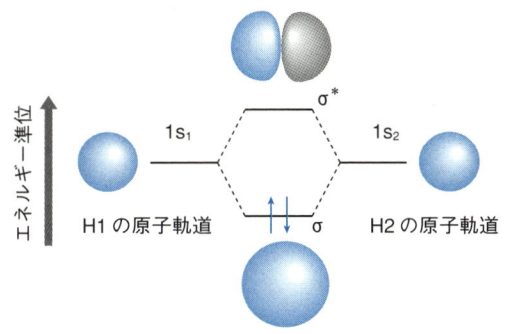

図 2・6　水素の分子軌道

## c. 原子軌道の重ね合わせ

水素のような一電子原子の結合では，水素原子間の結合が σ 軌道に対応している．しかし多電子原子が結合した分子では，分子軌道が分子全体に広がった形となり，有機化学で見るような特定の原子間に局在化した形とはならない．そこで，2s，2p 軌道をもつ第 2 周期の元素である炭素について，それぞれの原子軌

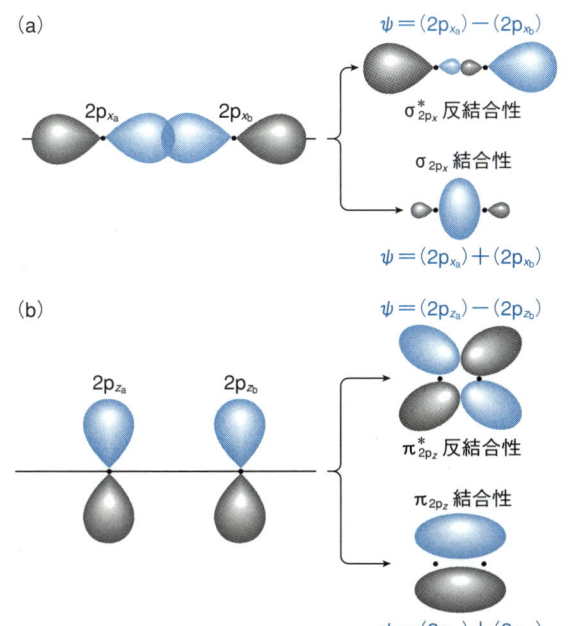

図 2・7　p 軌道の重ね合わせ．位相の違いは色で区別する．ここでは正の位相を水色，負の位相を灰色で示した．

道を重ね合わせるとどのような軌道になるかを考えよう．

$x$ 軸上にある二つの炭素の原子軌道の重ね合わせについて，球対称で節をもたない 2s 軌道については 1s 軌道の場合と同じなので省略し，節をはさんで波動関数の符号が反対の二つのローブに分かれた 2p 軌道の重ね合わせのみを図 2・7 に示す．(a) のように結合軸方向に並んだ二つの原子の $2p_x$ 軌道同士は，強め合う重なりの場合は安定化されて元のエネルギー準位より低い軌道に，そして弱め合う重なりの場合は元のエネルギー準位より高い軌道となり，いずれも軸対称の空間分布をもつので **σ軌道** および **σ*軌道** となる．これに対し，(b) のように結合軸に垂直な方向にローブをもつ $2p_y$ と $2p_z$ 軌道の場合は，二つの原子の軌道がそれぞれ水平方向で強め合うように重なった分子軌道と弱め合うように重なった分子軌道になる．これらの分子軌道を **π軌道** および **π*軌道** という．

### 2・2・2　炭素−水素間および炭素−炭素間の共有結合

#### a.　σ 結 合

有機化合物を形成する共有結合を扱うには，分子全体に広がった分子軌道ではなく，原子と原子の間に局在化した軌道として取扱う原子価結合法のほうが直観的に理解しやすい．最も簡単な炭化水素であるメタン $CH_4$ については，すでに述べたように炭素の $sp^3$ 混成した原子軌道は図 2・5 のような形となるので，水素の 1s 原子軌道との重なりで，C−H 間に局在化した σ 軌道となり，**σ 結合** が形成される．このとき，C−H 間は重なりが最大となる距離 0.11 nm となり，また 4 本の等価な σ 結合で形成されるため，H−C−H 結合角が 109.5°の正四面体形となる．また，軌道の重なりによる安定化で得られる結合エネルギーは 432 kJ mol$^{-1}$ と大きく，安定性の高い結合である．

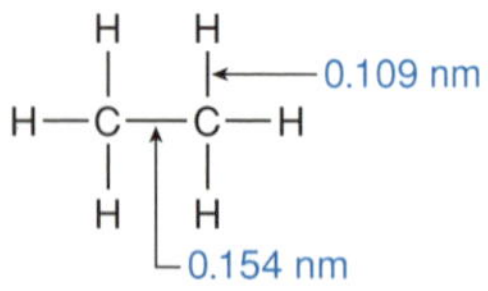

つぎに炭素−炭素間の結合を見てみよう．**エタン** $CH_3-CH_3$ は，炭素−炭素間の結合をもつ最も簡単な炭化水素であるが，炭素の $sp^3$ 混成軌道のうち三つは水素の 1s 軌道との重なりで C−H 間の σ 結合（結合距離 0.1094 nm）を形成し，残りの一つが結合軸にそってもう一つの炭素の混成軌道と重なり，C−C 間の結合を形成する．この C−C 間に局在化した軌道も σ 軌道で，炭素の原子半径が大きいことから結合距離も 0.1535 nm と長くなる．C−C 間の結合エネルギーは，366 kJ mol$^{-1}$ と C−H 結合より少し小さいが，十分に安定な結合である．

#### b.　π 結 合

**エチレン**（体系的名称 **エテン**）$C_2H_4$ は，$sp^2$ 混成した軌道が $xy$ 平面上でそれぞれ 120°の角度で水素の 1s 軌道およびもう一つの炭素の $sp^2$ 混成軌道との重なりで σ 結合を形成する（図 2・8a）．さらに，混成していない炭素の $p_z$ 軌道同士の重なりでできた π 軌道に電子が入ることによって，C−C 間に結合が形成される．このような結合を **π 結合** という．その結果，炭素−炭素間に σ 結合および π 結合の二重結合が形成される．結合距離は 0.1339 nm と短く，また結合エネルギーが 719 kJ mol$^{-1}$ となって大きな安定化が得られる（表 2・4 参照）．

---

**エタン**（ethane）

エタンの構造については，3・2・1節参照．

0.109 nm
0.154 nm

**エチレン（エテン）**
(ethylene（ethene))

エチレンの構造については，3・3・1節参照．

## 飽和化合物と不飽和化合物

エタンのように，有機化合物の分子内の炭素原子間の共有結合がすべてσC−C単結合でできている化合物を**飽和化合物**（saturated compound）という．これは，この化合物に水素を付加させることができず，これ以上水素含量を高めることができないことに由来する．

これに対して，二重結合や三重結合をもつ化合物に対しては，二重結合や三重結合が単結合になるまで水素を付加することができる．たとえばエチレン $C_2H_4$ なら2H，アセチレン $C_2H_2$ なら4Hを付加して，エタン $C_2H_6$ まで水素含量を高めることができる．つまり，エチレンやアセチレンは水素が不飽和な状態にあるので，**不飽和化合物**（unsaturated compound）という．

一方，三重結合をもつ**アセチレン**（体系的名称**エチン**）の場合は，$x$軸上に並んだ各炭素のsp混成軌道の重なりでσ結合が形成され，$p_y$, $p_z$ 軌道同士の重なりによって二つのπ結合が形成される（図2・8b）．このため，炭素−炭素間の結合距離はさらに短くなり，結合エネルギーも大きくなる．このように，σ結合とπ結合で構成された原子間の二重結合および三重結合を**不飽和結合**とよぶ．

アセチレン（エチン）
(acetylne（ethyne))

不飽和結合
(unsaturated bond)

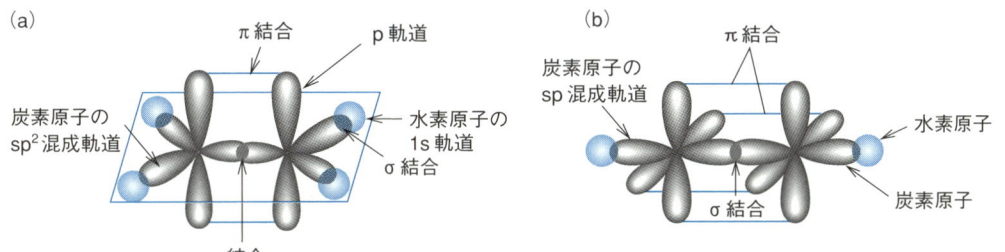

図 2・8　エチレンの二重結合(a) およびアセチレンの三重結合(b)

### 2・2・3　共有結合と分極

**電気陰性度**とは，分子内に存在する原子がどの程度その原子上に電子を引き付けるかを表す尺度で，この概念を提唱したPauling（ポーリング）による値が一般に使用されている（表2・5）．異なる原子AとBが結合して電子分布の偏り

電気陰性度
(electronegativity)

表 2・5　代表的な元素の電気陰性度

| H | | | | | | |
|---|---|---|---|---|---|---|
| 2.1 | | | | | | |
| Li | Be | B | C | N | O | F |
| 1.0 | 1.5 | 2.0 | 2.5 | 3.0 | 3.5 | 4.0 |
| Na | Mg | Al | Si | P | S | Cl |
| 0.9 | 1.2 | 1.5 | 1.8 | 2.1 | 2.5 | 3.0 |
| K | Ca | Ga | Ge | As | Se | Br |
| 0.8 | 1.0 | 1.6 | 1.8 | 2.0 | 2.4 | 2.8 |

## 分極と双極子モーメント

原子 A と B との間の結合 A–B において，原子間に電子分布の偏りが生じると，それぞれの原子が $\pm q$ の電荷をもつ**分極**（polarization）した状態となる．これらの部分電荷間の距離は結合距離 $l$ なので，A–B 結合の**双極子モーメント** $\mu$（dipole moment）は $\mu = ql$ となる（図 2・12 参照）．これを A–B の**結合モーメント**（bond moment）という（表）．分子のもつ双極子モーメントは，それぞれの結合モーメントの和となる．双極子の単位として D（Debye（デバイ））が用いられる．1 D = 3.336 × $10^{-30}$ C m．ちなみに，$\pm e$（$e$ は電気素量）の電荷をもつ点電荷が 100 pm（1 Å）離れている場合，$\mu = 1.6 \times 10^{-29}$ C m = 4.8 D となる．通常の結合の双極子モーメントは，およそ 1 D 程度である．

分子内に電荷をもつ，あるいは中性でも分極して双極子モーメントをもつ分子を**極性分子**（polar molecule）という．例として，水やアルコールなどがある．これに対して，構成原子が C, H のみのヘキサンなどのように，中性で双極子モーメントも小さな分子を**無極性分子**（nonpolar molecule）という．

**表 異なる原子間の結合モーメント**

| 結合 C–X | X原子の電気陰性度 $\chi$ | 結合モーメント /D | 結合 C–X | X原子の電気陰性度 $\chi$ | 結合モーメント /D |
|---|---|---|---|---|---|
| C–H | 2.1 | ~0 | C–O | 3.5 | 0.74 |
| C–C | 2.5 | 0 | C–Cl | 3.0 | 1.46 |
| C–N | 3.0 | 0.22 | C=O | — | 2.3 |

が生じて分極すると，生じた部分電荷間の静電相互作用が結合の安定化に寄与するため，A–B 間の結合エネルギー $E_{AB}$ は，各原子同士の結合エネルギー $E_{AA}$ と $E_{BB}$ の平均よりも大きくなる．Pauling は，この差が各原子の電気陰性度 $\chi_A$, $\chi_B$ の差の二乗に比例するとして，以下の式のように定義した．

$E$ は eV 単位であり，1 eV = 96.48 kJ mol$^{-1}$

$$E_{AB} - \frac{1}{2}(E_{AA} + E_{BB}) = 96.48(\chi_A - \chi_B)^2 \qquad (2 \cdot 7)$$

電気陰性度の差が大きいほど，電子の偏りによって生じる各原子上の部分電荷も大きくなるので，その結合の双極子モーメントも大きくなる（コラム参照）．

### 2・3 共有結合の切断と形成——化学反応

#### 2・3・1 化学反応の速度と次数

化学反応（chemical reaction）
反応物（reactant）
生成物（product）
触媒（catalyst）
反応熱（heat of reaction）
発熱反応 (exothermic reaction)
吸熱反応 (endothermic reaction)

ある物質を構成する分子の原子間結合を組換えて，別の分子構造をもつ物質に変化させる過程を**化学反応**という．化学構造が変化をする前の物質を**反応物**，構造が変化した後の物質を**生成物**という．また，反応前後でそれ自身の構造は変化せずに反応の進行を促進する物質を**触媒**という．反応物および生成物は，それぞれ共有結合を形成して安定化された状態にあり，反応物を含む反応初期状態（原系）のエンタルピー $H_1$ と反応が完了してすべてが生成物となった状態（生成系）のエンタルピー $H_2$ の差 $\Delta H = H_2 - H_1$ が，この反応の**反応熱**となる（図 2・9）．このとき，生成系のほうがエンタルピー的に安定（$H_2 > H_1$）である場合は $\Delta H$ が負の**発熱反応**，原系のほうがエンタルピー的に安定（$H_2 < H_1$）である場合は $\Delta H$ が正の**吸熱反応**となる．

また，共有結合で安定化された状態にある反応物の結合を組換えるためには，生成物に至る反応経路において反応物の共有結合を切断して新しい結合を形成する必要があり，このため安定化の小さな状態を経由することになる（図2・9）．

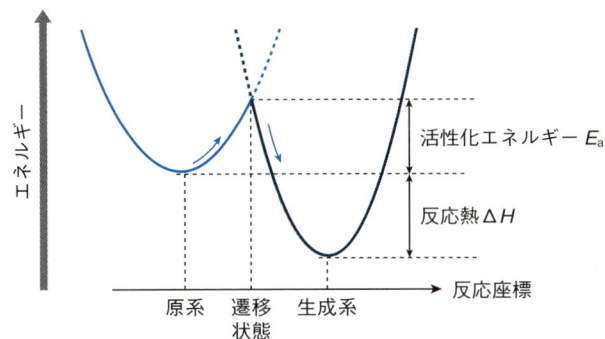

**図2・9 化学反応の経路と遷移状態**

このような化学反応の途中にあるエネルギー的に不安定な状態を**遷移状態**というが，同種の反応であっても反応経路（反応機構）は反応物の種類や反応条件などで異なることがある．たとえば，以下に示すブロモエタンの−Brが−OHに置換されてエタノールに変化する反応（これを**置換反応**という，表2・6参照）では，臭化物イオン $Br^-$ が脱離して水酸化物イオン $OH^-$ が付加することで置換が起こる（図2・10）．その反応経路は，$Br^-$ の脱離と $OH^-$ の付加が同時に起こ

**遷移状態**（transition state）

安定に存在することができない遷移状態や中間体の構造は［ ］に入れて表す（図2・10参照）．

図2・10(B)では炭素陽イオン種であるカルボカチオン（3・3・2節参照）が生成する一段目の過程のほうが，カルボカチオンと $OH^-$ との二段目の過程より反応速度が遅い．

(A)
$$CH_3-\underset{\underset{H}{|}}{\overset{\overset{H}{|}}{C}}-Br + OH^- \longrightarrow \left[ HO\cdots\underset{\underset{CH_3}{|}}{\overset{\overset{H}{|}}{C}}\cdots Br \right]^{\delta-\ \ \delta-} \longrightarrow CH_3-\underset{\underset{H}{|}}{\overset{\overset{H}{|}}{C}}-OH + Br^-$$

ブロモエタン　　　　　　　　　　　　　　　　　　　　　　　　　エタノール

**ブロモエタン**
（bromoethane）

(B)
$$CH_3-\underset{\underset{CH_3}{|}}{\overset{\overset{CH_3}{|}}{C}}-Br \xrightarrow{遅い} \left[ CH_3-\underset{\underset{CH_3}{|}}{\overset{\overset{CH_3}{|}}{C}}{}^{\oplus} \right] + Br^-$$

2-ブロモ-2-メチルプロパン

**2-ブロモ-2-メチルプロパン**
（2-bromo-2-methylpropane）

$$\left[ CH_3-\underset{\underset{CH_3}{|}}{\overset{\overset{CH_3}{|}}{C}}{}^{\oplus} \right] + OH^- \xrightarrow{速い} CH_3-\underset{\underset{CH_3}{|}}{\overset{\overset{CH_3}{|}}{C}}-OH$$

2-メチルプロパン-2-オール

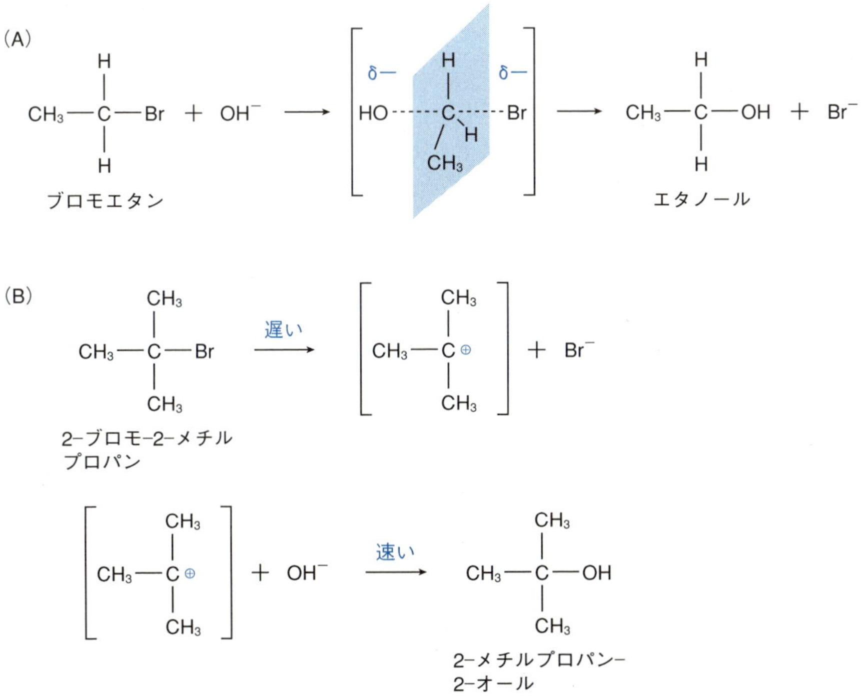

**図2・10 二分子置換反応(A)および一分子置換反応(B)**

反応機構(A)で進行する．一方，水素がメチル基に置換した2-ブロモ-2-メチルプロパンではBr⁻が脱離してカルボカチオンとなった後にOH⁻が付加する反応機構(B)となる．このように，反応物の種類が異なると，それぞれ遷移状態が異なる．

エネルギー的に不利な遷移状態を経由して反応が進行するために必要なエネルギーは外部から熱などとして供給されるが，このとき原系と遷移状態のエネルギー差（これを**活性化エネルギー** $E_a$ という．図2・9参照）が小さいほど，そして温度が高いほど反応が起こりやすくなる．単位時間当たりの反応物の減少量 $\left(-\dfrac{d[反応物]}{dt}\right)$ あるいは生成物の増加量 $\left(\dfrac{d[生成物]}{dt}\right)$ として定義される反応速度 $v$ は，反応に関与する分子の濃度 $c_i$ に依存し，以下のように示される．

$$v = kc_1^{n_1}c_2^{n_2}\cdots c_i^{n_i} \tag{2・8}$$

ここで，反応物濃度のべき数 $n_i$ の和 $N=\Sigma n_i$ は**反応次数**，比例係数 $k$ は**反応速度定数**である．原系から遷移状態に至る過程が一分子のみで起こる反応経路(B)のような場合は一般に $N=1$ の**一次反応**となり，ブロモエタンとOH⁻の二分子が関与する反応経路(A)の場合は $N=2$ の**二次反応**となる．また，温度 $T$ での反応速度定数 $k$ は，以下の **Arrhenius**（アレニウス）**の式**で表される．

$$k = Ae^{-\dfrac{E_a}{RT}} \tag{2・9}$$

上式より反応速度定数 $k$ は活性化エネルギー $E_a$ が小さいほど大きくなることがわかる．触媒は，おもに活性化エネルギーを低下させることで反応を促進する．

### 2・3・2 化学反応の素反応と形式

実際に起こる有機化学反応は，単一の反応過程（素反応）だけでなく，素反応が複雑に組合わされた形で進行する場合が多い．逐次反応，並列（並発）反応，可逆反応などのように，素反応の組合わせに基づいた反応形式によって整理をすることができる．また，反応が一連の素反応過程からなるとき，反応速度が最も小さい素反応過程を**律速段階**という．これは，全体の反応速度がこの素反応過程の速度に支配されるためである．また，化学反応はこれ以外にも，さまざまな観点から整理することができる．置換反応，付加反応，脱離反応，転位反応などは，反応物から生成物への化学構造変化の様式に基づくものであり，求電子反応，求核反応，ラジカル反応のような場合は，反応機構に基づくものである．表2・6におもな化学反応の概略をまとめて示した．これらの詳細は，3章以降で具体的な例をあげながら説明する．

## 2・4 分子間にはたらく力——分子間相互作用

有機分子間にはたらく相互作用は，分子を形づくる共有結合よりはるかに弱い．しかし，私たちが日常生活で扱う有機化合物は，大部分が液体や固体という

凝縮相の物質であり，分子間相互作用により分子の凝集が起こる．このような分子集合系としての有機物質や有機材料の特性・機能は，分子の集積形態に大きく依存するため，分子間相互作用は集積形態を支配する要因としてきわめて重要となる．以下に，簡単に分子間相互作用について解説する．

## 2・4・1 分子間にはたらく力の取扱い

理想気体の状態方程式（式2・10）は分子間にはたらく力を無視しており，かなり簡略化され，気体の凝縮について説明することはできない．一方，van der

表2・6 化学反応の分類

| | | |
|---|---|---|
| 素反応の組合わせ | | |
| 逐次反応 | 化学反応の生成物が，さらなる反応で順次別の生成物に変化していく反応．連続反応ともいう．<br>例： A ⟶ B ⟶ C ┄┄┄▶ | 逐次反応<br>(stepwise reaction) |
| 並列（並発）反応 | 二つ以上の反応が同時に進行して，複数の生成物となる反応<br>例： A ⟶ B / C / D | 並列（並発）反応<br>(parallel reaction) |
| 可逆反応 | 反応物から生成物への反応と同時に，生成物から反応物への反応も同時に進む反応<br>例： A ⇌ B | 可逆反応<br>(reversible reaction) |
| 化学構造変化の様式 | | |
| 置換反応 | 反応物の原子あるいは原子団を別の原子あるいは原子団に置換する反応<br>例： R—X + HY ⟶ R—Y + HX | 置換反応<br>(substitution reaction) |
| 付加反応 | 反応物の不飽和結合に原子あるいは原子団が付加する反応<br>例： C=C + XY ⟶ —C—C— (X, Y) | 付加反応<br>(addition reaction) |
| 脱離反応 | 反応物から原子あるいは原子団が，他の原子や原子団と置換されることなく脱離する反応<br>例： —C—C— (X, Y) ⟶ C=C + XY | 脱離反応<br>(elimination reaction) |
| 転位反応 | 反応物中の原子または原子団の結合位置が変化する反応<br>例： （環R ⇌ 環R） | 転位反応<br>(rearrangement reaction) |
| 縮合反応 | 複数の分子が反応するとき，それぞれの分子内にある官能基の間で，簡単な分子の脱離を伴って新しい共有結合が形成される反応<br>例： R—X + R′—Y ⟶ R—R′ + XY | 縮合反応<br>(condensation reaction) |
| 反応機構 | | |
| 求核反応 | アニオンなど親核性の高い反応剤が，基質の電子密度の低い部分を攻撃して起こる化学反応．イオン反応の一種 | 求核反応<br>(nucleophilic reaction) |
| 求電子反応 | ルイス酸など親電子性の高い反応剤が，基質の電子密度の高い部分を攻撃して起こる化学反応．イオン反応の一種 | 求電子反応<br>(electrophilic reaction) |
| ラジカル反応 | 不対電子（ラジカル（遊離基））をもつ化学種が反応中間体として関与する化学反応 | ラジカル反応<br>(radical reaction) |

Waalsの状態方程式（式2·11）では，分子間力の強さと分子体積を考慮した補正係数 $a$ と $b$ を導入しているため凝縮相について説明できるが，分子間相互作用を直接表現したものではない．

$$PV = nRT \qquad (2·10)$$

$$\left(P + \frac{n^2 a}{V^2}\right)(V - nb) = nRT \qquad (2·11)$$

凝縮相における分子間相互作用を表すものとしては，式(2·12)に示した**Lennard-Jones**（レナード-ジョーンズ）**式**がある．これは，極性の低い中性分子が距離 $r$ だけ離れているときにはたらく分子間相互作用のポテンシャルエネルギー $U(r)$ を，第一項の分子間斥力と第二項の分子間引力に基づくポテンシャルエネルギーとして直接表した経験式である（図2·11）．

$$U(r) = U_0 \left\{\left(\frac{\lambda}{r}\right)^m - \left(\frac{\mu}{r}\right)^n\right\} \qquad (m > n) \qquad (2·12)$$

中性分子間の相互作用に対しては $m=12, n=6$ の値がよく使用され，これを"Lennard-Jones の 6-12 ポテンシャル"という．最初の斥力項は，距離 $r$ が十分小さくなり，各分子の電子雲が重なるほど近づいたときにはたらく電子雲同士の静電反発によるもので，有機分子の形を直接反映した立体反発，立体障害の項である．これに対し，第二項は静電相互作用，分散力などの分子間引力を表している．以下，もう少し詳しく説明する．

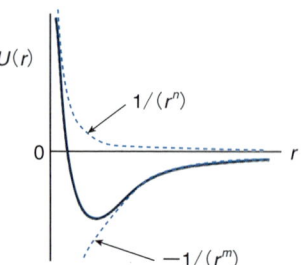

図 2·11 Lennard-Jones の式

分子の形状は，分子を構成する電子が存在する空間（分子軌道）を表したものである．このため，異なる分子同士あるいは分子内の異なる部分同士が近づきすぎると，負電荷をもつ電子間に強い静電反発が起こり，分子同士あるいは部位同士が近づくことができない．これを立体障害 (steric hindrance) という．

### 2·4·2 静電相互作用と van der Waals 力

有機分子にも，第四級アンモニウムや酢酸のように，電荷をもつイオンとなる分子があり，イオン間には静電相互作用がはたらく（図2·12a）．また2·2·3節で述べたように，電気陰性度の異なる原子間の共有結合は，電子分布の偏りが生じて分極した双極子（分子構造に基づくもので，後述の誘起双極子と区別するために永久双極子という）となるので，イオンはこのような分極した中性分子と

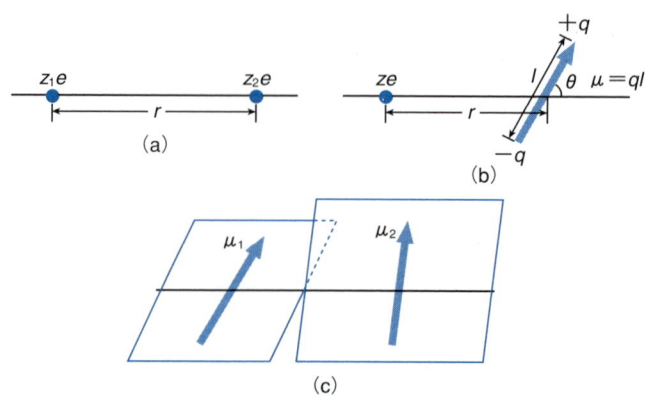

図 2·12 静電相互作用．(a) 点電荷-点電荷，(b) 点電荷-永久双極子，(c) 永久双極子-永久双極子

も静電相互作用する（図2・12b）．距離 $r$ だけ離れた $z_1$ と $z_2$ の電荷をもつイオン間はすでに示した式(2・4)で，およびイオン $z$ と分極した中性分子（双極子モーメント $\mu$）間の静電相互作用に基づくポテンシャルエネルギー $U(r)$ は，式(2・13)で表される．ここで，$\theta$ は双極子とイオン-極性分子を結ぶ線とのなす角であり，極性分子の配向が相互作用の強さに影響する．

$$U(r) = -\frac{|z|e\mu\cos\theta}{4\pi\varepsilon r^2} \qquad (2\cdot13)$$

ただし，有機化合物のほとんどは，電荷をもたない中性の分子である．このような分子にはたらく分子間の弱い引力を **van der Waals**（ファンデルワールス）**力** というが，その実体は静電相互作用である配向力と誘起力，および量子論に基づく分散力の和である．**配向力**は，分極した中性分子の永久双極子間にはたらく静電相互作用である（図2・11c）．また，分極していない中性の分子であっても，近傍にあるイオンや永久双極子をもつ分子のまわりに形成された電場が作用すると，電場を打ち消す方向に電子分布の偏りが生じて双極子が誘起され，この誘起双極子との間で静電相互作用がはたらく．これが**誘起力**である．いずれも室温付近の熱エネルギー（数 kJ mol$^{-1}$）よりは小さいので，分子同士の向きが固定されることはなく，全配向の平均としてその強さが評価される．一方，**分散力**は，電

配向力 (orientation force)

誘起力 (induced force)

分散力 (dispersion force)

---

### 誘電率と静電相互作用

静電相互作用は電荷をもつ分子が存在する媒体の誘電率に逆比例するので（式 2・13），誘電率が高い媒体中ほど静電相互作用は弱くなる．特に小さな分子でありながら，大きな双極子モーメントをもつ水は $\varepsilon_r=80$ という高い比誘電率をもつ．このため，同じイオン種が同じ距離だけ離れていても，水中でのイオン間にはたらく静電相互作用は，真空中と比較すると 1/80，極性の低い有機溶媒，たとえばヘプタン（$\varepsilon_r=1.9$）中と比較しても約 1/42 の弱さとなる．

表　化合物の比誘電率と双極子モーメント

| 化合物 | 比誘電率 $\varepsilon_r$(20 ℃) | 双極子モーメント/D |
|---|---|---|
| 水 H$_2$O | 80.1 | 1.855 |
| アセトニトリル CH$_3$CN | 37.5 | 3.925 |
| メタノール CH$_3$OH | 32.6[a] | 1.666 |
| アンモニア NH$_3$ | 25[b] | 1.472 |
| エタノール C$_2$H$_5$OH | 24.6[a] | 1.441 |
| アセトン (CH$_3$)$_2$CO | 20.7 | 2.90 |
| ピリジン C$_5$H$_5$N | 12.3 | 2.15 |
| 酢酸 CH$_3$COOH | 6.15 | 1.70 |
| クロロホルム CH$_3$Cl | 4.81 | 1.04 |
| ベンゼン C$_6$H$_6$ | 2.28 | 0 |
| シクロヘキサン C$_6$H$_{12}$ | 2.02 | 0.332 |
| ヘキサン C$_6$H$_{14}$ | 1.9 | — |

a) 25 ℃，b) −77.7 ℃，$e=4.8\times10^{-10}$ esu，1 D$=10^{-20}$ m esu$=3.33564\times10^{-30}$ C m

子分布の時間的ゆらぎという量子論で説明される分子間の弱い引力であるが，直観的に説明するとつぎのようになる．原子核のまわりの電子雲の時間的なゆらぎにより生じた双極子は，その瞬間に近傍の分子に双極子を誘起するため，双極子と誘起相互作用して分子間に引力がはたらくことになる．

これら配向力，誘起力，分散力に基づくポテンシャルエネルギーはいずれも $1/r^6$ に依存する関数で表すことができ，中性分子間の相互作用に対してよく使用される Lennard–Jones の 6-12 ポテンシャルの引力項が $n=6$ となることを説明している．また，一般に水分子のように，小さくて比較的大きな双極子モーメントをもつ分子を除き，大部分の中性の有機分子間にはたらく van der Waals 力では，分散力の寄与が他の二つの相互作用よりずっと大きい．

### 2・4・3 電荷移動相互作用

電子を与えやすい分子 D と電子を受取りやすい分子 A が十分接近したとき，D の被占軌道（通常は最高被占軌道）と A の空軌道（通常は最低空軌道）との重なりが生じて，D から A へ電子移動した状態（$D^+-A^-$）が共鳴構造として寄与するため，D と A が接近した状態が安定化される．ただし，D と A との間にはたらく分子間相互作用については，一般にそれぞれの分子の双極子などに起因する静電相互作用や分散力の寄与が大きく，電荷移動による共鳴安定化という厳密な意味での電荷移動相互作用の寄与はそれほど大きくないとされている．

> 電荷移動 (charge transfer, CT)
>
> 最高被占軌道と最低空軌道については 3・3・1 節章参照．
>
> 共鳴安定化については 4 章参照．

### 2・4・4 その他の分子間相互作用

分子間相互作用については，相互作用の実体ではなく，その形式に基づく分類もある．分子構造と直接対応させることができるため，有機化合物を対象とした場合には有効な分類となる．

#### a. 水 素 結 合

水素結合は Pauling の定義（1940 年）によると，酸素や窒素などの電気陰性度の高い原子 X と共有結合した水素原子 H が，電気陰性度の高い Y との間に X−H⋯Y という形で形成される結合であり，その実体は主として静電相互作用である．電気陰性度の高い原子 X に共有結合した水素原子は正に分極しており，負に分極した Y 部位間での双極子−双極子，双極子−誘起双極子などの静電相互作用が寄与したもので，比較的強くて方向性のある分子間相互作用として重要である．ただし，水素結合供与基 X や水素結合受容基 Y は，必ずしも電気陰性度の高い原子である必要はなく，C−H⋯O や HO−H⋯ベンゼン（π電子）なども水素結合に含まれる（図 2・13）．

水素結合は 2・4・2 節で示した静電相互作用が主体となるので，たとえば距離が短いほど結合が強い，媒体の比誘電率 $\varepsilon_r$ が小さいほど強いなどの特徴をもつ．

> 水素結合 (hydrogen bond)
>
> X, Y は O, N, S, ハロゲンなど．
>
> 水素結合は生体中でも DNA の二重らせん構造やタンパク質の立体構造などの形成に大きな役割を果たしている（6章参照）．

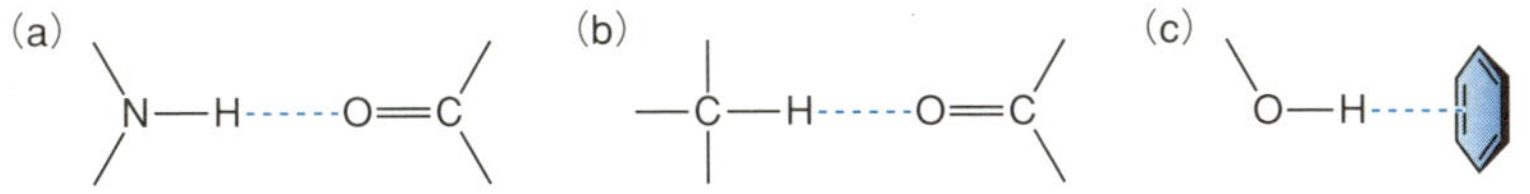

図 2・13 水素結合の例. (a) 一般的な水素結合, (b) CH が関与する弱い水素結合, (c) π電子が関与する弱い水素結合

## b. 疎 水 性 相 互 作 用

水中に加えた極性の低い炭化水素などの油は,水と均一に混じることはなく,油分子だけで集まって油滴となる.このとき,あたかも極性の低い溶質分子間に相互作用がはたらき会合を誘起したように見えることから,水中で溶質の集合などを起こす相互作用を**疎水性相互作用**という(図 2・14).しかし,実際に溶質間に強い分子間相互作用がはたらいているわけではなく,実体は媒体である水分子間の水素結合にある.

水中に溶けたアルカンのような極性の低い分子の周囲にある水分子は,極性の低い分子と水素結合や静電相互作用をすることができないので,まわりをすべて水分子で取囲まれた状態と比較して,自由エネルギー的に不利な状態にある.このため,無極性分子同士が集合することで,無極性分子周囲の面積を減らすという方向に自発的な変化が進行する.これは,あたかも無極性分子間に引力がはたらいて集合したように見えるので,"疎水結合"ともよばれるが,実際には無極性分子の間に特別な相互作用がはたらいているわけではない.

疎水結合は実体のない相互作用であるが,水という水素結合性の高い特殊な媒体中での,極性の低い有機化合物のふるまいを考えるうえで有用な概念であり,タンパク質の高次構造(6章参照),界面活性剤や脂質の集合体(たとえば図 3・10 参照)形成などを理解するうえでも重要である.

## c. スタッキング

**π-π スタッキング**とは,平面構造をもつ芳香環同士が互いに積み重なった形で会合することを指す(図 2・15).芳香環の面間距離は 3.4〜3.6 Å 程度であり,面間隔が狭いほど相互作用は大きくなる.このような π電子系間の相互作用により,電子は分子間にも非局在化して安定化される.特に電子供与性の高い芳香環と電子受容性の高い芳香環とのスタッキングでは,電荷移動相互作用に基づく吸収帯が新たに可視部に認められることが多い.しかし 2・4・3 節で述べたように,分子間にはたらく力としては,分子間の軌道相互作用に基づく安定化よりは,芳香環の双極子,四重極子などが関与する静電相互作用,分散力,疎溶媒相互作用などの寄与が大きいと考えられている.ただし,規則正しく周期的に π-π スタッキングが形成されると,エネルギーバンド形成など特異な固体物性の発現が見られることから,有機エレクトロニクスという観点からも注目される.

疎水性相互作用
(hydrophobic interaction)

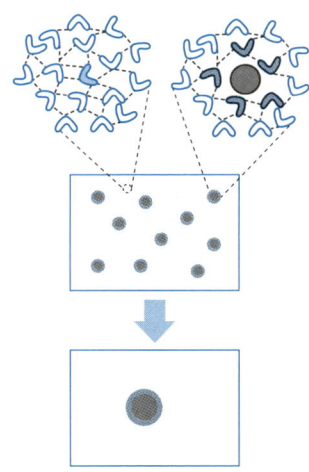

図 2・14 疎水性相互作用. まわりの水分子と水素結合や静電相互作用していた水分子(水色)が無極性分子(灰色)に入れ替わると,相互作用できなくなった周囲の水分子(濃青)は自由エネルギー的に不利な状態となる.このため,不利な状態にある水分子をできる限り減少させようとして無極性分子同士が凝集する.あたかも無極性分子同士に相互作用がはたらいたように見える.

π-π スタッキング
(π-π stacking)

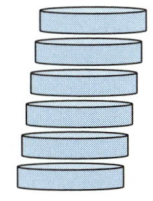

図 2・15 平面状の芳香環同士が π-π スタッキングしたカラム状構造

### 2・4・5 分子間相互作用の特徴

　分子間相互作用は，共有結合に比べると一般にかなり弱いが，有機物質の性質や機能を考えるうえで重要である．分子間相互作用には，共有結合とは違って飽和性がないという大きな特徴をもつ．二つの原子間には1本以上の共有結合（二重，三重結合を含む）は形成できないが，二つの分子間には何本もの分子間相互作用が可能である．これを**多重分子間相互作用**という．一般的に分子間相互作用は加成性が成り立ち，分子間での相互作用の数が増えるほど強くなる．このため，個々の相互作用は弱くても，それぞれの相互作用の総和は十分大きな値となり，分子同士を強く結び付けることができる（図2・16）．

**多重分子間相互作用**
(multiple intermoleculer interaction)

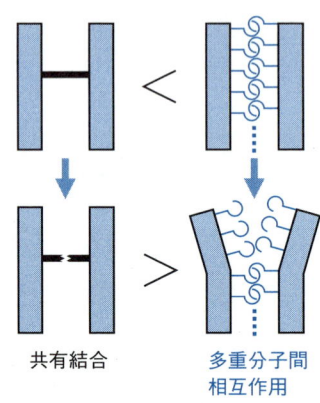

図 2・16　**多重分子間相互作用の特徴**．分子間相互作用の数を増やすと共有結合より強くすることが可能であり，また切断や組換えも容易となる．

　たとえば，血液中のホルモン分子は1 mL 当たり pg（$10^{-12}$ g）程度というきわめて微量しか存在しないが，標的組織のレセプターとほぼ定量的に結合する．これは，ホルモン分子–レセプター間の会合に伴う安定化が非常に大きいからであり，ホルモン–レセプター間にはたらく多数の分子間相互作用の総和がきわめて大きいことを示している．また，van der Waals 力は弱い相互作用ではあるが，高分子鎖が数多くの van der Waals コンタクトをすれば，その総和として二つの高分子間にはたらく引力は，原子間の共有結合以上に大きくなり，高強度な高分子材料をつくり出すことができる．

生体における分子間相互作用については6章参照．

高分子材料については8章参照．

　さらに個々の分子間相互作用が共有結合よりも弱いことも，逆に利点になる．共有結合を切断して組換えることと比較すると，分子間相互作用の切断・組換えははるかに容易である．このため，分子間の多重相互作用で強く結合をしていても，個々の分子間相互作用をつぎつぎと切断することで，容易に分子同士を切り離すことができる．生体が温和な条件でさまざまな高度な機能を発現できるのは，このような分子間相互作用の特徴をうまく利用している点にあるといえる．

# 3 脂肪族化合物の構造と性質

炭素が鎖状に結合した有機化合物を脂肪族化合物という．一方，炭素が環状に結合した環式化合物には，脂環式化合物と芳香族化合物がある．まず，脂肪族化合物の構造や性質について考えよう．性質の類似した脂環式化合物もこの章で説明する．

## 3・1 有機化合物の命名法

安定で強固な共有結合で形づくられた有機化合物は，分子の構成元素数や組成だけでなく，結合の位置や様式もきわめて多様であるため，無限といえるほど多くの種類が存在する．**異性体**は同一の分子式で表されるが，それらの性質が互いに異なる化合物であり，それぞれの分子構造も異なる．たとえばエタノール $CH_3CH_2OH$ とジメチルエーテル $CH_3OCH_3$ や，ブタン $CH_3CH_2CH_2CH_3$ と 2-メチルプロパン $(CH_3)_2CHCH_3$ などは，結合様式が違うためにそれぞれ異なる分子構造をもつ"構造異性体"である．また，分子式だけでなく構造式が同じであっても，構成原子の空間配列が異なるため，三次元空間で互いに重ね合わせることのできない異性体を"立体異性体"という．

このような異性体はそれぞれ異なる分子であるので，個々に識別するために体系的な名前を付ける必要がある．膨大な数の有機化合物にそれぞれ勝手な名前を付けても，その分子構造を知ることができないので，体系化された命名法として国際純正および応用化学連合（IUPAC）が推奨する化合物の命名法が用いられている．ここで推奨されているのは**置換命名法**であり，置換命名法に基づく体系的な化合物名が優先して使用される．この方法では，まず母体となる直鎖炭化水素（環状構造の場合は基本炭素環，基本複素環）の化合物名を決めるが，不飽和結合は接尾語を使って表す（3・3・1節のコラム参照）．そして母体化合物の水素原子を他の原子または原子団に置換したことを，接頭語または接尾語として母体化合物名に付けて示す．したがって，IUPAC 命名法に基づく化合物名は以下のような構成となる．

[置換基（特性基）を表す接頭語]＋[母体名]＋[特性基（主基）を表す接尾語]

異性体（isomer）

構造異性体については，3・2・1c 参照．

立体異性体については，3・2 節および 6 章参照．

IUPAC
(International Union of Pure and Applied Chemistry)

置換命名法
(substitutive nomenclature)

置換基，特性基についてはコラム参照．

主基となる特性基の優先順位は表3・2の番号順となる．

同じ置換基が複数ある場合は，その結合位置を示す番号と数を表す倍数接頭語を付けて表す（表3・1）．また，2種以上の異なる特性基をもつ化合物の命名には，原則としてこれらの特性基のうちの一つを主基として接尾語で表し，その他の特性基はすべて接頭語として表す．各化合物の命名法は，それぞれの章で述べることにして，ここでは主な置換基（特性基）の接頭語と接尾語を表3・2に示しておく．なお表3・3に示した特性基は，主基とはせずに接頭語（強制接頭語）としてのみ命名する置換基である．

表 3・1　倍数接頭語の例

| | | | |
|---|---|---|---|
| 1 | モノ（mono）あるいはヘン（hen） | 9 | ノナ（nona） |
| 2 | ジ（di）あるいはド（do） | 10 | デカ（deca） |
| 3 | トリ（tri） | 11 | ウンデカ（undeca） |
| 4 | テトラ（tetra） | 12 | ドデカ（dodeca） |
| 5 | ペンタ（penta） | 13 | トリデカ（trideca） |
| 6 | ヘキサ（hexa） | 15 | ペンタデカ（pentadeca） |
| 7 | ヘプタ（hepta） | 20 | イコサ（icosa） |
| 8 | オクタ（octa） | 30 | トリアコンタ（triaconta） |

表 3・2　主な特性基の接尾語と接頭語

| 化合物の種類 | 特性基 | 接頭語 | 接尾語 |
|---|---|---|---|
| 1. カチオン | | onio（オニオ）<br>onia（オニア） | -onium（オニウム） |
| 2. カルボン酸 | −COOH<br>−(C)OOH | carboxy（カルボキシ） | -carboxylic acid（カルボン酸）<br>-oic acid（酸） |
| スルホン酸 | −SO₃H | sulfo（スルホ） | -sulfonic acid（スルホン酸） |
| カルボン酸塩 | −COO⁻M⁺<br>−(C)OO⁻M⁺ | | metal−carboxylate（カルボン酸金属）<br>metal−oate（酸金属） |
| 3. 酸無水物 | −COOCO− | | -oic anhydride（酸無水物） |
| エステル | −COOR<br>−(C)OOR | alkoxycarbonyl<br>（アルコキシカルボニル） | R−carboxylate（カルボン酸アルキル）<br>R−oate（酸アルキル） |
| 酸ハロゲン化物 | −COX<br>−(C)OX | haloformyl（ハロホルミル） | -carbonyl halide（ハロゲン化−カルボニル）<br>-oyl halide（ハロゲン化−オイル） |
| アミド | −CONH₂<br>−(C)ONH₂ | carbamoyl（カルバモイル） | -carboxamide（カルボキサミド）<br>-amide（アミド） |
| 4. ニトリル | −C≡N<br>−(C)≡N | cyano（シアノ）<br>nitrilo（ニトリロ） | -carbonitrile（カルボニトリル）<br>-nitrile（ニトリル） |
| 5. アルデヒド | −CHO<br>−(C)HO | formyl（ホルミル）<br>oxo（オキソ） | -carbaldehyde（カルバルデヒド）<br>-al（アール） |
| 6. ケトン | >(C)=O | oxo（オキソ） | -one（オン） |
| 7. アルコール | −OH | hydroxy（ヒドロキシ） | -ol（オール） |
| フェノール | −OH | hydroxy（ヒドロキシ） | -ol（オール） |
| チオール | −SH | mercapto（メルカプト） | -thiol（チオール） |
| 8. アミン | −NH₂ | amino（アミノ） | -amine（アミン） |
| イミン | =NH | imino（イミノ） | -imine（イミン） |

表 3・3 接頭語としてのみ命名される特性基の例

| 特性基 | 接頭語 | 特性基 | 接頭語 |
|---|---|---|---|
| $-Br$ | bromo（ブロモ） | $-N_3$ | azido（アジド） |
| $-Cl$ | chloro（クロロ） | $-NO$ | nitroso（ニトロソ） |
| $-F$ | fluoro（フルオロ） | $-NO_2$ | nitro（ニトロ） |
| $-I$ | iodo（ヨード） | $-OR$ | alkoxy（アルコキシ） |
| $=N_2$ | diazo（ジアゾ） | $-SR$ | alkylthio（アルキルチオ） |

## 置換基と特性基

有機化合物中の水素原子を他の原子あるいは原子団で置き換えて誘導体をつくったとき，水素原子の代わりに導入された原子や原子団を**置換基**という．

また置換基の中で，その化合物に特徴的な性質を付与している原子や原子団を**特性基**という．なお，**官能基**は主に化学的な性質や反応性に基づく原子団の分類で，単一あるいは複数の特性基の組合わせで構成される．

**置換基**（substituent）
**特性基**（characteristic group）
**官能基**（functional group）

## 分子の表し方

分子は化学式で表し，化学式にはいくつかの種類がある．

**組成式**（compositional formula） 化合物などを構成する元素の種類とそれぞれの原子数を最も簡単な整数比で表したもの．

**分子式**（molecular formula） 分子を構成する原子の種類と各原子の数を示したもの．

**構造式**（structural formula） 有機化合物の化学構造を示すために，分子内の各原子がそれぞれどの原子と結合しているかを図式的に書き表した化学式．共有結合を示す線で各原子間をつないで化学構造を図示する．ただし，すべての原子を表示すると複雑になるので，一見して化学構造のわかるような構造部分（置換基など）は簡略化した化学式（**示性式**（rational formula））で表す．また複雑な化学構造の場合には，炭化水素部位の炭素や水素を表記せずに簡略化した構造式で表す場合が多い．

いくつかの例を以下に示す．

**例1 酢酸**
 組成式 $CH_2O$，分子式 $C_2H_4O_2$
 構造式

**例2 エタノール**
 組成式 $C_2H_6O$，分子式 $C_2H_6O$
 構造式

**例3 ベンゼン**
 組成式 $CH$，分子式 $C_6H_6$
 構造式 （◯については 4・2・1 節参照）

## 3章 脂肪族化合物の構造と性質

ただ，複雑な構造をもつ化合物に対しては体系的な命名法が必ずしも単純に適用できるわけではなく，また私たちになじみのある**慣用名**も一般的に使用されることが多い．慣用名は，古くから知られている化合物でその名称が長く用いられてきた酢酸などの例や，またエチレンやアセチレンのように私たちの生活の中で重要なものなどは，いずれも認知度の高い名称であり，非体系的名称であっても体系的な名称とともに IUPAC 名として使用が認められている場合も多くある．このため，慣用名と体系的命名法に従った名称のどちらを優先するかは，常に悩みの種となる．本書では，できる限り体系的命名法に基づく名称を用いるが，慣用名が一般に広く使用されている場合あるいは体系的名称が複雑になる場合は，慣用名を化合物名とした．ただし広く使用されている慣用名でも，体系的命名法に基づく名称の使用が望ましい場合は，両者を併記した．

**慣用名**（common name）

体系的な命名法には，いくつかの命名法があるが，IUPAC では置換命名法を優先して使用することを推奨している．ただ置換命名法であっても，複雑な構造をもつ化合物では，母体化合物の決め方で複数の名称が可能であり，さらに他の命名法に基づく名称，慣用名として非体系的名称の使用が認められている場合もある．このため，一つの化合物に複数の名称が可能となる場合，IUPAC ではその中で推奨される名称を指定しているが，これは体系的名称とは限らず，酢酸（acetic acid）のように非体系的名称が推奨される名称となっている例もある．

**CAS 登録番号**
（CAS registry number）

### CAS 登録番号

アメリカ化学会の一部門である CAS（Chemical Abstracts Service）が，化合物ごとに固有の番号（CAS 登録番号）を付与しており，構造や物性などとは関連づけることなく一つの物質に対して一つだけ割り当てられている．2010年現在で，有機化合物と無機化合物を含めて 6000 万種以上の化合物が登録されており，いかに多くの物質が存在するかということに驚かされる．

## 3・2 アルカンとシクロアルカン
### 3・2・1 アルカン類の分子構造と性質

**炭化水素**（hydrocarbon）

**脂肪族化合物**
（aliphatic compound）

鎖式化合物，非環式化合物ともいう．

**アルカン**（alkane）

炭素と水素からなる有機化合物を**炭化水素**というが，炭素原子が鎖状に結合して構成された炭素骨格をもつ有機化合物を**脂肪族化合物**という．脂肪族という名称は，自然界にある脂肪が長い炭素鎖をもつ鎖状化合物で構成されていることに由来する．**アルカン**（通称パラフィン）は，炭素原子間がすべて単結合（σ 結合）で結ばれた脂肪族飽和炭化水素の総称であり，分子式 $C_nH_{2n+2}$ で表せる．すべての炭素原子が 1 本につながった直鎖化合物と，炭素鎖に枝分かれのある化合物とがある．

**高級アルカン**(higher alkane)
**高級脂肪酸**(higher fatty acid)
**高級アルコール**(higher alcohol)

### 高級と低級

炭素数の大きな脂肪族化合物に対して高級，小さいものに対しては低級という用語を用いる．たとえば高級アルカン，高級脂肪酸，高級アルコールなどである．この高級（higher）の意味するところは，決して質や価格が高いという意味ではなく，高分子量ということであり，低級（lower）は低分子量であることを示すにすぎない．

一方，**シクロアルカン**は炭素原子間が単結合で結ばれているが，鎖状ではなく環状構造となった飽和炭化水素で，分子式 $C_nH_{2n}$ で表せる．鎖状の脂肪族飽和炭化水素であるアルカンに類似した性質を示すので，**脂環式炭化水素**ともいう．

シクロアルカン (cycloalkane)

脂環式炭化水素 (alicyclic hydrocarbon)

### a. 直鎖アルカン $C_nH_{2n+2}$

直鎖状に炭素が単結合したアルカンの名称は，炭素原子数 4 以下の炭化水素は古来からの名称，炭素原子数 5 以上では炭素原子数を表す倍数接頭語に接尾語アン（-ane）を付けて表す．主な直鎖アルカンの名称（体系的名称），融点と沸点を表 3・4 に示す．

倍数接頭語については表 3・1 参照．

なお，体系的名称では一般に，直鎖を表す $n$- を付けない．

表 3・4 主な直鎖アルカン

| 分子式 | 構造式 | 体系的命名法に基づく名称 | mp/℃ | bp/℃ |
|---|---|---|---|---|
| $CH_4$ | $CH_4$ | メタン (methane) | −183 | −162 |
| $C_2H_6$ | $CH_3CH_3$ | エタン (ethane) | −172 | −88.5 |
| $C_3H_8$ | $CH_3CH_2CH_3$ | プロパン (propane) | −187 | −42 |
| $C_4H_{10}$ | $CH_3(CH_2)_2CH_3$ | ブタン (butane) | −138 | 0 |
| $C_5H_{12}$ | $CH_3(CH_2)_3CH_3$ | ペンタン (pentane) | −130 | 36 |
| $C_6H_{14}$ | $CH_3(CH_2)_4CH_3$ | ヘキサン (hexane) | −95 | 69 |
| $C_7H_{16}$ | $CH_3(CH_2)_5CH_3$ | ヘプタン (heptane) | −90.5 | 98 |
| $C_8H_{18}$ | $CH_3(CH_2)_6CH_3$ | オクタン (octane) | −57 | 126 |
| $C_9H_{20}$ | $CH_3(CH_2)_7CH_3$ | ノナン (nonane) | −54 | 151 |
| $C_{10}H_{22}$ | $CH_3(CH_2)_8CH_3$ | デカン (decane) | −30 | 174 |
| $C_{11}H_{24}$ | $CH_3(CH_2)_9CH_3$ | ウンデカン (undecane) | −26 | 196 |
| $C_{12}H_{26}$ | $CH_3(CH_2)_{10}CH_3$ | ドデカン (dodecane) | −10 | 216 |
| $C_{14}H_{30}$ | $CH_3(CH_2)_{12}CH_3$ | テトラデカン (tetradecane) | 5.5 | 252 |
| $C_{20}H_{42}$ | $CH_3(CH_2)_{18}CH_3$ | イコサン (icosane) | 36 | — |
| $C_{30}H_{62}$ | $CH_3(CH_2)_{28}CH_3$ | トリアコンタン (triacontane) | 65.8 | — |

アルカンは，炭素原子同士および炭素−水素原子間の σ 結合でできている．まず，C−H 結合のみをもつメタン $CH_4$ の性質を調べてみよう（表 3・5）．前章で述べたように，メタンは炭素原子の sp³ 混成軌道と水素の 1s 軌道との重なりで，四つの等価な σ 結合を形成して四面体構造となる（図 2・5 参照）．このとき，炭素の電気陰性度のほうがわずかに大きいので，C−H 結合は，H が正，C が負に少し分極して，小さな結合モーメントをもつ．しかし四面体形をしているので，四つの結合モーメントは互いに打ち消し合い，分子全体の双極子モーメントはゼロとなる．そのため，分子間には弱い van der Waals 力が作用するだけであり，沸点が −162 ℃ と低く常温で気体として存在する．沸点における蒸発エンタルピーは，液体への凝集エンタルピーの符号が逆になったものであるが，実際に 8.18 kJ mol⁻¹ ときわめて小さい．

結合モーメント，双極子モーメントについては 2 章のコラム「分極と双極子モーメント」を参照．

van der Waals 力については 2・4・2 節参照．

表 3・5 メタンとエタンの分子構造と性質

| 化合物 | 結合距離/nm | | 結合角/deg | | 結合エネルギー/kJ mol⁻¹ | | イオン化エネルギー/eV |
|---|---|---|---|---|---|---|---|
| | C−H | C−C | H−C−H | C−C−H | C−H | C−C | |
| $CH_4$ | 0.109 | — | 110 | — | 432 | — | 12.61 |
| $CH_3-CH_3$ | 0.109 | 0.154 | 108 | 111 | 414 | 366 | 11.52 |

C–C 結合をもつアルカンとして最も簡単な分子構造のエタンも，C–C 間および C–H 間の σ 結合でできており（図 3・1），原子半径の大きな炭素間の結合距離は 0.15 nm 程度になっている（表 3・5）．エタンの双極子モーメントもゼロであり，分子間相互作用が弱いため，常温で気体として存在する．また，σ 結合のみで形成されるメタンやエタンのようなアルカンは，電子が比較的強く原子核に束縛されているためイオン化しにくく，第一イオン化エネルギーは大きな値となる．

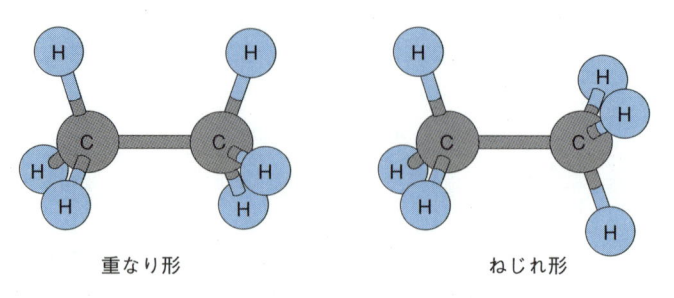

重なり形    ねじれ形

図 3・1 エタン $C_2H_6$ の分子構造

**重なり形配座**
(eclipsed conformation)

**ねじれ形配座**
(staggered conformation)

Newman 投影図についてはコラム参照．

**立体配座，コンホメーション**
(conformation)

σ 結合は結合軸に対して軸対称なので，自由に回転できる．図 3・1 に示すように，エタンの C1–C2 結合は回転可能であり，C1 に付いた水素と C2 に付いた水素が重なっている**重なり形配座**と，水素が互いに斜め向かいにある**ねじれ形配座**が 60°の回転ごとに交互に現れる．また，ブタン $CH_3-CH_2-CH_2-CH_3$ の 2 位と 3 位の炭素間を結ぶ C–C 単結合まわりで回転させたとき，図 3・2 の Newman 投影図で示すように，それぞれの炭素に結合したメチル基相互の空間的な位置が異なる．このように単結合まわりの回転で相互変換できる原子配置の違いを**立体配座**あるいは**コンホメーション**という．

異なる炭素原子に結合したメチル基同士の空間的な距離は，ねじれ形配座よりも重なり形配座のほうが短い．すでに述べたように，原子の体積はほぼ電子雲で

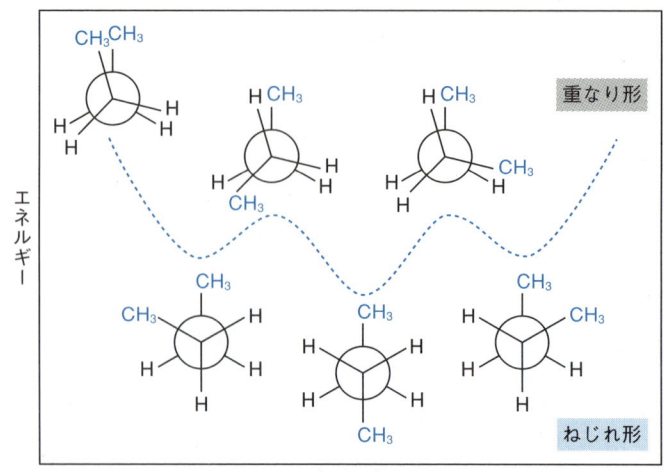

図 3・2 ブタンの C2–C3 単結合まわりのコンホメーション

> ## Newman 投影図
>
> Newman（ニューマン）により考案されたもので，立体配座を平面上で表すための投影図である．対象とする単結合を結合軸方向から眺め，両端の炭素原子のうち近いものを点，遠くのものを円で表す．そして，それぞれの炭素原子と結合している水素あるいは置換基との間を線で結んで平面上に投影する．なお重なり形の場合は，少しだけねじれた形で示す．エタンの場合は以下のようになり，ねじれ形のほうが安定となる．
>
> ねじれ形　　重なり形
>
> 図　エタンの Newman 投影図

占められているので，負の電荷をもった電子雲同士の距離が短くなると，静電反発も大きくなる．このような空間的な距離に基づく電子的な反発を**立体反発**といい，これが原因となって重なり形よりもねじれ形のほうが安定となる．

また，ブタンの C2–C3 単結合まわりの回転の場合は，1位と4位の大きなメチル基同士の立体反発が大きく，同じねじれ形でもメチル基同士が遠く離れたねじれ形のほうが安定となる．このように，アルカンの C–C 単結合まわりの回転には回転障壁が存在するが，一般にそれほど大きなものではなく，室温付近の熱で十分に越えることができる．

立体反発（steric repulsion）

ねじれ形や重なり形のように，立体配座の違いによる立体異性体を"配座異性体"という（6章も参照）．

### b. 枝分かれアルカン $C_nH_{2n+2}$

枝分かれのある脂肪族飽和炭化水素は，直鎖炭化水素の誘導体として命名する．分子内の最も長い直鎖の部分に相当する名称の前に，側鎖の名称とその数を接頭語として加える．側鎖の位置は主鎖炭素の番号で表し，側鎖の位置番号が最小になるように選ぶ（コラム参照）．側鎖のアルキル基名は，アルカンのアン（–ane）をイル（–yl）に置き換えたもの（例：メチル，エチル，プロピルなど）とする．

メチル（methyl）

エチル（ethyl）

プロピル（propyl）

表 3・6　主な枝分かれアルカン

| 分子式 | 構造式 | 体系的命名法に基づく名称 | bp/℃ |
|---|---|---|---|
| $C_4H_{10}$ | $(CH_3)_2CHCH_3$ | 2-メチルプロパン（2-methylpropane） | −12 |
| $C_5H_{12}$ | $(CH_3)_2CHCH_2CH_3$ | 2-メチルブタン（2-methylbutane） | 28 |
| $C_5H_{12}$ | $(CH_3)_4C$ | 2,2-ジメチルプロパン（2,2-dimethylpropane） | 9.5 |
| $C_6H_{14}$ | $(CH_3)_2CHCH_2CH_2CH_3$ | 2-メチルペンタン（2-methylpentane） | 60 |
| $C_6H_{14}$ | $CH_3CH_2CH(CH_3)CH_2CH_3$ | 3-メチルペンタン（3-methylpentane） | 63 |
| $C_6H_{14}$ | $(CH_3)_3CCH_2CH_3$ | 2,2-ジメチルブタン（2,2-dimethylbutane） | 50 |
| $C_6H_{14}$ | $(CH_3)_2CHCH(CH_3)_2$ | 2,3-ジメチルブタン（2,3-dimethylbutane） | 58 |

2,3,6-トリメチルヘプタン
(2,3,6-trimethylheptane)

5-エチル-3-メチルオクタン
(5-ethyl-3-methyloctane)

---

**位置番号の付け方**

2個以上の側鎖があるときは，二通りの位置番号の付け方のうち，同じでない最初の数が小さくなるように選ぶ．また2種以上の側鎖があるときは，基名のアルファベット順に並べる．日本語名では，英語のアルファベット順をそのまま字訳する．

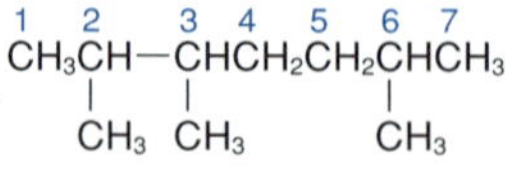

$$\underset{\substack{\text{2,3,6-トリメチルヘプタン}\\(2,\underline{5},6\text{-でない})}}{\overset{1\ \ 2\ \ \ \ \ 3\ \ \ 4\ \ \ 5\ \ \ 6\ \ 7}{CH_3CH\text{-}CHCH_2CH_2CHCH_3}}\quad\underset{\text{5-エチル-3-メチルオクタン}}{\overset{1\ \ \ 2\ \ \ \ \ 3\ \ \ \ 4\ \ \ \ \ 5\ \ \ \ 6\ \ 7\ \ 8}{CH_3CH_2\text{-}CH\text{-}CH_2\text{-}CH\text{-}CH_2CH_3}}$$

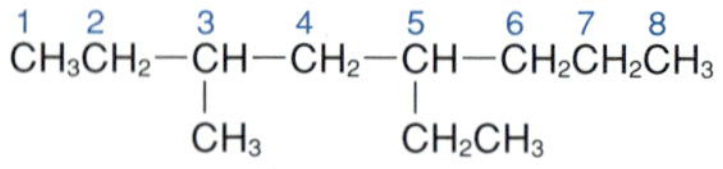

---

枝分かれしたアルカンもC–HおよびC–C間のσ結合で形成されており，基本的な性質は直鎖アルカンと同じである．

### c. 異性体

枝分かれアルカンは同じ炭素数 $n$ の直鎖アルカンと同様に分子式 $C_nH_{2n+2}$ で表せるが，枝分かれの仕方によって分子構造の違う"異性体"が存在する（表3・6）．枝分かれや直鎖というような原子の結合順序の違いによってできる異性体を**構造異性体**という．

構造異性体
(structural isomer)

たとえば，同じ $C_5H_{12}$ の分子式をもつ化合物でも，以下に示すような三つの構造異性体が存在する．共有結合は，常温では十分安定な結合であるため，結合の順序を入れ替えることはできず，これら三つの化合物は互いに異なり，沸点などの性質も異なる．

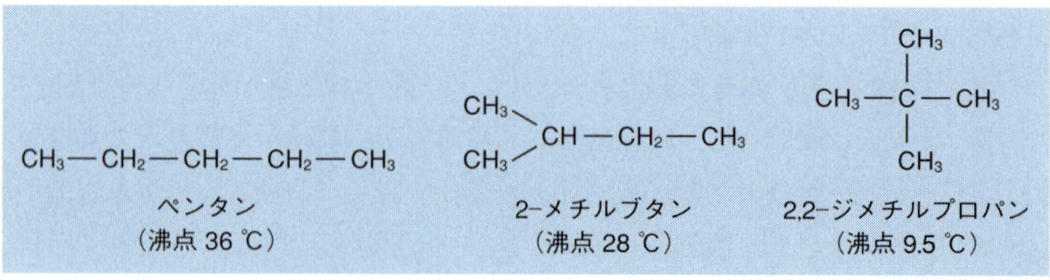

ペンタン（沸点 36 ℃）　　2-メチルブタン（沸点 28 ℃）　　2,2-ジメチルプロパン（沸点 9.5 ℃）

また炭素に結合した四つの置換基がすべて異なる場合は，分子式だけでなく構造式が同じ場合でも，異性体が存在する．この化合物と鏡に映した鏡像とは，右手と左手の場合と同じように互いに重ね合わせることはできず，一対の鏡像体となる（図3・3）．

キラリティー (chirality)

キラル (chiral)

不斉炭素 (asymmetric carbon)

鏡像異性体, エナンチオマー
(enantiomer)

このような鏡像体が存在する性質を**キラリティー**といい，キラリティーをもつ分子のことを**キラル**であるという．図3・3の四つの異なる種類の置換基が結合した炭素を**不斉炭素**といい，分子がキラルであるために必要な要素であるキラル中心となる．また，この一対の異性体を**鏡像異性体**あるいは**エナンチオマー**とい

い，それぞれ逆の旋光性を示す（6章参照）．このように，分子式や構造式が同じでも，分子を構成する原子や置換基の三次元的な立体配置が異なる異性体を**立体異性体**という．鏡像異性体も立体異性体の一つである．

**立体異性体**（stereoisomer）
立体異性体の分類については6章のコラム参照．

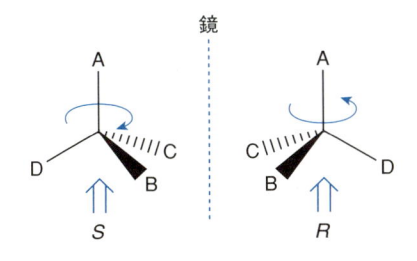

図 3・3　鏡像異性体（エナンチオマー）

鏡像異性体のキラリティーを示す分子の立体配置は，"$R/S$ 表示"で示す．キラル中心をもつ典型的なキラル分子では，4種の異なる置換基に優先順位を付けて，最も順位の低い置換基を奥側に置いて前から見たとき，残りの置換基を順位の高いものから順にたどると右回りになる配置を $R$（ラテン語の rectus，右），左回りになる配置を $S$（sinister，左）と表示するが，詳細は6章で改めて述べる．

優先順位は，A が最も低くて A<B<C<D の順であると仮定すると，A の反対側から見たとき，D,C,B の順が右回りになるのが $R$ 配置，左回りになるのが $S$ 配置である．

### d. シクロアルカン（脂環式化合物）$C_nH_{2n}$

分子式 $C_nH_{2n}$ で表されるシクロアルカンは，炭素が鎖状ではなく単結合で環状に結合した飽和炭化水素であるが，鎖状の脂肪族化合物に似た性質を示すので，**脂環式化合物**ともいう．同じ炭素数のアルカンの名称の前に，環状を示す接頭語シクロ（cycle–）を付けて表す（表3・7）．

**脂環式化合物**
(alicyclic compound)

表 3・7　主なシクロアルカン

| 分子式 | 体系的命名法に基づく名称 | bp/℃ |
|---|---|---|
| $C_3H_6$ | シクロプロパン（cyclopropane） | −33 |
| $C_4H_8$ | シクロブタン（cyclobutane） | 13 |
| $C_5H_{10}$ | シクロペンタン（cyclopentane） | 49 |
| $C_6H_{12}$ | シクロヘキサン（cyclohexane） | 81 |
| $C_7H_{14}$ | シクロヘプタン（cycloheptane） | 118 |
| $C_8H_{16}$ | シクロオクタン（cyclooctane） | 149 |

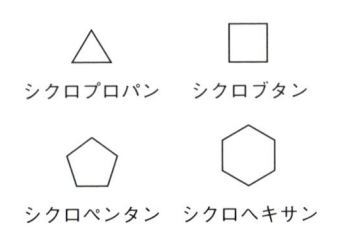

シクロプロパン　シクロブタン
シクロペンタン　シクロヘキサン

シクロアルカンは鎖状の脂肪族炭化水素ではないが，すべて C–H，C–C 間の σ 結合で形成されており，性質も脂肪族炭化水素とほぼ類似している．ただし，環状構造に特有の性質も見られることがある．炭素数の少ないシクロプロパンやシクロブタンの C–C–C 結合角は，表3・8 に示すように通常の sp³ 混成した炭素の結合角 109.5° から大きくずれている．このため，結合を形成する炭素同士の軌道の重なりが不十分となり，結合形成に伴う安定化が小さくなる．このような**角ひずみ**が存在するため，特にシクロプロパンは C–C 結合の開裂で環が開く反応（開環反応）を起こしやすい．

**角ひずみ**（angle strain）

## 多環式飽和炭化水素

環式飽和炭化水素の中には，デカリンやノルボルナン，アダマンタンのように複数の環をもつ化合物もある．さらに生体内で重要なはたらきをしているコレステロール（図6・20参照）やステロイド化合物の母骨格は，四つの環をもつ化合物であり，複雑な立体配置をもつ．これらは炭素化合物の驚くべき多様性の一端を示すものといえる．

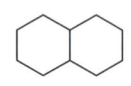

デカリン　　ノルボルナン　アダマンタン

---

**デカリン**（decalin），$C_{10}H_{18}$
多環式芳香族化合物であるナフタレン（4・6節参照）に10個の水素原子が付加したもので，デカヒドロナフタレンともよばれる．

**ノルボルナン**（norbornane），$C_{10}H_{16}$

**アダマンタン**（adamantane），$C_{10}H_{16}$
10個の炭素がダイヤモンド型に配置された化合物．

表 3・8　シクロアルカンの結合距離と結合角

| シクロアルカン | C–C 結合距離 /nm | C–C–C 結合角 /deg |
|---|---|---|
| シクロプロパン | 0.150 | 60 |
| シクロブタン | 0.152 | 90 |
| シクロヘキサン | 0.152 | 111 |

炭素数が増えてシクロヘキサンになると，角ひずみは解消する．このときのシクロヘキサン環の構造をもう少し詳しく調べてみる．$sp^3$ 混成の σ 結合が角ひずみのない 6 員環構造となるためには，平面構造ではなく，**いす形**あるいは**舟形**のコンホメーション（立体配座）をとる必要がある（図3・4）．このとき，単結合まわりのコンホメーションは，いす形の場合はねじれ形，舟形の場合は重なり形となるので，いす形のほうが安定である．

**いす形配座**(chair conformation)
**舟形配座**(boat conformation)

いす形と舟形は互いに配座異性体という立体異性体である．

分子面に対して地球の軸方向（axial），つまり垂直方向をアキシアル，赤道方向（equatorial），つまりほぼ水平方向をエクアトリアルとよぶ．

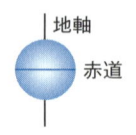

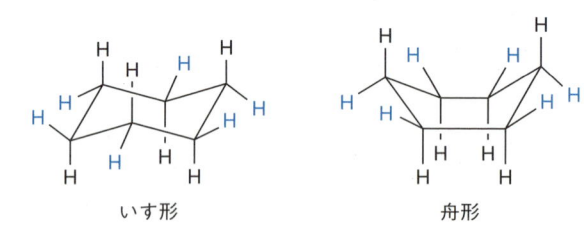

地軸
赤道

いす形　　　　　舟形

図 3・4　シクロヘキサンのコンホメーション．黒は環と垂直方向を向いた水素（アキシアル），青は環と水平方向を向いた水素（エクアトリアル）を示す．

### 3・2・2　アルカン類の反応と特徴

十分な安定性をもつ飽和炭化水素の σ 結合は分極が小さいので，アルカン分子の双極子モーメントも小さい．このため，アルカン類は他の分子やイオンとの相互作用は弱く，分子量の小さなアルカンは室温で気体や液体として存在する．また，イオン性の遷移状態や中間体を経由する反応も起こりにくいので，アルカン

## ラジカル（遊離基）

不対電子をもつ原子や分子のことを**ラジカル**あるいは**遊離基**という．通常，原子や分子の軌道は反対のスピンをもつ二つの電子が対になって存在し，安定な物質やイオンとなる．しかし，分子から電子を一つ奪い取る，あるいは分子に電子を一つ付加する，また結合開裂に必要なエネルギーを供給するなどのことが起こると，軌道に電子が一つだけの不対電子をもつラジカル種となる場合がある．ラジカルであることは，通常 H·（水素ラジカル）のように不対電子をもつ原子上に点で表記する．ラジカルは不安定な状態であるため反応性が高く，速やかに反応して生成物となる．

ラジカル（radical）
遊離基（free radical）

の反応は主に**ラジカル反応**となる．このようにアルカンと他の分子との相互作用が弱く，反応性も乏しいという特徴は，通称パラフィンの語源であるラテン語の parum affinis（little affinity, 親和性が乏しい）からもよく示されている．

ラジカル反応（radical reaction）
パラフィン（paraffin）

### a. ハロゲンとの反応

高温加熱あるいは光を照射すると，アルカンは塩素 $Cl_2$ や臭素 $Br_2$ のようなハロゲン分子と反応して，水素がハロゲンに置換されたハロアルカンになる．

$$Cl_2 + C_nH_{2n+2} \longrightarrow C_nH_{2n+1}Cl + HCl \quad (3 \cdot 1)$$

この反応は，ハロゲン分子のラジカル開裂と，それに続くラジカル置換反応により進行する．Cl–Cl および Br–Br 間の結合エネルギーは，それぞれ 239.2 および 189.8 kJ mol$^{-1}$ と C–C や C–H 間の結合エネルギーより小さい．このため，光照射や加熱によりエネルギーを供給すると，結合の開裂が起こり，ラジカルが生成する．基質としてメタンを用いた場合の反応を以下に示す．

ハロアルカン（ハロゲン化アルキル）については3・5節参照．

開始反応： $Cl_2 \longrightarrow 2Cl·$

成長反応： $Cl· + CH_4 \longrightarrow H{-}Cl + CH_3·$
$\qquad\qquad CH_3· + Cl_2 \longrightarrow CH_3{-}Cl + Cl·$

停止反応： $Cl· + Cl· \longrightarrow Cl_2$
$\qquad\qquad Cl· + CH_3· \longrightarrow CH_3{-}Cl$
$\qquad\qquad CH_3· + CH_3· \longrightarrow CH_3{-}CH_3$

まず，塩素分子の開裂によって塩素ラジカルが生成する．これを**開始反応**という．生成したラジカルは，不対電子をもつ反応性の高い化学種で，基質のメタンと反応して塩化水素となるが，同時にメチルラジカルも生成する．メチルラジカルが塩素を攻撃すると，クロロメタンと塩素ラジカルが生成する．このようにラジカル種の攻撃によって，つぎのラジカル種が生成し，連鎖的に反応が継続する過程を**成長反応**という．もちろん，生成したラジカル同士が反応すると，ラジカル種は消滅する．これらを**停止反応**という．上に示した反応式は，系内の反応すべてを書き表していないが，主な開始，成長および停止という**ラジカル連鎖反応**を示している．

開始反応（initiation reaction）

成長反応（propagation reaction）
停止反応（termination reaction）
ラジカル連鎖反応（radical chain reaction）

### b. 燃　焼

**燃焼反応**
(combustion reaction)

アルカンの代表的な反応は，**燃焼反応**である．炭化水素は，酸素と反応してよりエネルギー的に安定な二酸化炭素と水になる（酸化反応）．この反応もラジカル連鎖反応で進行する．しかし，非常に複雑な反応の組合わせからなる連鎖反応で，まだ完全に解明されてはいない．そこで，反応前後の系の状態のみを考えよう．反応前の系の標準生成エンタルピーと反応後の標準生成エンタルピーの差が，系外に放出される標準状態での燃焼熱となる（図3・5，表3・9）．

$$C_nH_{2n+2}(\text{g あるいは l}) + \frac{3n+1}{2}O_2(g) \longrightarrow nCO_2(g) + (n+1)H_2O(l) \tag{3・2}$$

燃焼反応は大きな発熱を伴うことから，天然ガス（メタン）などが燃料として使用されている．ただし，ラジカル連鎖反応が始まるためには，結合開裂に必要な高温（火炎の温度）が必要となる．

図3・5　標準燃焼熱

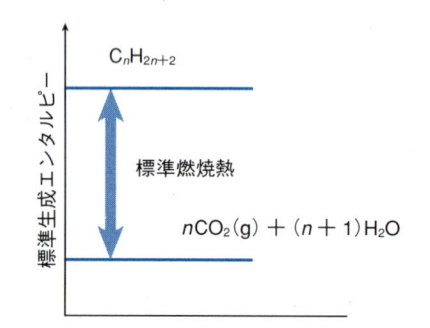

表 3・9　標準燃焼熱

| 化合物 | 標準燃焼熱 /kJ mol$^{-1}$ | 化合物 | 標準燃焼熱 /kJ mol$^{-1}$ |
|---|---|---|---|
| メタン | -891 | ブタン | -2878 |
| エタン | -1561 | 水素 | -286 |
| プロパン | -2219 | 炭素（グラファイト） | -394 |

### 3・2・3　アルカンの製造と用途

アルカンの主要原料は，化石燃料である石油や天然ガスである．天然ガスの主

---

#### ラジカルの生成しやすさ

プロパンのC-H結合解離エネルギーは結合位置で少し異なり，両端の第一級炭素のC-H結合より2位の第二級炭素に結合したC-H結合のほうが少し小さい．また，さらにメチル基が付いた2-メチルプロパン2位の第三級炭素では，さらに小さくなる．

$$CH_3CH_2CH_3 \longrightarrow CH_3\dot{C}H_2CH_2 + \dot{H} \quad 412 \text{ kJ mol}^{-1}$$
$$CH_3CH_2CH_3 \longrightarrow CH_3\dot{C}HCH_3 + \dot{H} \quad 399 \text{ kJ mol}^{-1}$$
$$\underset{\underset{CH_3}{|}}{CH_3CHCH_3} \longrightarrow \underset{\underset{CH_3}{|}}{CH_3\dot{C}CH_3} + \dot{H} \quad 386 \text{ kJ mol}^{-1}$$

このため，アルカンの燃焼反応で生成するアルキルラジカルの生成のしやすさは，第三級炭素＞第二級炭素＞第一級炭素の順となる．

> ### メタンハイドレート
>
> メタンハイドレートはメタンの周囲を水分子がかご状に包み込んだ固体の包接化合物である．水分子同士の水素結合でできた氷のような構造の中にメタン分子が包接されている．**包接化合物**とは，ホスト分子（この場合は水）がつくる三次元的な空間の中に共有結合によらずゲスト分子（メタン）が取込まれて，安定な物質として存在しているものをいう．低温高圧の条件で存在し，地球上では大部分が深い海底に存在する．結晶構造から $n=5.75$ となり，実際に海底から採取されたものも $n=5.8\sim6.1$ 程度となっている．日本近海の海底にも大量に存在し，将来のエネルギー資源として注目されている．「燃える氷」として知られ，その映像を見た人も多いことだろう．

メタンハイドレート (methane hydrate) $CH_4 \cdot n(H_2O)$

包接化合物 (clathrate compound)

成分はメタンであり，これ以外に産地により少量のエタンやプロパンなども含まれる．日本はほとんどを輸入に頼っており，海上輸送のために液化（液化天然ガス（LNG））するが，メタンの沸点が常圧で$-162\,℃$と低いため，加圧して極低温に冷却する必要がある．一方，石油はアルカンを主とするさまざまな有機化合物の液状混合物である．このため，採掘した原油は，蒸留で沸点の異なる各留分に分け，それぞれに適した用途に使用される（8・2・3節参照）．

液化天然ガス (liquefied natural gas)

## 3・3 アルケンとアルキン
### 3・3・1 アルケン，アルキンの分子構造と性質
#### a. アルケン $C_nH_{2n}$

アルケンは C=C 二重結合を一つもつ不飽和炭化水素の総称であり，オレフィンともよばれる．分子式 $C_nH_{2n}$ で表され，アルカンの接尾語アン（-ane）をエン（-ene）に換えて命名する（表3・10）．ただし，エチレン，プロピレン，ブチレンなどの名称は広く使用されており，これらの化合物から誘導される高分子化合物（8・1節参照）であるポリエチレン，ポリプロピレンなどの名称は，私たち

アルケン（alkene）

オレフィン（olefin）

IUPAC 命名法では，エチレンは直鎖アルカンの両鎖端から水素原子1個ずつを除いて誘導される二価の基（$-CH_2CH_2-$）の名称として使用され，化合物名としての使用は認められていない．このため IUPAC 名はエテンとなるが，エチレンという名称は高分子化学や工業化学だけでなく，広く生活の中に根付いた言葉として認知されている．

厳密にはアルケンには含まれないが，複数の二重結合をもつ不飽和炭化水素については，以下の例のようにその数を表す倍数接頭語を-ene の前に付けて表す．

$$\overset{1}{CH_2}=\overset{2}{CH}\overset{3}{CH_2}\overset{4}{CH}=\overset{5}{CH}\overset{6}{CH_3}$$
1,4-hexadiene
↓
hexa-1,4-diene

> ### 多重結合や特性基を接尾語で示すときの位置の表示
>
> 特性基や二重結合の位置を示す番号は，一般的に化合物名の前に付けて表示されている．しかし，以下の例に示すように，特性基を示す基名（-ol）や二重結合を示す-ene などの直前にその番号を付けて表示することができる．この表示は，必ずしも一般的に普及してはいないが，化合物の構造をより正確に表す方法として推奨される．
>
> 例　$\overset{1}{CH_3}-\overset{2}{CH}=\overset{3}{CH}-\overset{4}{CH_3}$　　2-butene → but-2-ene
>
> 　　$\overset{1}{CH_3}-\underset{\underset{OH}{|}}{\overset{2}{CH}}-\overset{3}{CH_3}$　　2-propanol → propan-2-ol

の生活の中で広く使用されている．そのため，本書でもエテン，プロペンではなく，エチレン，プロピレンという名称を用いることにする．

表 3・10 主なアルケン

| 分子式 | 構造式 | 体系的命名法に基づく名称<br>(一般的に使用される名称) | mp/℃ | bp/℃ |
|---|---|---|---|---|
| $C_2H_4$ | $CH_2=CH_2$ | エテン (ethene)<br>(エチレン (ethylene)) | −169 | −102 |
| $C_3H_6$ | $CH_2=CHCH_3$ | プロペン (propene)<br>(プロピレン (propylene)) | −185 | −48 |
| $C_4H_8$ | $CH_2=CHCH_2CH_3$ | 1-ブテン (1-butene) |  | −6.5 |
| $C_4H_8$ | $CH_3CH_2=CHCH_3$ | (Z)-2-ブテン ((Z)-2-butene)<br>(E)-2-ブテン ((E)-2-butene) | −139<br>−106 | 4<br>1 |
| $C_4H_8$ | $CH_2=C(CH_3)_2$ | 2-メチルプロペン (2-methylpropene) | −141 | −7 |

ブテン以上では，二重結合の位置が異なる構造異性体が存在するので，最初の二重結合炭素の番号で二重結合の位置を示す．たとえばブテンの場合，2-ブテンとする．さらに，末端ではなく内部に二重結合がある場合は，C=C二重結合まわりの回転ができないために，それぞれの炭素に結合した置換基の相対的な位置関係による立体異性体が存在する（図3・6）．

(E)-2-ブテン　　　(Z)-2-ブテン
(トランス-ブテン)　(シス-ブテン)

図 3・6　2-ブテンの立体異性体

二重結合まわりの回転障害に基づく立体異性体もジアステレオマーの一つであり（6章参照），**幾何異性体**ともいう．

幾何異性体に用いられたきた従来のトランス/シス表示では，二重結合の両末端に結合した同じ置換基同士の立体配置から，二重結合の同じ側に付いているものを**シス**，反対側に付いているものを**トランス**と決める．しかし，置換基の種類が異なる化合物にも適用できる普遍的な表示として，ドイツ語の "entgegen" (=opposite), "zusammen" (=together) の頭文字を用いた **E/Z 表示法**が用いられるようになった．このとき，二重結合の両末端に結合した置換基が二重結合の反対側にあるものを接頭語 (E)，同じ側にあるものを (Z) で表す（図3・6）．

### b. アルキン $C_nH_{2n-2}$

アルキンはC≡C三重結合を一つもち，分子式 $C_nH_{2n-2}$ で表される不飽和炭化水素であり，アルカンの接尾語アン (–ane) をイン (–yne) に換えて命名する（表3・11）．ただし $C_2H_2$ に対してはエチンではなく，慣用名としてのアセチレンが一般に用いられることが多い．

---

**幾何異性体**
(geometrical isomer)

**シス**（cis）

**トランス**（trans）

アルケンの E/Z 表示法については6章のコラムも参照．

**アルキン**（alkyne）

アルカン，アルケン，アルキンの任意の炭素原子から1個の水素原子を除いて一価の置換基 $C_nH_{2n+1}-$, $C_nH_{2n-1}-$, $C_nH_{2n-3}-$ としたとき，それぞれを**アルキル**（alkyl），**アルケニル**（alkenyl），**アルキニル**（alkynyl）基という．

表 3・11 主なアルキン

| 分子式 | 構造式 | 体系的命名法に基づく名称 | 一般的に使用される名称 | mp/℃ | bp/℃ |
|---|---|---|---|---|---|
| $C_2H_2$ | CH≡CH | エチン (ethyne) | アセチレン (acetylene) | −82 | −75 |
| $C_3H_4$ | CH≡$CCH_3$ | プロピン (propyne) | メチルアセチレン (methylacetylene) | −101.5 | −23 |
| $C_4H_6$ | CH≡$CCH_2CH_3$ | 1−ブチン (1-butyne) | エチルアセチレン (ethylacetylene) | −122 | 9 |
| $C_4H_6$ | $CH_3$C≡$CCH_3$ | 2−ブチン (2-butyne) | ジメチルアセチレン (dimethylacetylene) | −24 | 27 |

### c. アルケン, アルキンの電子状態

最も簡単なアルケン, アルキンであるエチレン (エテン) とアセチレン (エチン) の分子構造を図 3・7 に示す. エチレンの炭素は $sp^2$ 混成であり, それぞれの混成軌道が 121°の角度となる平面三角形になっており, 二つの水素原子の 1s 軌道の重なりで形成されるσ結合は典型的な C−H 結合の長さ 0.109 nm となる. また, 隣合った炭素同士の $sp^2$ 混成軌道の重なりで C−C 間のσ結合が形成され, すべてのσ結合が同一平面上にある. さらに混成していない炭素の $p_z$ 軌道同士の重なりでπ軌道ができ, C−C 間にπ結合が形成される. その結果, C−C 間にσ結合およびπ結合の二重結合が形成されて C−C 結合距離も短くなり, 結合エネルギー (719 kJ mol$^{-1}$) も大きな値となる.

エチレンとアセチレンの C−H, C−C 結合については図 2・8 参照.

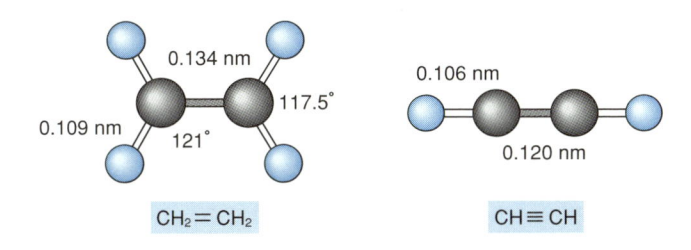

図 3・7 エチレンとアセチレンの分子構造

エチレンの全電子数は 16 であり, エネルギー準位の低い分子軌道から順に電子対となって占めている. このうち, 電子対の入った軌道で最もエネルギー準位の高い軌道を**最高被占軌道 (HOMO)** とよび, その上の準位の軌道, つまり電

最高被占軌道
(highest occupied molecular orbital, HOMO)

---

### フロンティア軌道

HOMO と LUMO, そして電子が一つのみ入った不対電子の軌道を**フロンティア軌道**という. 有機分子が反応するとき, これらの軌道が主に関与することから, フロンティア軌道のエネルギーや対称性を調べることで化学反応の経路や生成物の化学構造を説明できる. このような考え方を「フロンティア軌道理論」といい, 先導的な役割を果たした福井謙一らが 1981 年にノーベル化学賞を受賞している.

フロンティア軌道
(frontier orbital)

電子が一つのみ入った不対電子の軌道を**半占軌道** (singly occupied orbital, SOMO) という.

**最低空軌道**
(lowest unoccupied molecular orbital, LUMO)

子が入っていない軌道の中で最も準位が低い軌道を**最低空軌道**（**LUMO**）という．HOMOの電子は最も束縛が弱く分子から引き離しやすい電子であるため，通常この電子を無限遠まで引き離すのに必要なエネルギーが第一イオン化エネルギーとなる．これに対して，分子に電子を付加する場合は，最も準位の低い空軌道である LUMO に入るので，電子親和力が LUMO のエネルギー準位の目安となる．

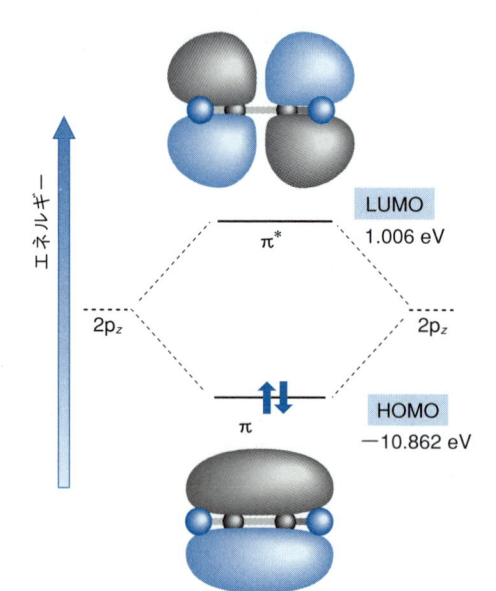

図3・8 エチレンの$\pi$軌道と$\pi^*$軌道

図3・8に示したのは，エチレンの HOMO および LUMO であり，電子（波動）の存在確率が一定の値以上になる空間を表示している．いずれも炭素原子の$p_z$軌道が主として寄与する$\pi$軌道および$\pi^*$軌道である．化学反応においては，軌道エネルギー準位が高い，つまり束縛の弱い$\pi$電子が主に反応に関与する．また，$\pi$軌道は軸対称ではなく面対称であるので，結合軸まわりの自由回転はない．このため，すでに述べたように二重結合まわりの回転障害による置換基の立体配置の違いが生じ，$E/Z$異性体が存在することになる．ところで，2-ブテンの標準生成エンタルピー$\Delta H_f$を比較すると，($E$)-2-ブテンは$-11.4\,\text{kJ mol}^{-1}$，($Z$)-2-ブテンは$-7.1\,\text{kJ mol}^{-1}$であり，$Z$体のほうが小さい．これは，二重結合の同じ側に位置するメチル基同士の立体反発により，$Z$体の安定化が小さくなったことを示している．

ブテンの$E/Z$異性体については図3・6参照．

一方，アセチレンの場合は直線状の分子構造で，炭素間には$p_y$原子軌道同士および$p_z$原子軌道同士の重なりでできた，それぞれエネルギー準位の等しい二つの HOMO（$\pi$軌道）と二つの LUMO（$\pi^*$軌道）をもつ（図3・9）．これらは主に化学反応に関与する軌道となる．

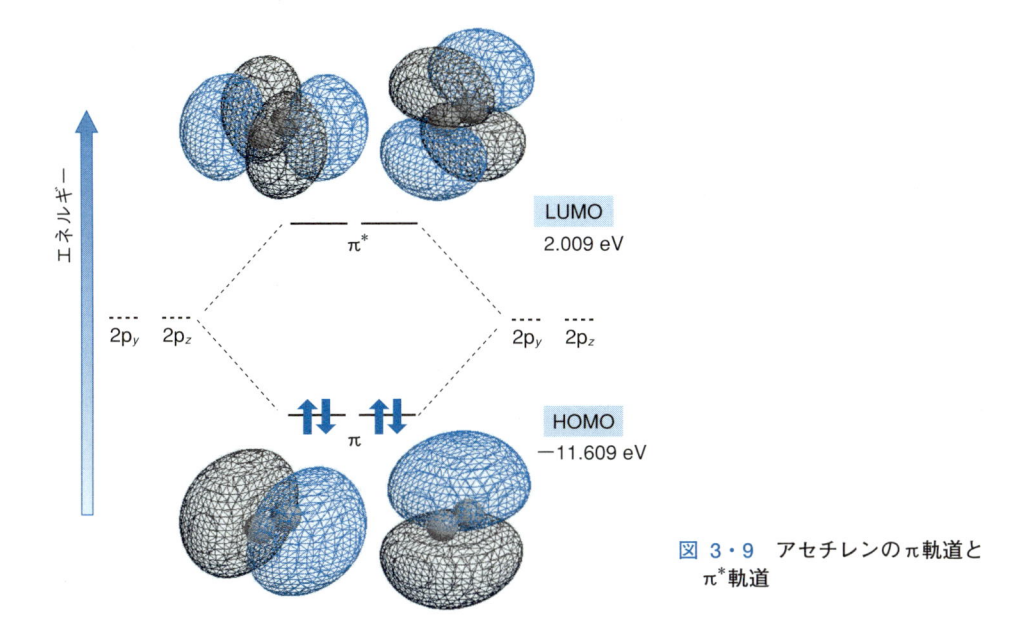

図 3・9 アセチレンのπ軌道とπ*軌道

## 3・3・2 アルケン，アルキンの反応

### a. アルケンの付加反応

アルケンの最も特徴的な反応は，不飽和結合への付加反応である．

$$\text{C=C} + XY \longrightarrow -\overset{|}{\underset{X}{C}}-\overset{|}{\underset{Y}{C}}- \tag{3・3}$$

この反応では安定化の小さなアルケンのπ結合が開裂して，付加する原子との間にσ結合が形成される（式3・4）．この反応は，主に付加する反応剤がπ軌道の電子を攻撃して進む．このような反応を"求電子反応"といい（コラム参照），攻撃する反応剤を求電子反応剤という．たとえば式(3・5)に示すように，ハロゲン化水素の付加では，HXが解離して生成した求電子性の高い$H^+$がπ電子を攻撃する．その結果，生成したカルボカチオンに求核性の$X^-$が付加して生成物となるが，この2段目の反応は速く，カルボカチオンを生成する1段目の過程が律速段階になっている．

$$\text{C=C} + HX \longrightarrow -\overset{|}{\underset{X}{C}}-\overset{|}{\underset{H}{C}}- \tag{3・4}$$

$$\text{C=C} + H^+ \xrightarrow{\text{遅い}} \left[ -\overset{|}{\underset{\oplus}{C}}-\overset{|}{\underset{H}{C}}- \right] + X^- \xrightarrow{\text{速い}} -\overset{|}{\underset{X}{C}}-\overset{|}{\underset{H}{C}}- \tag{3・5}$$

カルボカチオン

> ある反応が複数の素反応過程の連続で進行するとき，反応速度が最小の素反応過程が全体の反応速度を決めることになる．この素反応過程を**律速段階**という．2・3・2節参照．

> ### 求電子反応と求核反応
>
> 反応剤が有機分子の電子密度が高い部分を攻撃して進行する反応を**求電子反応**といい，電子密度の低い部分を攻撃して進行する反応を**求核反応**という．正の電荷あるいは部分電荷をもつ反応剤は求電子性が高く，負の電荷あるいは部分電荷をもつ反応剤は求核性が高い．

**求電子付加**
(electrophilic addition)

ハロゲン化水素だけでなく，シアン化水素 HCN，水 H−OH，硫酸 H−OSO$_3$H なども，同じくカルボカチオンを経由する反応機構でアルケンに**求電子付加**する．

$$\mathrm{>C=C<} + \mathrm{HCN} \longrightarrow \mathrm{-C(H)-C(CN)-} \tag{3・6}$$

$$\mathrm{>C=C<} + \mathrm{H_2O} \longrightarrow \mathrm{-C(H)-C(OH)-} \tag{3・7}$$

$$\mathrm{>C=C<} + \mathrm{HOSO_3H} \longrightarrow \mathrm{-C(H)-C(OSO_3H)-} \tag{3・8}$$

また，臭素や塩素の付加反応も π 電子とハロゲンとの反応である．しかし，臭素はハロゲン化水素のようにプロトン H$^+$ を放出する酸ではないので，カルボカチオンではなく，臭素原子上に正電荷をもつ3員環のハロニウムイオンを中間体として経由する機構で反応が進行する．

**ハロニウムイオン**
(halonium ion)

$$\mathrm{>C=C<} + \mathrm{Br_2} \xrightarrow{\text{遅い}} \left[ \mathrm{-C-C-} \atop \mathrm{Br^\oplus} \right] + \mathrm{Br^-} \xrightarrow{\text{速い}} \mathrm{-C(Br)-C(Br)-} \tag{3・9}$$

> ### カルボカチオンとカルボアニオン
>
> 共有結合数3で正電荷+1をもつ炭素カチオン種 R$_3$C$^+$ を**カルボカチオン**，負電荷−1をもつ炭素アニオン種 R$_3$C$^-$ を**カルボアニオン**という．炭素のイオン種は一般に安定性が低く，限られたものしか安定なイオンとして存在しないが，有機反応の中間体として生成する例が多く，その生成しやすさが反応経路に大きく影響する．

**カルボカチオン**(carbocation)
**カルボアニオン** (carbanion)

## Markovnikov 則と位置選択性

プロピレン（プロペン）にハロゲン化水素（HX）が求電子付加するとき，1位ではなく2位にハロゲンが付加した生成物が得られる．このように，非対称構造の炭素二重結合へのハロゲン化水素の付加は，水素原子の少ないほうの炭素原子にハロゲンが付加する．この位置選択性に関する経験則を，提唱者の名前にちなみ **Markovnikov**（マルコフニコフ）則という．

これは，1段目の反応で生成するカルボカチオンの安定性の差で説明できる．水素原子を置換したアルキル基は，水素よりも電子供与性が高いため，正電荷をもつカルボカチオンをより安定化することができる．このため2位炭素に正電荷をもつカルボカチオンとなり，ハロゲンアニオンとの反応で2位にハロゲンが付加した生成物を与える．

また，水素もアルケンに付加する．生成するアルカンはπ結合をより安定なσ結合に変換したもので，基質のアルケンより安定であり，そのエネルギー差が反応熱（水素化熱）として放出される．しかし生成物のほうが安定であっても，触媒がないと反応は簡単には進行しない．これは水素分子の求電子性が低く，反応の活性化エネルギーが非常に大きいためである．アルケンの水素化反応（水素添加または水添ともいう）は工業的にも重要な反応で，白金やパラジウムのような触媒で水素を活性化させることで，活性化エネルギーを低下させて反応を進行させることができる．

$$\text{C}=\text{C} + H_2 \longrightarrow -\overset{|}{\underset{H}{C}}-\overset{|}{\underset{H}{C}}- \tag{3・10}$$

反応物の種類や反応条件によって，付加反応で生成する中間体や付加物が，さらに転位や脱離反応を起こす例も多くある．

### b. アルケンの重合

アルケンの二重結合への付加反応で生成したラジカルやイオン（開始反応）が，新たなアルケン（単量体，モノマー）への付加をつぎつぎに繰返し（連鎖反応），分子量の大きな高分子化合物（ポリマー）となる反応を付加重合という．

詳しくは8章で述べる．

### c. アルキンの反応

アルキンの不飽和三重結合も，二重結合と同様に求電子付加反応を受ける．た

とえば，ハロゲン化水素が付加して生成するアルケンに，さらにハロゲン化水素が付加して，ジハロゲン置換のアルカンが生成する．

$$-C\equiv C- \xrightarrow{HX} -CH=C- \xrightarrow{HX} -CH_2-\underset{X}{\overset{X}{\underset{|}{\overset{|}{C}}}}- \tag{3・11}$$

### 3・3・3 アルケン，アルキンの製造と用途

アルケンは，アルカンとは違って反応性に富むため，さまざまな有機化合物を合成する原料として重要であり，炭素数の少ないエチレンやプロピレンは石油化学工業の中心的な役割を担う基幹物質として大量に製造されている．ハロゲン化アルキルやアルコールからの脱ハロゲン化水素や脱水（式3・12），あるいはアルキンの還元などでアルケンを合成できるが，工業的には石油のガソリンに相当する留分（ナフサ）をラジカル反応で熱分解（クラッキング）することで製造する．

ナフサ（naphtha）．8章参照．

$$-\underset{H}{\overset{|}{C}}-\underset{X}{\overset{|}{C}}- \longrightarrow \ \rangle C=C\langle \ + HX \quad X=Cl, Br, OH \ \text{など} \tag{3・12}$$

アセチレンは代表的なアルキンで，石油化学工業が盛んになる以前は化学工業原料として重要であったが，今ではエチレンなどに取って代わられた（8・2節参照）．炭化カルシウム（カーバイド）に水を加えるとアセチレンが発生するが，現在は主にメタンの部分酸化で合成されている．

カーバイド（carbide）

カーバイド法　　$CaC_2 + 2H_2O \longrightarrow HC\equiv CH + Ca(OH)_2$
部分酸化法　　$6CH_4 + O_2 \longrightarrow 2HC\equiv CH + 2CO + 10H_2$

## 3・4　ヘテロ原子を含む脂肪族化合物

3・1節で述べたように，炭素以外のヘテロ原子を含む有機化合物の体系的名称は，ヘテロ原子あるいはヘテロ原子を含む原子団を特性基として接頭語あるいは接尾語で表し（表3・2および3・3節参照），母体化合物名に付け加える．

電気陰性度の異なるヘテロ原子と炭素との結合は，電子分布の偏りが生じて分極するので，双極子モーメントをもつ．このため，2・4節で説明したように分子間で極性相互作用をする．また電子分布の偏りがあるので，電子密度の高い結合原子への求電子攻撃，あるいは電子密度の低い結合原子への求核攻撃が起こりやすい．このように，電気陰性度が異なるヘテロ原子を含む有機化合物は，分子の反応性や分子間相互作用に基づく物質の特性がそれぞれ大きく異なり，特徴的な性質を示す．そこで，ヘテロ原子あるいはヘテロ原子を含む原子団を，このような特徴的な性質を示す要因となる特性基として扱う．一方，主に化学的な性質に注目する場合は，官能基として扱うことになる．

官能基として特徴的な性質を示す要因の一つは，官能基が結合したことによる

表 3・12 置換基の誘起効果とメソメリー効果の強さ

| 置換基 | 誘起効果 | メソメリー効果 |
|---|---|---|
| $-CH_3$ | ＋ | なし |
| $-CF_3$ | －－ | なし |
| $-NR_2$ | － | ＋＋ |
| $-OR$ | － | ＋＋ |
| $-X$（ハロゲン） | －－ | ＋ |
| $-(C=O)R$ | －－ | －－ |
| $-CHO$ | －－ | －－ |
| $-COOR$ | －－ | －－ |
| $-CN$ | －－ | －－ |
| $-NO_2$ | －－ | －－ |

－：弱い電子求引性，－－：強い電子求引性
＋：弱い電子供与性，＋＋：強い電子供与性

電子的な効果である．これは**置換基効果**として知られており，置換基がσ結合を通じて及ぼす**誘起効果**（I 効果と略記）と，π結合を通じて及ぼす**メソメリー効果**（M 効果）がある（表3・12）．置換基が電子求引性であれば，置換基が結合した原子あるいは原子団の電子密度を減少させ，電子供与性であれば増加させる．置換基効果の具体例については4・4節を参照．

**置換基効果**
(substituent effect)

**誘起効果**（inductive effect）

**メソメリー効果**
(mesomeric effect)

メソメリー効果には，共鳴効果（R 効果）あるいはエレクトロメリー（E 効果）というよび方もある．

## 3・5 ハロアルカン（ハロゲン化アルキル）

### 3・5・1 ハロアルカンの分子構造と性質

体系的命名法では，置換されたハロゲンの数と種類を強制接頭語として表す．主なハロアルカンを表3・13に示す．

ハロアルカンはアルカンの水素原子が原子量の大きなハロゲン原子で置換され

**ハロアルカン**（haloalkane）

**ハロゲン化アルキル**
(alkyl halide)

表 3・13 主なハロアルカン

| 分子式 | 体系的命名法に基づく名称<br>（一般的に使用される名称） | bp/℃ | 比誘電率<br>($\varepsilon_r$, 20℃) |
|---|---|---|---|
| $CH_3Cl$ | クロロメタン（chloromethane） | －23.8 | 10.0[*1] |
| $CH_3CH_2Cl$ | クロロエタン（chloroethane） | 12.3 | 9.45 |
| $CH_2Cl_2$ | ジクロロメタン（dichloromethane） | 40.2 | 8.93[*2] |
| $CHCl_3$ | トリクロロメタン（trichloromethane）<br>（クロロホルム（chloroform）） | 61.2 | 4.81 |
| $CCl_4$ | テトラクロロメタン（tetrachloromethane）<br>（四塩化炭素（carbon tetrachloride）） | 76.7 | 2.24 |
| $CHBr_3$ | トリブロモメタン（tribromomethane）<br>（ブロモホルム（bromoform）） | 149.6 | 4.40[*3] |
| $CHI_3$ | トリヨードメタン（triiodomethane）<br>（ヨードホルム（iodoform）） | ～218 | － |
| $CF_2Cl_2$ | ジクロロジフルオロメタン（dichlorodifluoromethane）<br>(CFC–12) | －29.8 | |
| ![Cl2C=CHCl] | 1,1,2-トリクロロエテン（1,1,2-trichloroethene）<br>（トリクロロエチレン（trichloroethylene）） | 86.60[*4] | |

*1  22℃，*2  25℃，*3  10℃，*4  758 mmHg

ており，C−X結合の分極で分子間相互作用も強くなる．このため，沸点が対応するアルカンより高く，常温で液体となるものが多い．特にハロゲンの中でも原子番号の小さいFやClは電気陰性度が高いので，C−X結合の電子はXに引き付けられて大きく分極し，結合モーメントが大きい（表3・14）．このような分極した結合をもつハロアルカン分子の比誘電率も大きくなるが，対称性のよい四面体構造の四塩化炭素では，分極した四つのC−Cl結合モーメントが互いに打ち消すようにはたらくため，比誘電率はそれほど大きくならない（表3・13参照）．

表 3・14 C−X結合

| 結合 | 電気陰性度 | 結合モーメント/D | 結合距離/nm | 結合エネルギー/kJ mol$^{-1}$ |
|---|---|---|---|---|
| C−H | 2.2 | ～0 | 0.108 | 432 （CH$_4$） |
| C−F | 4.0 | 1.41 | 0.138 | 472 （CH$_3$F） |
| C−Cl | 3.2 | 1.46 | 0.178 | 342 （CH$_3$Cl） |
| C−Br | 3.0 | 1.38 | 0.193 | 290 （CH$_3$Br） |
| C−I | 2.7 | 1.19 | 0.214 | 231 （CH$_3$I） |

### 3・5・2 ハロアルカンの反応

**求核置換反応**（nucleophilic displacement reaction）

負電荷をもつアニオン，酸素や窒素のように電気陰性度の高い原子上の非共有電子対などが，求核反応剤となり，基質の電子密度の低い部分を攻撃する．

分極したC−X結合をもつハロアルカンは，炭素が正に分極しているため，**求核置換反応**を受けやすい．このため，電子過剰なOH$^-$やCN$^-$などのようなアニオン，非共有電子対（孤立電子対）をもつアミン :NH$_n$R$_{3-n}$（R：アルキル基，$n=1\sim3$）などと反応して，置換体を与える．

例　R—X ＋ OH$^-$ ⟶ R—OH ＋ X$^-$
　　R—X ＋ NH$_2$R ⟶ R—NHR ＋ HX

また，ハロゲン化水素の脱離反応が起こると，アルケンが生成する．

例　CH$_3$—CH—CH$_3$ ＋ KOH ⟶ CH$_3$—CH＝CH$_2$ ＋ KBr ＋ H$_2$O
　　　　｜
　　　　Br　　　　　　　　　　　　　プロピレン（プロペン）
2-ブロモプロパン

---

### Grignard 反応剤

ハロゲン化アルキル R−X のジエチルエーテル (C$_2$H$_5$)$_2$O 溶液に金属マグネシウム片を加えると，その表面で激しい反応が起こり，有機マグネシウム化合物 RMgX の溶液が得られる．Victor Grignard（グリニャール）が発見したこの反応剤は，炭素−金属結合をもつ有機金属化合物の一つで，R($\delta-$)−M($\delta+$)結合が大きく分極しているため，R基が反応性に富んだ求核反応剤として多くの有機化合物と反応する．このため，有機合成の重要な反応剤として多用されている．Grignardはこの功績で1912年にノーベル賞を受賞している．以下に例を示す．

CH$_3$CH$_2$Br ＋ Mg ⟶ CH$_3$CH$_2$MgBr
CH$_3$CH$_2$MgBr ＋ CH$_3$I ⟶ CH$_3$CH$_2$CH$_3$

## 3・5・3 ハロアルカンの用途

ハロアルカンは，一般に対応するアルコールのハロゲン置換反応で製造される．

$$R-OH + HX \longrightarrow R-X + H_2O \qquad (3 \cdot 13)$$

極性が比較的高く，常温で液体となるものが多いので，クロロホルムのように有機物質を溶解するための溶媒として用いられる．また，ハロアルカンは紫外線照射や高温で炭素-ハロゲン結合がラジカル開裂し，ハロゲンラジカルが生成する．有機化合物の燃焼は 3・2・2 節で説明したようにラジカル連鎖反応であるため，ハロゲンラジカルはこの連鎖反応で生じたラジカル種と反応して不活性化するので，燃焼反応を妨げるはたらきをする．このため，ハロゲンを含む化合物は消火剤や難燃剤として利用されている．また，水素をフッ素と塩素に置換したフロンは，安定性が高く不燃性であるため，冷媒や発泡剤として使用されていたが，現在ではオゾン層破壊の原因物質として製造が禁止されている（コラム参照）．

エチレンの水素三つを塩素に置換したトリクロロエチレンは無色の不燃性液体で，水で洗浄しても落ちない油脂や疎水性の汚れを除く特性をもつので，ドライクリーニングから清浄な表面を必要とする半導体工業まで，洗浄用途として使用されている．しかし発がん性が指摘され，土壌（地下水）汚染などの問題から，代替物質への移行が進んでいる．

## 3・6 酸素を含む有機化合物：アルコール，アルデヒドとケトン，カルボン酸

### 3・6・1 アルコールとエーテル

#### a. 分子構造と性質

アルコールは電気陰性度の大きな酸素に水素が結合したヒドロキシ基 -OH を

アルコール (alcohol)
ヒドロキシ基 (hydroxy group)

---

### フロンとハロン

**フロン** (flon) は，炭化水素の水素がすべてフッ素に置換したフルオロカーボン (fluorocarbon, FC)，塩素とフッ素に置換したクロロフルオロカーボン (chlorofluorocarbon, CFC)，部分的にフッ素に置換したヒドロフルオロカーボン (hydrofluorocarbon, HFC)，そして部分的に塩素とフッ素に置換したヒドロクロロフルオロカーボン (hydrochlorofluorocarbon, HCFC) の総称である．一般にはフロンといえば，CFC を指す．代表的な CFC はジクロロジフルオロメタン (dichlorodifluoromethane) $CF_2Cl_2$ (CFC-12) であり，Du Pont 社の商品名フレオン-12 として知られる．安定性が高く不燃性の無色・無臭の気体であり，冷媒，発泡剤，エーロゾル噴霧剤としてすぐれているため，大量に使用されていた．しかし，1970 年代以降オゾン層を破壊して地球環境を悪化させることから，1985 年ウィーン条約や 1987 年のモントリオール議定書で製造が禁止された．これは CFC が大気中で紫外線により分解し，発生した塩素ラジカルがオゾンと反応するためである．

一方，**ハロン** (halon) は臭素原子を含むガス系消火剤であり，代表的なハロン 1301（ブロモトリフルオロメタン (bromotrifluoromethane)）$CF_3Br$ は消火性能にすぐれた安全な消火剤として，建築物や船舶，航空機などの消火設備に使用されているが，フロンと同じくオゾン層破壊物質として製造が禁止されており，代替消火剤の開発が進められている．

もち，大きく分極したO−H結合の結合モーメントも 1.51 D と大きい．そのため，特性基であるヒドロキシ基に特徴的な性質や反応性を示す．体系的名称では母体炭化水素の水素原子をヒドロキシ基で置換したことを接尾語 –ol で表し（表3・15），主基以外として接頭語で表すときは hydroxy– とする．

また，第一級，第二級あるいは第三級という分類は，ヒドロキシ基の結合した炭素に結合する炭化水素基（残りは水素原子）の数によるものである．一方，一価，二価，あるいは三価という分類はヒドロキシ基の数によるものである．二価および三価アルコールはそれぞれ –diol，–triol とする．

アルコール分子間には双極子相互作用などに基づく水素結合が形成されるので沸点が高く，また水とも水素結合するので親水性を示す．ただし，炭素鎖が長いアルキル基をもつ長鎖（高級）アルコールは，アルキル部位の高い疎水性とヒドロキシ基の親水性を併せもつ両親媒性分子となる．さらに強いアルカリ性の水溶液中では，ヒドロキシ基が解離してイオン化した状態が安定化されるため，アルコールはきわめて弱い酸となる．

$$R-O-H + OH^- \rightleftarrows R-O^- + H_2O \quad (3\cdot14)$$

表 3・15 主なアルコールとエーテル

| 構造式 | 体系的命名法に基づく名称<br>（一般的に使用される名称） | mp/℃ | bp/℃ |
|---|---|---|---|
| $CH_3OH$ | メタノール（methanol） | −97.8 | 64.7 |
| $CH_3-CH_2OH$ | エタノール（ethanol） | −114.5 | 78.3 |
| $CH_3-CH_2-CH_2OH$ | 1-プロパノール（1-propanol） | −126.5 | 97.15 |
| $CH_3-CHOH-CH_3$ | 2-プロパノール（2-propanol） | −89.5 | 82.4 |
| $CH_3-CH_2-CH_2-CH_2OH$ | 1-ブタノール（1-butanol） | −89.53 | 117.25 |
| $CH_2OH-CH_2OH$ | 1,2-エタンジオール（1,2-ethanediol）<br>（エチレングリコール（ethyleneglycol）） | −12.6 | 197.85 |
| $CH_2OH-CHOH-CH_2OH$ | 1,2,3-プロパントリオール（1,2,3-propanetriol）<br>（グリセリン（glycerin）） | 17.8 | 154<br>(7 hPa) |
| $(C_2H_5)_2O$ | エトキシエタン（ethoxyethane）<br>（ジエチルエーテル（diethylether）） | −116.3 | 34.48 |

一方，**エーテル**は分子内にC−O−C結合（エーテル結合）をもつ化合物である（表3・15）．体系的名称は，強制接頭語となるアルコキシ基 −OR で母体化合物の水素を置換したものとして表す．たとえば $C_2H_5OC_2H_5$ であれば，エタンのHをエトキシ基 −OC_2H_5 で置換したので，エトキシエタンとする．しかし，酸素原子の両側のアルキル基名の後にエーテルを付けて，ジエチルエーテルあるいはエチルエーテルという名称が一般的に用いられることが多い．また，テトラヒドロフラン，1,4-ジオキサンなどは，環状構造をもつエーテルである．

テトラヒドロフラン　1,4-ジオキサン

エーテルでは O-H 結合より分極が小さな C-O 結合のみ存在するので，対応するアルコールと比較して親水性が低く，沸点も低下する．

**b. アルコールの反応**

アルコールの反応は，ヒロドキシ基が結合した C-O 結合が開裂して進む反応とヒドロキシ基の O-H 結合が開裂して進む反応に大別できる．

**置換反応**　ハロゲン化水素 HX を作用させると $X^-$ と $OH^-$ の置換反応が進行する．

$$R-OH + HX \longrightarrow RX + H_2O \quad (3\cdot15)$$

例

$$\underset{\underset{OH}{|}}{\overset{\overset{CH_3}{|}}{CH_3-C-CH_3}} + HCl \longrightarrow \underset{\underset{Cl}{|}}{\overset{\overset{CH_3}{|}}{CH_3-C-CH_3}} + H_2O$$

**脱水反応**　同一分子内で隣接する炭素上の水素と脱水反応するとアルケンが生成し，カルボン酸と脱水縮合するとエステルが生成する．また別のアルコールと脱水縮合すると，エーテルが生成する．

分子内での脱水反応

$$-\underset{\underset{H}{|}}{\overset{|}{C}}-\underset{\underset{OH}{|}}{\overset{|}{C}}- \longrightarrow -C=C- + H_2O \quad (3\cdot16)$$
アルケン

分子間での脱水縮合反応

$$R-OH + HO-\underset{\underset{O}{||}}{C}-R' \longrightarrow R-O-\underset{\underset{O}{||}}{C}-R' + H_2O$$
カルボン酸　　　　　　　　エステル　　　　(3・17)

$$R-OH + HO-R' \longrightarrow R-O-R' + H_2O$$
エーテル　　(3・18)

**例　エタノールの脱水反応**

高温では分子内の脱水反応が起こりアルケンとなるが，条件を制御すると分子間の脱水反応でエーテルが得られる．

$$CH_3CH_2-OH \xrightarrow[170℃]{濃硫酸} CH_2=CH_2 + H_2O$$
エタノール　　　　　　　エチレン

$$2\,CH_3CH_2-OH \xrightarrow[140℃]{濃硫酸} CH_3CH_2-O-CH_2CH_3 + H_2O$$
エタノール　　　　　　　ジエチルエーテル
　　　　　　　　　　　　（エトキシエタン）

**酸化反応**　ヒドロキシ基が結合した炭素上の水素原子が二つある第一級アルコールは酸素酸化されると，アルデヒドを経由してカルボン酸まで酸化される．

ナトリウムアルコキシド
(sodium alkoxide)

> **Williamson 法によるエーテル合成**
>
> アルコールを反応性の高いナトリウムアルコキシド $R-O^-Na^+$ とし，ハロゲン化アルキル（$R'-X$）と反応させてエーテルを合成する方法を **Williamson**（ウィリアムソン）**法**という．対称エーテルだけでなく，R と R′ が異なる非対称エーテルも合成することができる．
>
> $$R-O^-Na^+ + R'-X \longrightarrow R-O-R' + NaX$$
>
> なお，ナトリウムアルコキシドはアルコールと金属ナトリウムとの反応で，プロトン $H^+$ の還元による水素発生とともに生成する．
>
> $$R-OH + Na \longrightarrow R-O^-Na^+ + \frac{1}{2}H_2$$

一方，水素原子が一つの第二級アルコールはケトンまでしか酸化されず，水素原子がない第三級アルコールは酸化されない．

**第一級アルコール**

$$R-CH_2-OH \xrightarrow{+(1/2)O_2} \underset{\text{アルデヒド}}{R-\underset{\underset{O}{\|}}{C}H} + H_2O \xrightarrow{+(1/2)O_2} \underset{\text{カルボン酸}}{R-\underset{\underset{O}{\|}}{C}-OH} \quad (3\cdot 19)$$

**第二級アルコール**

$$\underset{\underset{OH}{|}}{R-CH-R'} \xrightarrow{+(1/2)O_2} \underset{\text{ケトン}}{R-\underset{\underset{O}{\|}}{C}-R'} + H_2O \quad (3\cdot 20)$$

**例　プロパノールの酸化**

**1-プロパノール**　強い酸化剤である過マンガン酸カリウム $KMnO_4$ を用いると，プロピオン酸（プロパン酸）にまで酸化される．

$$CH_3CH_2CH_2OH + MnO_4^- \longrightarrow CH_3CH_2COOH + MnO_2 + H_2O$$

**2-プロパノール**　二クロム酸ナトリウムの硫酸水溶液中で酸化すると，アセトンが生成する．

$$3\,\underset{\underset{OH}{|}}{CH_3CHCH_3} + Cr_2O_7^{2-} + 8H^+ \longrightarrow 3\,\underset{\underset{O}{\|}}{CH_3CCH_3} + 2Cr^{3+} + 7H_2O$$

**2-メチル-2-プロパノール**　酸化されない．

### c. 代表的なアルコールとエーテル

**メタノール $CH_3OH$**　常温では無色透明で親水性の高い液体．最も簡単な構造のアルコールで，摂取すると毒性を生じる．工業的には，CO と $H_2$ の混合ガスを触媒存在下で反応させてつくられており，ホルマリンをはじめとする各種有機化合物の製造原料となる．また，燃料電池の燃料としても使用されている．

$$CO + 2H_2 \longrightarrow CH_3OH \tag{3・21}$$

**エタノール $C_2H_5OH$**　古くから酒（酒精）として利用されているアルコールで，デンプンや糖蜜などを原料とする発酵法でつくられているが，近年エチレンを原料として工業的に合成されるようになった．メタノールと同様に，常温では無色透明の液体で，任意の割合で水と混合する．

**グリセリン $CH_2OH-CHOH-CH_2OH$**　体系的名称では 1,2,3-プロパントリオールとなるが，一般にグリセリン（英語ではグリセロール）という．粘性の高い無色液体で甘味があり，水に溶けやすい．脂肪酸エステルである油脂やリン脂質として天然に大量に存在する．また，グリセリンを濃硝酸と濃硫酸の混合溶液でニトロ化して得られるニトログリセリンは，爆薬として使用されている．

**ジエチルエーテル $(C_2H_5)_2O$**　体系的名称はエトキシエタンであるが，一般にはジエチルエーテルあるいは単にエーテルという．常温で水にわずかに溶ける無色透明の液体．麻酔性があり，沸点が室温よりわずかに高いことから揮発しやすく，引火性が高いため，取扱いに注意を要する．

> グリセロール（glycerol）
> ニトログリセリン（nitroglycerin）
> $$\begin{array}{c} CH_2-ONO_2 \\ | \\ CH-ONO_2 \\ | \\ CH_2-ONO_2 \end{array}$$

### 3・6・2　アルデヒドとケトン

#### a. 分子構造と性質

**アルデヒド**はカルボニル基 $>C=O$ の片側に水素が結合した $\begin{smallmatrix}R\\H\end{smallmatrix}\!\!>\!C=O$ 構造をもつ化合物で，第一級アルコールを酸化して得られる．$O=$ を主基とする場合は接尾語アール（-al），主基以外の置換基とする場合は $O=$ に対して接頭語オキソ（oxo-）を用いて表す．また，CHO- を置換基とする場合はホルミル（formyl-）を用いて表す（表 3・16）．

一方，カルボニル基の両側に炭素が結合した $\begin{smallmatrix}R\\R'\end{smallmatrix}\!\!>\!C=O$ 構造をもつ**ケトン**は，第二級アルコールの酸化で生成し，$O=$ を接尾語オン（-one）あるいは接頭語オキソ（oxo-）で表す．ただし，相当する酸の慣用名の語尾をアルデヒド（-aldehyde），オン（-(ket)one）に換えて命名する名称が一般的に用いられている（表 3・16）．

> アルデヒド（aldehyde）
> ケトン（ketone）

表 3・16　主なアルデヒドとケトン

| 構造式 | 体系的命名法に基づく名称 | 一般的に使用される名称 | mp/℃ | bp/℃ |
|---|---|---|---|---|
| HCHO | メタナール（methanal） | ホルムアルデヒド（formaldehyde） | -92 | -19 |
| $CH_3CHO$ | エタナール（ethanal） | アセトアルデヒド（acetaldehyde） | -121 | 20 |
| $CH_3CH_2CHO$ | プロパナール（propanal） | プロピオンアルデヒド（propionaldehyde） | -81 | 49 |
| $CH_3COCH_3$ | プロパノン（propanone） | アセトン（acetone） | -94 | 56 |
| $CH_3CH_2COCH_3$ | ブタノン（butanone） | - | -86 | 80 |
| $CH_3CH_2COCH_2CH_3$ | 3-ペンタノン（3-pentanone） | - | -41 | 101 |

電気陰性度の高い酸素原子が炭素原子と二重結合したカルボニル基は，分極して酸素が負，炭素が正の部分電荷をもつ．例として，アセトン分子の電子密度を

> カルボニル基（carbonyl group）

C−X 結合の結合モーメントについては 2 章のコラム「分極と双極子モーメント」参照.

冒頭の口絵に掲載した．C＝O 結合の酸素原子は負，酸素に結合した炭素は電子密度が減少して正に分極しており，C＝O の結合モーメントも 2.3 D と大きな値となる．このため，アルデヒドもケトンも，分子間に双極子−双極子相互作用がはたらくので同じ分子量のアルカンより沸点が高く，また水分子とも相互作用するので炭素数の少ないアルデヒドやケトンはある程度の割合で水に溶ける．

### b. 反　応

**付加反応**　　分極の大きな不飽和結合のカルボニル基をもつアルデヒドやケトンは，正の部分電荷をもつカルボニル炭素が求核反応剤の攻撃を受けて，種々の反応が進行する．たとえば，シアン化水素の CN⁻ アニオンのような求核反応剤が求核付加すると，**シアノヒドリン**が生成する．

シアノヒドリン (cyanohydrin)

$$\underset{\delta^+\;\delta^-}{\text{C=O}} + \text{HCN} \longrightarrow \left[ -\underset{|}{\overset{\text{CN}}{\underset{|}{\text{C}}}}-\text{O}^- \right] + \text{H}^+ \longrightarrow -\underset{|}{\overset{\text{CN}}{\underset{|}{\text{C}}}}-\text{OH}$$

（CN⁻ の求核攻撃）
シアノヒドリン

(3・22)

また，ヒドロキシルアミンやフェニルヒドラジンのようなアンモニア誘導体が求核付加すると，付加体からの脱水が起こり，**オキシム**やヒドラゾンなどが生成する．**ヒドラゾン**は結晶性のよい化合物であることから，アルデヒドやケトンの分離，確認に利用される．

オキシム (oxime)
ヒドラゾン (hydrazone)

アルドール縮合
(aldol condensation)

---

### アルドール縮合

希薄な塩基や酸が存在すると，α-水素をもつケトンやアルデヒドは分子同士が付加反応をして，β-ヒドロキシアルデヒドやβ-ヒドロキシケトンとなる．この生成物は容易に水分子を脱離して，α,β-不飽和カルボニル化合物を生成する．

例

$$2\,\text{CH}_3-\underset{|}{\overset{\text{H}}{\text{C}}}=\text{O} \longrightarrow \text{CH}_3-\underset{\overset{|}{\text{OH}}}{\overset{\text{H}}{\underset{|}{\text{C}}}}^{\beta}-\underset{\overset{|}{\text{H}}}{\overset{\text{H}}{\underset{|}{\text{C}}}}^{\alpha}-\underset{|}{\overset{\text{H}}{\text{C}}}=\text{O}$$

アセトアルデヒド

アルドール
(3-ヒドロキシブタナール)

$$\longrightarrow \text{CH}_3-\overset{\text{H}}{\underset{|}{\text{C}}}^{\beta}=\overset{\text{H}}{\underset{|}{\text{C}}}^{\alpha}-\overset{\text{H}}{\underset{|}{\text{C}}}=\text{O} + \text{H}_2\text{O}$$

α,β-不飽和アルデヒド
(2-ブテナール)

$$\diagdown \!\!\!\!\diagup C=O + H_2N-OH \longrightarrow \diagdown \!\!\!\!\diagup C=NOH + H_2O \qquad (3\cdot 23)$$

ヒドロキシルアミン / オキシム

中間体: $+H_2N-OH \rightarrow \left[ \begin{array}{c} NHOH \\ | \\ -C-OH \end{array} \right] \xrightarrow{-H_2O}$

$$\diagdown \!\!\!\!\diagup C=O + H_2N-NHC_6H_5 \longrightarrow \diagdown \!\!\!\!\diagup C=NNHC_6H_5 + H_2O \qquad (3\cdot 24)$$

フェニルヒドラジン / フェニルヒドラゾン

一方，アルコールがアルデヒドに求核付加してできる**ヘミアセタール**は不安定で，脱水で生じるカルボカチオンがさらにアルコールと反応して**アセタール**となる．

ヘミアセタール (hemiacetal)

アセタール (acetal)

$$\begin{array}{c} H \\ \diagdown \\ \diagup \\ H \end{array} C=O + 2\,ROH \longrightarrow \begin{array}{c} OR \\ | \\ -C-OR \\ | \\ H \end{array} + H_2O \qquad (3\cdot 25)$$

アセタール

中間体: $+ROH \rightarrow \left[ \begin{array}{c} OR \\ | \\ -C-OH \\ | \\ H \end{array} \right] \xrightarrow{-H_2O} \xrightarrow{+ROH}$

ヘミアセタール（不安定）

**酸化反応と還元反応**　　アルデヒドは容易に酸化されてカルボン酸になるが，ケトンは酸化されにくい．また，還元するとアルデヒドは第一級アルコールに，ケトンは第二級アルコールになる．

$$\begin{array}{c} H \\ | \\ R-C-OH \\ | \\ H \end{array} \xleftarrow{\text{還元} \atop 2[H]} \begin{array}{c} H \\ | \\ R-C=O \end{array} \xrightarrow{\text{酸化} \atop [O]} \begin{array}{c} O \\ \| \\ R-C-OH \end{array} \qquad (3\cdot 26)$$

第一級アルコール　　　　アルデヒド　　　　カルボン酸

$$\begin{array}{c} R \\ | \\ R'-C-OH \\ | \\ H \end{array} \xleftarrow{2[H]} \begin{array}{c} R \\ | \\ R'-C=O \end{array} \xrightarrow{[O]} \!\!\!\!\times \qquad (3\cdot 27)$$

第二級アルコール　　　　ケトン

### c. 代表的なアルデヒドとケトン

**ホルムアルデヒド HCHO**　　沸点 −19 ℃で刺激臭のある気体．メタノールを酸化すると得られる．水によく溶け，35〜40 %程度の水溶液を**ホルマリン**とい

ホルマリン (formalin)

い，殺菌防腐剤として使用される．また，フェノールやメラミンとの付加縮合で得られるメラミン樹脂やフェノール樹脂の原料としても使用される．しかし，木材パネルなどの接着剤として使用されたこれらの樹脂から放散される微量のホルムアルデヒドが，シックハウス症候群の原因物質の一つとして問題となっている．

**アセトアルデヒド $CH_3CHO$**　エタノールの酸化で得られる刺激臭のある無色の液体．体内ではアルコール脱水素酵素のはたらきで代謝中間体として生成し，悪酔いなどの原因物質となるが，アセトアルデヒド脱水素酵素（ALDH）により，すぐに酢酸まで酸化される．

**アセトン $CH_3COCH_3$**　無色の液体で，水やアルコール，炭化水素などともよく混合するので，有機溶媒として広く使用されており，工業原料としても重要である．

### 3・6・3　カルボン酸

#### a. 分子構造と性質

　カルボン酸はカルボキシ（カルボキシル）基−COOH をもつ化合物の総称で，代表的な有機酸である．体系的命名法では，アルカンの水素を＝O と−OH で置換したとして，アルカンの末尾-e を接尾語-oic acid に置き換えて命名する（表3・17，3・18）．ただし，脂肪族カルボン酸（脂肪酸）は自然界に広く存在し，古くからなじみ深い化合物であり，その由来に基づく慣用名が多くの脂肪族カルボン酸で一般的に使用されている．たとえば $CH_3COOH$ はエタン酸ではなく，酢酸という慣用名でよばれることが多い．また，アルキル鎖に不飽和結合をもつ脂肪酸では，オレイン酸のように魚油やオリーブ油などに含まれるものがある．

表 3・17　主な飽和脂肪酸

| 構造式 | 体系的命名法に基づく名称 | 一般的に使用される名称 | mp/℃ | bp/℃ |
|---|---|---|---|---|
| HCOOH | メタン酸（methanoic acid） | ギ酸（formic acid） | 8.4 | 100.5 |
| $CH_3COOH$ | エタン酸（ethanoic acid） | 酢酸（acetic acid） | 16.6 | 118.1 |
| $C_2H_5COOH$ | プロパン酸（propanoic acid） | プロピオン酸（propionic acid） | −22.0 | 141.1 |
| $C_3H_7COOH$ | ブタン酸（butanoic acid） | 酪酸（butyric acid） | −7.9 | 163.5 |
| $C_5H_{11}COOH$ | ヘキサン酸（hexanoic acid） | カプロン酸（caproic acid） | −3.4 | 205.8 |
| $C_{11}H_{23}COOH$ | ドデカン酸（dodecanoic acid） | ラウリン酸（lauric acid） | 44.2 | 298.9 |
| $C_{15}H_{31}COOH$ | ヘキサデカン酸（hexadecanoic acid） | パルミチン酸（palmitic acid） | 63.1 | 351.5 |
| $C_{17}H_{35}COOH$ | オクタデカン酸（octadecanoic acid） | ステアリン酸（stearic acid） | 69.6 | — |

　カルボキシ基は電気陰性度の大きな酸素が二つ結合した炭素上の電子密度が低下して正に分極している，極性の高い特性基である．また水中でプロトンが容易に解離するため，酸としての性質を示す．アルキル鎖長の比較的短い脂肪族カルボン酸（低級脂肪酸）は，刺激臭のある液体で水に溶けて解離する．飽和脂肪酸

## 3・6 酸素を含む有機化合物

表 3・18 主な不飽和脂肪酸

| 構造式 | 体系的命名法に基づく名称 | 一般的に使用される名称 | mp/℃ | bp/℃ |
|---|---|---|---|---|
| CH$_2$=CHCOOH | プロペン酸<br>(propenoic acid) | アクリル酸<br>(acrylic acid) | 12.3 | 141.9 |
| 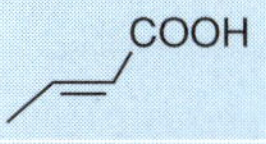 ⟋⟍COOH | ($E$)-2-ブテン酸<br>(($E$)-2-butenoic acid) | クロトン酸<br>(crotonic acid) | 72 | 189 |
| 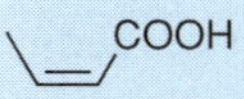 ⟋⟍COOH | ($Z$)-2-ブテン酸<br>(($Z$)-2-butenoic acid) | イソクロトン酸<br>(isocrotonic acid) | 14 | 171.9 |
| 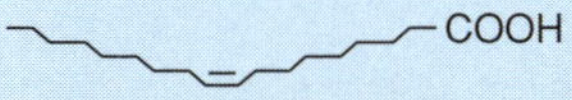 ～～COOH | ($Z$)-9-オクタデセン酸<br>(($Z$)-9-octadecenoic acid) | オレイン酸<br>(oleic acid) | 13.3 | — |

の酸解離定数 p$K_a$ はおおよそ 4 程度であり，pH 4 以上の水中でプロトンを放出して解離した状態になる．これに対し，炭素鎖の長い脂肪族カルボン酸（高級脂肪酸）は常温では固体であり，水には溶けない．しかし，長鎖脂肪酸を NaOH や KOH で中和して得られる長鎖脂肪酸塩は，水中で**ミセル**という疎水性の長鎖アルキル基を内側に向けて外側にカルボン酸塩が並んだ球状の会合体を形成し，水中に均一に分散する（図 3・10）．ミセルは内側の疎水性領域に油脂などの疎水性の汚れを取込むことができるので，セッケンや洗剤として使用されている．

ミセル（micelle）

**エステル**はカルボン酸とアルコール（あるいはフェノール）が脱水縮合した化合物で，アルコールのアルキル基名とカルボン酸名の末尾 -ic acid を -ate に換え

エステル（ester）

---

### 酸 と 塩 基

1923 年に提唱された Brønsted（ブレンステッド）と Lowry（ローリー）による**酸**（acid）・**塩基**（base）の定義は，プロトン供与体（proton donor）を酸，プロトン受容体（proton acceptor）を塩基とするものである．たとえば NH$_4^+$ ⇌ NH$_3$+H$^+$ において NH$_4^+$ はプロトンを放出するので酸，NH$_3$ はプロトンと結合して NH$_4^+$ となるので塩基である．また，水中で HCl は H$_2$O にプロトンを与えて解離するので HCl は酸，H$_2$O は塩基となる．

$$HCl + H_2O \rightleftharpoons H_3O^+ + Cl^-$$

逆方向の場合は H$_3$O$^+$ が Cl$^-$ にプロトンを与えるので，H$_3$O$^+$ は酸，Cl$^-$ は塩基となる．ここで H$_3$O$^+$ と H$_2$O や HCl と Cl$^-$ は，プロトンを放出するか受取るかの関係にあり，**共役酸塩基対**（conjugated acid–base pair）をなす．つまり，H$_2$O の共役酸は H$_3$O$^+$ であり，H$_3$O$^+$ の共役塩基は H$_2$O である．

一方，Lewis（ルイス）の定義（1923 年）に基づく酸・塩基では，電子対の受容体を酸，供与体を塩基とする．これにより，BF$_3$ や AlCl$_3$ などのように，プロトンの授受という Brønsted–Lowry の定義では扱えなかったものを酸（ルイス酸）として定義することができる．

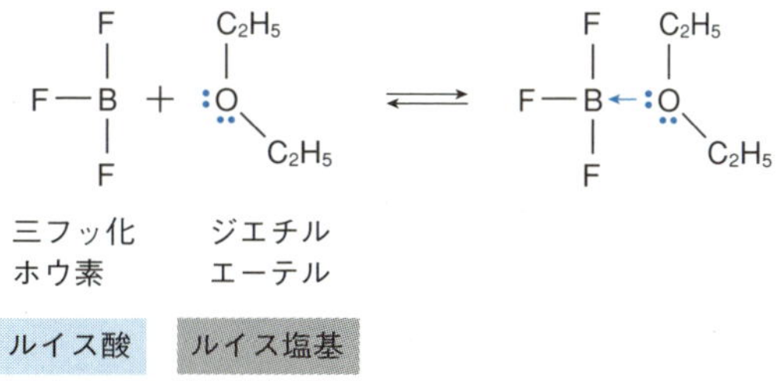

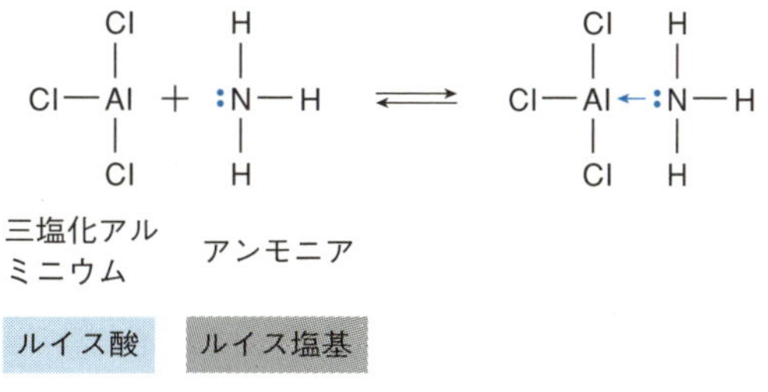

三フッ化ホウ素 + ジエチルエーテル ⇌ 付加体
ルイス酸 　　ルイス塩基

三塩化アルミニウム + アンモニア ⇌ 付加体
ルイス酸 　　ルイス塩基

酸解離定数
(acid dissociation constant)

> ### 酸の強さと p$K_a$
>
> 例として水中での酢酸の解離平衡を以下に示すが，水中で酸解離が起こりやすい（つまり右に平衡がずれている）ほど強い酸であり，このときの**酸解離定数** $K_a$ で酸の強さを評価することができる．ただし，$K_a$ は一般に小さいので，対数を用いて p$K_a$ = $-\log K_a$ として表す．pH = $-\log[H_3O^+]$ であるので，式から明らかなように，溶液の pH が p$K_a$ と等しくなったとき（p$K_a$=pH），$\log \dfrac{[CH_3COO^-]}{[CH_3COOH]} = 0$，つまりちょうど半分だけ酸解離した状態になる．
>
> $$CH_3COOH + H_2O \rightleftarrows CH_3COO^- + H_3O^+$$
>
> $$K_a = \dfrac{[CH_3COO^-][H_3O^+]}{[CH_3COOH]}$$
>
> $$pK_a = -\log K_a = -\log \dfrac{[CH_3COO^-]}{[CH_3COOH]} - \log[H_3O^+] = pH - \log \dfrac{[CH_3COO^-]}{[CH_3COOH]}$$
>
> pH が低い，つまり $[H_3O^+]$ 濃度が高い条件でもプロトンを放出して解離することができるので，p$K_a$ が小さいほど強い酸となる．

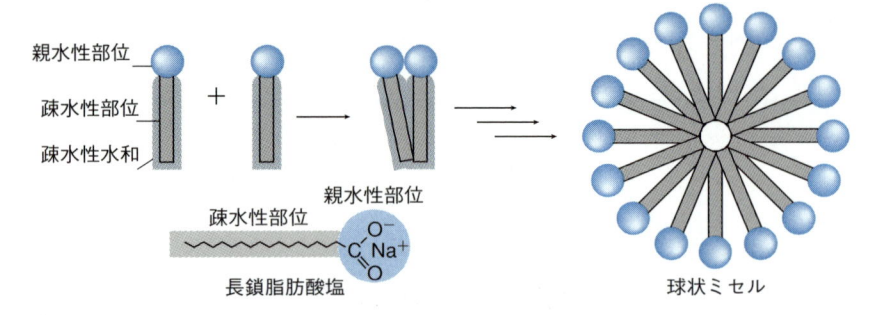

図 3・10 **両親媒性の長鎖脂肪酸塩の会合**．水中に長鎖脂肪酸塩を溶解すると，疎水性アルキル部位の周囲では，水分子同士が強く結合（疎水性水和）した領域を形成する．これは自由エネルギー的に不利な過程となるため，その領域をできる限り小さくするために会合が起こり，球状のミセルなどを形成する．

たものを合わせて，たとえばエタノールと酢酸のエステルであれば酢酸エチルと命名する（表3・19）．エステル類は特有の香りを示すものが多く，揮発性のエステルの中には果物のにおいをはじめとする香料として使用されている．

また，グリセリンの脂肪酸エステルの総称を**グリセリド**というが，これは油脂あるいは中性脂肪であり，天然に広く存在する．動物性油脂はステアリン酸，パルミチン酸など飽和脂肪酸のエステルが主成分となっており，常温で固体である．これに対し，植物性油脂はオレイン酸やリノール酸など不飽和脂肪酸のエステルを多く含み，常温で液体である．

中性脂肪は，固体となるグリセリド（glyceride）（グリセリンの脂肪酸エステル）であるが，グリセリンにエステル結合した脂肪酸の数により，モノグリセリド，ジグリセリド，トリグリセリドという．

一方，低級不飽和脂肪酸エステルであるアクリル酸やメタクリル酸のエステルは，不飽和二重結合部位での付加重合で高分子となり（表8・3参照），有機ガラスなどに利用されている．

アクリル酸メチル
(methyl acrylate)
(体系的名称 2-プロペン酸メチル（methyl 2-propenoate)）

メタクリル酸メチル
(methyl methacrylate)
(体系的名称 2-メチルプロペン酸メチル（methyl 2-methylpropenoate)）

### カカオバター

チョコレートやココアの原料となるカカオ豆は，脂肪分を 40〜50％含んでおり，この脂肪分（カカオバター）はグリセリンの脂肪酸エステルである．その脂肪酸組成は，グリセリンの 2 位には不飽和脂肪酸であるオレイン酸（オクタデセン酸），両端の 1,3 位に飽和脂肪酸であるパルミチン酸（ヘキサデカン酸）あるいはステアリン酸（オクタデカン酸）がエステル結合したトリグリセリドが 80％以上含まれており，常温では固体であるが，体温に近い口の中で溶けるというチョコレート独特の食感をつくり出している．

カカオバターに含まれるトリグリセリド

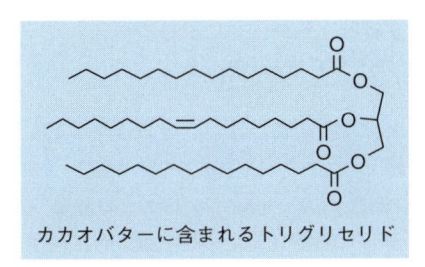

表 3・19 主なエステル

| 構造式 | 体系的命名法に基づく名称 | 一般的に使用される名称 | bp/℃ | におい |
|---|---|---|---|---|
| $C_3H_7COOCH_3$ | ブタン酸メチル (methyl butanoate) | 酪酸メチル (methyl butyrate) | 56 | リンゴ |
| $HCOOC_2H_5$ | メタン酸エチル (ethyl methanoate) | ギ酸エチル (ethyl formate) | 54 | ラズベリー |
| $C_3H_7COOC_2H_5$ | ブタン酸エチル (ethyl butanoate) | 酪酸エチル (ethyl butyrate) | 77 | パイナップル |
| $C_5H_{11}COOC_2H_5$ | ヘキサン酸エチル (ethyl hexanoate) | カプロン酸エチル (ethyl caproate) | 169〜171 | リンゴ |
| $CH_3COOC_5H_{11}$ | エタン酸ペンチル (pentyl hexanoate) | 酢酸ペンチル (pentyl acetate) | 149 | バナナ |
| $CH_3COOC_8H_{17}$ | エタン酸オクチル (octyl ethanoate) | 酢酸オクチル (octyl acetate) | 211 | オレンジ |

#### b. カルボン酸の反応

カルボキシ基の OH をハロゲンに変換すると酸塩化物が生成し，アルコールやアミンと脱水縮合するとエステル，アミドなどが生成する．

## 化合物の酸性・塩基性の強さを決める因子

化合物 H–A の酸性が強いというのは，解離平衡 H–A+H$_2$O $\rightleftharpoons$ H$_3$O$^+$+A$^-$ が右に片寄っているということである．H–A の A が同じもの同士では，A$^-$ を安定化する要因があるものほど平衡は右に片寄り，酸として強い（p$K_a$ が小さい）．逆に HA を安定化する要因が大きくなると，酸としては弱くなる．いくつかの例を以下に示す．

(1) 同周期の H–A 型化合物は A の電気陰性度が大きいほど強酸．
第 2 周期では，H–C < H–N < H–O < H–F
(2) 同族の H–A 型化合物は下にいくほど強酸となる．
ハロゲン化水素の酸の強さ　HF < HCl < HBr < HI
(3) ハロ酢酸 X–CH$_2$COOH の強さは，X の電気陰性度の大きなほど強酸となる．
X=H(p$K_a$ 4.8) < I(3.2) < Br(2.9) < Cl(2.8) < F(2.7)
(4) ハロゲンの数の効果．水素より電気陰性度の大きなハロゲンの数が多いほど強酸．
ジクロロ酢酸(Cl$_2$CHCOOH, p$K_a$=1.3) < トリクロロ酢酸(Cl$_3$CCOOH, p$K_a$=0.5)
(5) ハロ酸のハロゲン置換位置の効果．カルボキシ基に近いほど強酸．
酪酸（ブタン酸），(CH$_3$CH$_2$CH$_2$COOH, p$K_a$=4.9) < 4-クロロ酪酸(ClCH$_2$CH$_2$CH$_2$COOH, p$K_a$=4.52) < 3-クロロ酪酸 (CH$_3$CHClCH$_2$COOH, p$K_a$=4.05) < 2-クロロ酪酸(CH$_3$CH$_2$CHClCOOH, p$K_a$=2.86)

$$RCOOH + SOCl_2 \longrightarrow RCOCl + SO_2 + HCl \quad (3\cdot 28)$$

塩化チオニル　　　酸塩化物

$$RCOOH + HO-R' \longrightarrow RCOO-R' + H_2O \quad (3\cdot 29)$$

エステル

アミドについては 3・7 節参照．

$$RCOOH + HNH-R' \longrightarrow RCONH-R' + H_2O \quad (3\cdot 30)$$

アミド

**酸無水物**（acid anhydride）　また，カルボン酸同士が脱水縮合すると，酸無水物が生成する．

$$RCOOH + HOOCR \longrightarrow RCO-O-COR + H_2O \quad (3\cdot 31)$$

酸無水物

### 例　エステルの合成

カルボン酸とアルコールが脱水縮合してエステルが生成する反応は，硫酸などの酸を触媒として進行する．たとえば酢酸とエタノールから酢酸エチル（体系的名称　エタン酸エチル）が生成する．しかし，この反応は可逆反応（表 2・6 参照）であり，生成したエステルが加水分解されて再びカルボン酸とアルコールに戻る逆反応も同時に進行する．このため，最初に酢酸とエタノールから反応を開始しても，エステルの生成に伴い逆反応も起こるので，最終的にエステル生成反応と逆反応である加水分解反応の速度が等しくなったところで，反応系中のエステル量は増加しなくなる．

$$CH_3COOH + C_2H_5OH \rightleftharpoons CH_3COOC_2H_5 + H_2O$$

このため，エステル合成にはカルボン酸をあらかじめ酸塩化物や酸無水物とした後で，可逆反応にならないアルコールとの反応を行う方法が多く利用されている．

$$CH_3COCl + C_2H_5OH \longrightarrow CH_3COOC_2H_5 + HCl$$
$$(CH_3CO)_2O + C_2H_5OH \longrightarrow CH_3COOC_2H_5 + CH_3COOH$$

> 反応系が平衡状態となってそれ以上に反応が進行しなくなることを避けるためには，たとえば沸点の低いエステルを蒸留で取除くなど，反応系から生成するエステルあるいは水を除去して常に正方向の反応のみを進行させる工夫が必要となる．

#### c. 主なカルボン酸および誘導体

**ギ酸**　漢字で蟻酸と表すように，アリから単離されたことから命名された．刺激臭のある液体で，水やアルコールと混合し，脂肪族カルボン酸としては強い酸（$pK_a = 3.55$（25 ℃））である．分子内にアルデヒドとしての構造をもつので還元性を示す．

**酢酸**　刺激臭のある無色の液体．酒類の酢酸発酵で得られる食用酢の酸味成分であり，水に溶けて酸性を示す（$pK_a = 4.56$（25 ℃））．食用には主に発酵法で製造されているが，合成中間体として重要な工業用途にはメタノールと一酸化炭素から触媒を用いて合成されている．

> なお，純度の高い酢酸は低温下で固化するので，氷酢酸とよぶことがある．

**アクリル酸**　不飽和二重結合をもつカルボン酸で，刺激臭のある液体．高分子合成のためのモノマーとして重要で，プロピレンの酸化などで製造される．二重結合部位で付加重合したアクリル酸の高分子は吸水性樹脂などに使用され，またアクリル酸エステルを重合したものは塗料などに使用されている．

**オレイン酸**　室温付近では無色の油状液体．不飽和二重結合に水素を付加させて還元（これを水素添加という）すると，ステアリン酸になる．オレイン酸のグリセリドはオリーブ油の主成分である．

## 3・7　窒素を含む有機化合物
### 3・7・1　ア ミ ン

アミン（amine）

#### a. アミンの分子構造と性質

アンモニアの水素原子を炭化水素基で置換した化合物で，アルキル基やアルケニル基などの脂肪族炭化水素で置換したものを**脂肪族アミン**という．アミノ基 $-NH_2$ の結合した炭素に結合する炭化水素基の数（残りは水素原子）によって，

脂肪族アミン（aliphatic amine）
アミノ基（amino group）

四つの置換基Rが窒素に結合した化合物 $R_4N^+X^-$ は**第四級アンモニウム塩**(quaternary ammonium salt) とよばれる.

それぞれ第一級アミン, 第二級アミン, 第三級アミンという.

アミンに対しては特殊な命名法が使われる. すなわち, アミンはアンモニアを母体化合物とし, その水素をアルキル基, アリール基などの置換基Rで置き換えたものとみなし, Rの基名あるいは母体化合物RHの名称を接尾語アミン (–amine) の前に付ける (表 3・20). 置換基が異なる第二級あるいは第三級アミンの場合は, 第一級アミンの $N-$ 置換体として命名する. たとえば, $C_2H_5N(CH_3)C_3H_7$ であれば, 最も複雑な置換基の第一級アミンであるプロピルアミン (あるいはプロパン-1-アミン) の $N-$ 置換体として, $N-$エチル-$N-$メチルプロピルアミンあるいは $N-$エチル-$N-$メチルプロパン-1-アミンとする. また二つ以上のアミノ基をもつ場合は, 倍数接頭語を付けてジアミン (–diamine), トリアミン (–triamine) などとする.

表 3・20 主な脂肪族アミン

| 構造式 | 体系的命名法に基づく名称<br>(一般的に使用される名称) | mp/℃ | bp/℃ | $pK_a$ [a] |
|---|---|---|---|---|
| $CH_3NH_2$ | メチルアミン (methylamine) | −93.5 | −6.3 | 10.51 |
| $CH_3CH_2NH_2$ | エチルアミン (ethylamine) | −81 | 16.6 | 10.66 |
| $C_3H_7NH_2$ | プロピルアミン (propylamine) | −83 | 49.7 | 10.93 |
| $(C_2H_5)_2NH$ | ジエチルアミン (diethylamine) | −48 | 55 | 11.02 |
| $(C_2H_5)_3N$ | トリエチルアミン (triethylamine) | −114.5 | 89 | 10.68 |
| $H_2N-CH_2CH_2-NH_2$ | 1,2-エタンジアミン (1,2-ethanediamine)<br>(エチレンジアミン (ethylenediamine)) | 8.5 | 117.0 | 7.12<br>9.92 |

[a] 25 ℃

アミンは塩基として重要な有機化合物であり, アミノ基の窒素原子は電気陰性度が大きいので, 水中では正電荷をもつプロトンと結合しやすく, プロトンを受取る Brønsted 塩基としてふるまう. またアミノ基の窒素原子は, 水素結合受容基としてもはたらくので, 水と水素結合を形成する. このため, 低級脂肪族アミンは水に溶けやすい. 生体中には多くの種類のアミンが存在し, 微量で生体の機能 (生理) に大きい影響を与えるものも知られている.

窒素原子の電子配置は $sp^3$ 混成で表すことができ, 四面体形の四つの混成軌道のうち三つは, 水素原子や炭素原子の電子と対になって共有結合を形成する. 一

### 塩基の強さと $pK_a$

塩基としての強さはその共役酸の $pK_a$ で示すことができ, $pK_a$ が大きいほど強い塩基となる. アルキル基は弱い電子供与性をもつ置換基なので, 結合するアルキル基の数が増えると窒素原子の電子密度が増加する, つまり塩基として強くなる. このため, 第二級アミンは対応する第一級アミンより強い塩基となるが, 立体的なかさ高さや溶媒和の影響で, 第三級アミンの塩基性は弱くなる.

$pK_a$: エチルアミン 10.66, ジエチルアミン 11.02, トリエチルアミン 10.68

方，残る一つの軌道には窒素原子の二つの電子が非共有電子対となって存在する．エチルアミン分子の電子密度を冒頭の口絵に掲載した．この図から窒素原子が負に分極していることがわかる．

## b. アミンの反応

**塩の形成**　酸と反応して塩となる．

**アルキル化**　第一級アミンはハロゲン化アルキルとの反応で水素がアルキル基に順次置換され，第二級，第三級アミンとなる．第三級アミンがさらにアルキル化されると，第四級アンモニウム塩となる．

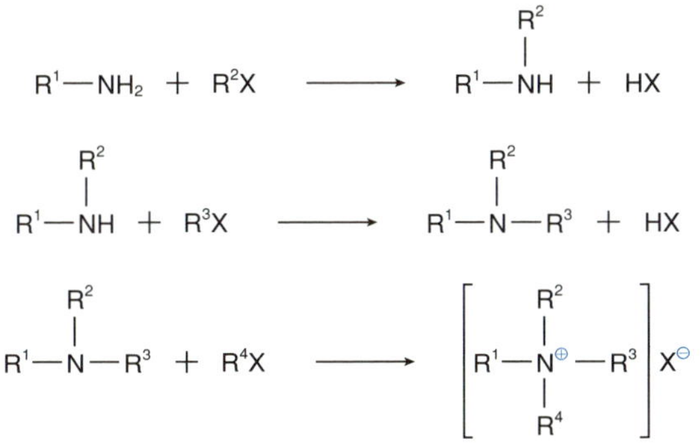

$$R^1-NH_2 + R^2X \longrightarrow R^1-NH(R^2) + HX \quad (3\cdot32)$$

$$R^1-NH(R^2) + R^3X \longrightarrow R^1-N(R^2)-R^3 + HX \quad (3\cdot33)$$

$$R^1-N(R^2)-R^3 + R^4X \longrightarrow [R^1-N^{\oplus}(R^2)(R^4)-R^3] X^{\ominus} \quad (3\cdot34)$$

正の電荷をもつアンモニウムカチオンは，極性の高い水分子と相互作用するので，親水性の高い部位となる．このため，アルキル基の一つが疎水性の長鎖アルキル基である第四級アンモニウム塩は，両親媒性となり，長鎖脂肪酸塩の場合と同じく水中で球状ミセルなどの分子集合体を形成する（図3・10参照）．

**アミドの形成**　カルボン酸と脱水縮合すると，アミドが生成する．一般的には，反応性を高めるために，カルボン酸を酸塩化物や酸無水物などに変換してから反応を行う．

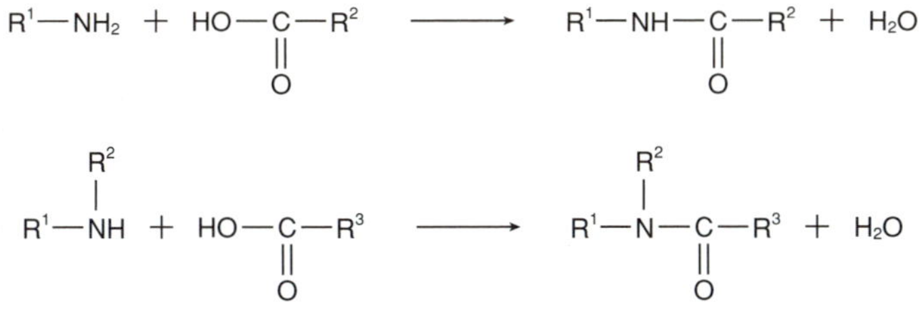

$$R^1-NH_2 + HO-C(=O)-R^2 \longrightarrow R^1-NH-C(=O)-R^2 + H_2O \quad (3\cdot35)$$

$$R^1-NH(R^2) + HO-C(=O)-R^3 \longrightarrow R^1-N(R^2)-C(=O)-R^3 + H_2O \quad (3\cdot36)$$

**カルボニル化合物との反応**　第一級アミンはアルデヒドやケトンと脱水縮合して，C=N結合をもつ**イミン**になる．

イミン（imine）

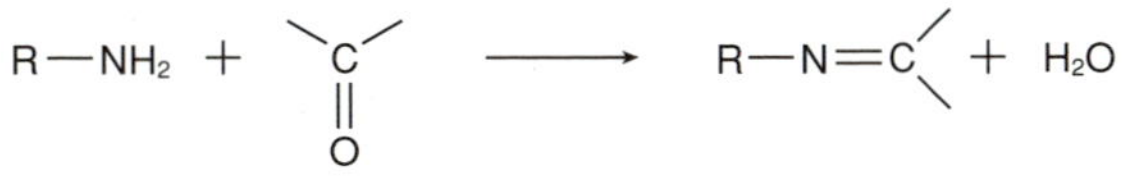

$$R-NH_2 + \underset{O}{C{=}} \longrightarrow R-N=C{<} + H_2O \quad (3\cdot37)$$

## 3・7・2　その他の窒素をもつ有機化合物

### a. アミド

アミド $RCONH_2$ はカルボン酸の $-OH$ を $-NH_2$ に置換したカルボン酸誘導体で，カルボン酸の場合と同様にアルカンの末尾-eを接尾語アミド（-amide）に

アミド（amide）

置き換えて表す．また$-CONH_2$を置換基として表すときには，接頭語カルバモイル（carbamoyl–）あるいは接尾語カルボキサミド（–carboxamide）を用いて表す．

**アセトアミド（体系的名称エタンアミド）**
（acetamide（ethanamide））

例　$CH_3-CO-NH_2$　エタンアミド，慣用名アセトアミド

カルボン酸とアミンが脱水縮合して生成する $N$–置換アミド $R_1-CO-NHR_2$ は，水素結合供与基および受容基がともに存在するアミド結合$-CO-NH-$をもつ化合物であり，分子間をつなぐ結合として，また強い水素結合を形成する部位として重要である．分子間がアミド結合でつながった高分子量ポリマーはポリアミドというが，分子内にアミノ基とカルボキシ基をもつアミノ酸 $NH_2-CHR-COOH$ は，各アミノ酸が脱水縮合してアミド結合（アミノ酸同士の結合はペプチド結合ともいう）でつながったペプチドとなる．

アミノ酸については6・3・2節参照．

**ニトロアルカン**
（nitroalkane）

### b. ニトロアルカン

強い電子求引性のニトロ基$-NO_2$をもつ化合物で，接頭語ニトロ（nitro–）を付けて表す．アルキル鎖の短いニトロメタンやニトロエタンは，エーテル臭のある無色液体で，還元するとニトロ基がヒドロキシルアミンを経てアミンとなる．

**ニトロ基**（nitro group）

---

### ハロゲン，酸素，窒素以外のヘテロ原子を含む脂肪族化合物

電気陰性度が異なるヘテロ原子が結合した有機化合物は，炭素と水素だけでできた炭化水素とは電子状態が異なるため，ヘテロ原子の特性を反映した特徴的な反応性や性質を示す．すでに3・5節〜3・7節でハロゲン，酸素，窒素を含む脂肪族炭化水素について述べたが，これ以外にも，硫黄，リン，ケイ素，さらにはアルミニウム，亜鉛，鉄，水銀，白金，パラジウムなどの金属元素など，さまざまなヘテロ原子を含む炭化水素が存在する．いくつかの例を以下に示す．

**メタンチオール**
（methanethiol）

**ジメチルスルホキシド**
（dimethyl sulfoxide）

**テトラメチルシラン**
（tetramethylsilane）

**トリエチルホスフィン**
（triethylphosphine）

**ヘキサメチルリン酸トリアミド**
（hexamethylphosphoric triamide）

**トリエチルアルミニウム**
（triethylalminium）

**ジメチル水銀**
（dimethylmercury）

硫黄を含む化合物

$CH_3-S-H$　メタンチオール

$(CH_3)_2S=O$　ジメチルスルホキシド

ケイ素を含む化合物

$(CH_3)_4Si$　テトラメチルシラン

リンを含む化合物

$(C_2H_5)_3P$　トリエチルホスフィン

$((CH_3)_2N)_3P=O$　ヘキサメチルリン酸トリアミド

有機金属化合物

$(C_2H_5)_3Al$　トリエチルアルミニウム

$CH_3-Hg-CH_3$　ジメチル水銀

$$R-NO_2 \xrightarrow[-H_2O]{+2H_2} R-NHOH \xrightarrow[-H_2O]{+2H_2} R-NH_2 \qquad (3\cdot38)$$
ヒドロキシル
アミン

### c. ニトリル

同じく強い電子求引性のシアノ基 $-C\equiv N$ をもつ化合物であり，$-CN$ を接頭語シアノ (cyano-) で，あるいはアルカンの水素を $\equiv N$ で置換したとして接尾語ニトリル (-nitrile) で表す．加水分解するとカルボン酸になり，還元するとアミンになる．

例　　$CH_3-CN + 2H_2O \longrightarrow CH_3-COOH + NH_3$
　　　$CH_3-CN + 2H_2 \longrightarrow CH_3CH_2NH_2$
　　　アセトニトリル
　　　（体系的名称エタンニトリル）

ニトリル (nitrile)
シアノ基 (cyano group)

アセトニトリル（体系的名称エタンニトリル）
(acetonitrile (ethanenitrile))

# 4

## π共役系と芳香族化合物の構造と性質

エチレン $CH_2=CH_2$ の二重結合は，図 4・1(a) に示すように $sp^2$ 混成軌道をもつ炭素間の一つの σ 結合と，混成に含まれない $p_z$ 軌道同士の重なりによる一つの π 結合から成り立っている．では，四つの $sp^2$ 炭素からなり，分子中に二重結合を二つもつ 1,3-ブタジエン $CH_2=CH-CH=CH_2$ の結合はどのようになっているだろうか．構造式では中央の二つの炭素間の結合は単結合として示されるが，これら二つの炭素の $p_z$ 軌道間にも重なりがあるため，通常の単結合とは違って π 結合性をもつことが予想される（図 4・1b）．ここでは，このような結合をもつ分子の性質を見ていこう．

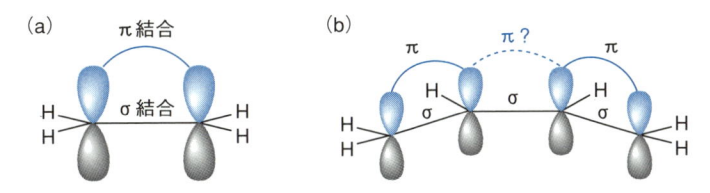

図 4・1 エチレン(a) と 1,3-ブタジエン(b) の結合

## 4・1 π共役系

### 4・1・1 共役ジエンと π 電子の非局在化

炭素-炭素二重結合を二つもつ化合物を**ジエン**という．これらの中で，C=C-C=C で表される部分構造をもつジエンを特に**共役ジエン**とよび，この二つの二重結合は"共役"しているという．これに対して，二つの二重結合が単結合二つ分以上離れているものは**孤立ジエン**とよばれる．

最も単純な共役ジエンである **1,3-ブタジエン**の炭素-炭素結合距離を見ると，二重結合はエチレンのものよりも長くて，単結合はエタンのものよりも短いことがわかる（図 4・2）．結合距離は結合の強さを反映するので，このことは，π 電子が両端の二重結合だけではなく，中央の二つの炭素間にも存在し，部分的な π 結合が形成されていることを示している．このような状態を π 電子が**非局在化**し

ジエン（diene）
di（2 を表す数詞）＋ene（アルケン類の名称の語尾）

共役ジエン
(conjugated diene)

孤立ジエン（isolated diene）

1,3-ブタジエン（1,3-butadiene）

非局在化（delocalization）

H₂C═CH─CH═CH₂

非局在化している π 電子は，そうでないものと比べてより安定，すなわちより低エネルギーである．

ているという（コラム「量子化学で見る π 電子の非局在化」参照）．π 電子が非局在化した様子を左のような構造式で表すことがある．しかし，これでは炭素の価数が不明瞭でまぎらわしい．このため，1,3-ブタジエンの構造式は上記の要素をもった結合であることを理解したうえで，二重結合と単結合の交替構造を用いて表記する約束になっている．

図 4・2 エタン，エチレン，1,3-ブタジエンの結合距離

ある分子の化学エネルギーは，分子を構成する各粒子のエネルギーの総和であるから，π 電子が非局在化により安定化されると，π 電子を含む分子全体が安定化されることになる．このことは，水素化反応のエンタルピー変化（反応熱）の測定を通じて実験的に確認できる．孤立ジエンである 1,4-シクロヘキサジエンの水素化熱は，シクロヘキセンの水素化熱 120 kJ mol⁻¹ のちょうど2倍の 240 kJ mol⁻¹ である（図 4・3）．これに対し，共役ジエンである 1,3-シクロヘキサジエンの水素化熱は 231 kJ mol⁻¹ であり，このことは 1,3-シクロヘキサジエンのほうが孤立ジエンである 1,4-シクロヘキサジエンよりも 9 kJ mol⁻¹ だけ安定な化合物であることを示している．この安定化エネルギーは π 電子の非局在化に起因し，**非局在化エネルギー**とよばれる．

シクロヘキサジエン
(cyclohexadiene)

シクロヘキセン
(cyclohexene)

非局在化エネルギー
(delocalization energy)

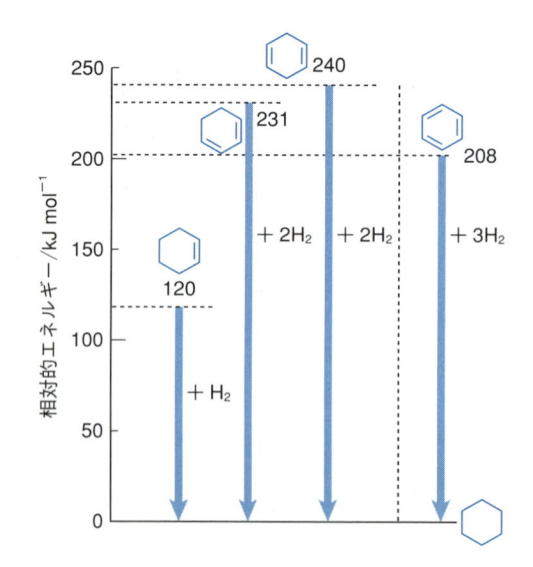

図 4・3 アルケン・ジエンの化学エネルギー

π 共役系
(π conjugated system)

1,3,5-ヘキサトリエン
(1,3,5-hexatriene)

CH₂═CH─CH═CH─CH═CH₂

一般に，ある分子中で交互の単結合と二重結合によって構成される部分構造を **π 共役系**という．より広がった π 共役系をもつ化合物ほど，非局在化エネルギーが大きく，二重結合が三つ共役した 1,3,5-ヘキサトリエンでは 32 kJ mol⁻¹ にもなる．

## 4・1・2 π共役系をもつ化合物の性質

二重結合の共役はπ電子のエネルギー準位にも影響を及ぼす．共役系のπ電子は非局在化していないものよりも広い空間を運動しており，このような電子はより原子核の束縛が弱く，エネルギー準位はより高いものと予想される．右の構造で $n$ の値が 1，2，3 および 4 の共役ポリエン分子について実験的に求められた第一イオン化エネルギー $E_i$ の値は，それぞれ 10.51，9.07，8.29 および 7.79 eV であり，$E_i$ の値にマイナスを付けたものがその化合物の HOMO のエネルギー準位であるから，予想の正しいことがわかる．つまり，共役長が大きくなるほど，HOMO のエネルギー準位は高くなるといえる．

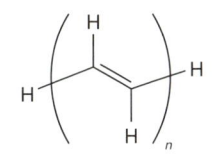

3 章では，HOMO と LUMO を化学反応にかかわる分子軌道として紹介したが，これらの軌道の準位にはもう一つ重要な意味があり，分子による光の吸収波長と関係がある．分子が光を吸収するとは，分子中の電子が光のエネルギーを受取ってエネルギー準位の高い空の分子軌道に移ることにほかならない．これを**遷移**といい，その中で特に重要なのは HOMO から LUMO への遷移である．この

このことは一見，「より大きなπ共役系をもつ化合物はより安定」ということと矛盾するかもしれないが，そのようなことはない．確かに共役長の大きなものほど HOMO のエネルギー準位は高いが，π電子は HOMO 以外の分子軌道にも含まれており，分子中のπ電子全体についてエネルギーの総和をとれば，その値は必ず孤立したジエンやトリエンなどよりも低くなる．

遷移 (transition)

---

### 量子化学で見るπ電子の非局在化

1,3-ブタジエンの四つのπ軌道をそのエネルギー準位とともに示す．

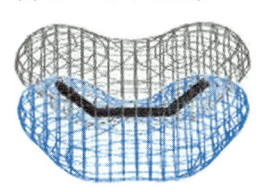

(a) $E = \alpha + 1.618\beta$    (b) $E = \alpha + 0.618\beta$

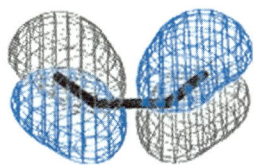

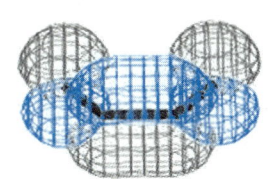

(c) $E = \alpha - 0.618\beta$    (d) $E = \alpha - 1.618\beta$

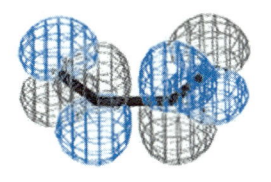

$\alpha$ および $\beta$ はいずれも負の定数である．このため，(a) のエネルギー準位が最も低く，以降 (b)，(c)，(d) の順にエネルギー準位が高くなる．エチレンのπ軌道のエネルギー準位は，$\alpha$ と $\beta$ を用いて HOMO は $\alpha + \beta$，LUMO は $\alpha - \beta$ と表される．一方，1,3-ブタジエンでは (a) と (b) の軌道にπ電子が入っており，π電子のエネルギーの総和は，$2(\alpha+1.618\beta)+2(\alpha+0.618\beta)=4\alpha+4.472\beta$ となる．これはエチレン 2 分子のπ電子のエネルギー $2 \times 2(\alpha+\beta)=4\alpha+4\beta$ と比べて $0.472\beta$ だけ低く，この分だけ 1,3-ブタジエンのほうが安定であることを示している．これが計算によって求めた 1,3-ブタジエンの非局在化エネルギーである．

光の波長 λ とエネルギー $E$ の間には $E=hc/\lambda$ の関係がある．$h, c$ はそれぞれプランク定数 $6.63\times10^{-34}$ m$^2$ kg s$^{-1}$ および真空中の光速 $3.0\times10^8$ m s$^{-1}$ である．

HOMO–LUMO 遷移は，分子が吸収できる最も小さなエネルギーの，すなわち最も長い波長の光に対応している．

それでは，π共役系のサイズと LUMO のエネルギー準位はどんな関係にあるのだろうか．LUMO のエネルギー準位は電子親和力によってわかるが，有機化合物の電子親和力の測定は一般に困難である．しかしながら，量子化学計算によって LUMO のエネルギー準位を見積ることができ，π共役系の共役長が大きくなるほど LUMO の準位は低くなるという結果が得られている．

結局，π共役系のサイズが大きくなるほど HOMO–LUMO のエネルギー差が小さくなり，結果的に吸収波長がより長くなる（図 4・4）．

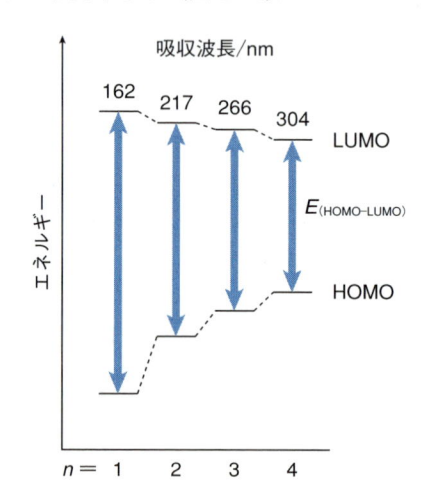

図 4・4 　共役ポリエンのエネルギー準位と吸収波長．$n$ は二重結合の数

β-カロテン（β-carotene）

ニンジンに含まれる橙色物質の **β-カロテン**は 11 個の共役した C=C 結合をもち，波長 466 nm の青い可視光線を吸収する（コラム参照）．

ジエンへの臭素の付加反応は，π共役系をもつ化合物の特性に関する情報を別の点から与える．シクロヘキセンに臭素を作用させると 3 章で述べたような付加反応が起こって 1,2-ジブロモシクロヘキサンが得られる．同様に，1,4-シクロヘ

図 4・5 　臭素化反応の生成物

## 光の吸収と色

私たちがものを見ることができるのは，太陽光や室内灯の光が物体に当たって反射し，それが私たちの眼に入ってくるためである．もとの光は400〜700 nmの波長をもつ**可視光線**で，青色光，緑色光，赤色光の三成分で構成されており，これらが混合した光は白色光として認識される．光を吸収しない物体はすべての成分の光を反射するため白く，逆に三成分すべての光を吸収する物体は黒く見える．一方，たとえば青に相当する波長400〜500 nmの光を吸収する物体では，それ以外の緑と赤の光だけが反射されて目に飛び込んでくる．このとき，私たちには緑と赤の混合色，つまり橙色として認識される．青と橙色のような関係を互いに"補色"という．

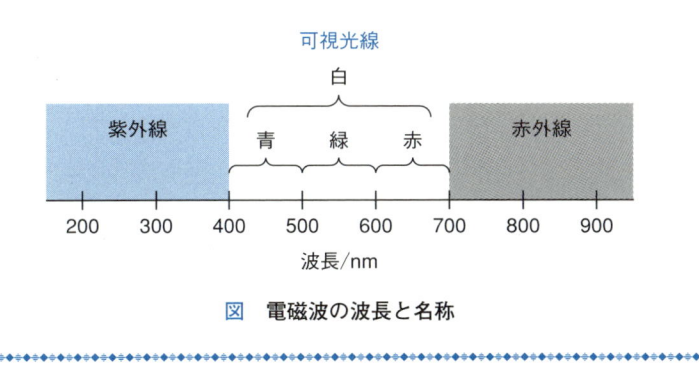

可視光線（visible rays）

**図　電磁波の波長と名称**

---

キサジエンを1当量の臭素と反応させた場合には化合物 **X** が得られるが，1,3-シクロヘキサジエンになると，化合物 **Y** のほかに **Z** も生じる（図4・5）．**Z** が生成物として得られることは，共役ジエンのπ電子が非局在化していることを反映している．

なお，π電子の非局在化は軌道の重なりを通じて起こるため，単に共役ジエンの部分構造をもつだけでは不十分であり，二つのC＝C結合のπ軌道が同一平面上にあることが必要である．下記のように，何らかの理由で同一平面上にない共役ジエンは孤立ジエンと似たふるまいをする．

この分子はメチル基同士の反発が大きいため，左右の二重結合部分がほぼ直交した構造となっている（右は水素原子を省略した分子モデル）

ジエンの仲間には，$H_2C=C=CH_2$ という構造をもつ**アレン**という分子もある．この分子の左右の二重結合のπ電子は分子全体に広がっているように見える．しかしながら，中央の炭素はsp混成軌道をとり，左右のπ軌道は完全に直交して全く重なりがない（図4・6）．このため，アレンのπ電子はそれぞれの二重結合上に二つずつ局在化している．

アレン（allene）

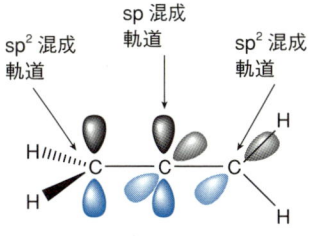

**図 4・6　アレンの分子軌道**

## 4・2 環状π共役系をもつ化合物
### 4・2・1 ベンゼン

**ベンゼン**(benzene)

6員環化合物の**ベンゼン**は，1,3-シクロヘキサジエンに共役するC=C結合をもう一つ導入した化合物とみなすことができる．しかしながら驚くべきことに，この化合物を完全に水素化してシクロヘキサンにするときの反応熱 208 kJ mol$^{-1}$は，1,3-シクロヘキサジエンの 231 kJ mol$^{-1}$ よりもむしろ小さい（図4・3参照）．ベンゼンの非局在化エネルギーは 152 kJ mol$^{-1}$ と見積もられ，対応する鎖状化合物 1,3,5-ヘキサトリエンの 32 kJ mol$^{-1}$ と比べてもはるかに大きい．このことは，ベンゼンが単純な 1,3,5-シクロヘキサトリエンとは異なる化合物であることを示しており，構造解析の結果から，ベンゼンの六つの炭素原子は同一平面上に存在し，6本の炭素-炭素結合の距離はすべて 0.140 nm（単結合と二重結合の中間の長さ）であることが示された．つまり，すべての炭素-炭素結合は等価であり，ベンゼンのπ電子は完全に非局在化している（図4・7）．このため，ベンゼンは異常に大きな非局在化エネルギーをもつ．

1,3,5-シクロヘキサトリエンの三つの二重結合が互いに独立していると考えた場合，その水素化の反応熱はシクロヘキセンの3倍の 360 kJ mol$^{-1}$ と計算される．実際のベンゼンの水素化の反応熱は 208 kJ mol$^{-1}$ であり，その差 152 kJ mol$^{-1}$ がベンゼンの非局在化エネルギーということになる．

非局在化エネルギーのことを，共鳴安定化エネルギーとよぶこともある．

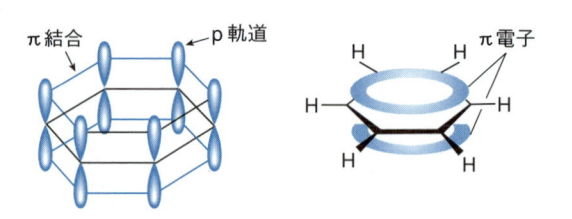

図 4・7　ベンゼンのπ結合およびπ電子の非局在化

ベンゼンの電子分布を冒頭の口絵に掲載した．電子密度は環内で高く，対称性をもつ．

ベンゼンは全炭素が等価であるので，図4・8(a)のように構造式を書くこともあるが，これでは化学反応性などを考えるときには不便である．そこで，真の構造ではないことを理解したうえで，単結合と二重結合の交替構造で表記する．ただし，以下のような約束事がある．ベンゼンでは図4・8(b)に示す二つの極端な構造式が書けるが，実際はこれらのいずれでもなく，ちょうど中間の構造をとるということである．この二つの構造式を**極限構造式**といい，これらの間にあって通常の構造式では表せない化合物の真の構造を**共鳴構造**という．

**極限構造式**
(canonical structure formula)

**共鳴構造**(resonance structure)

図4・8(b)は，ベンゼンが二つの極限構造の間をすばやく入れ換わっているという意味ではないことに注意しよう．

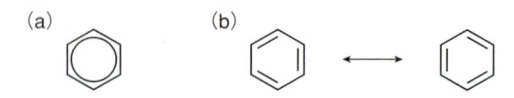

図 4・8　ベンゼンの構造式

## ジエンの共鳴構造

有機化学における共鳴の概念は，π電子系をもつ分子の電子状態を，いくつかの極限構造間の（重みつきの）平均としてとらえるというものである．ベンゼンは，寄与の度合いが互いに等しい二つの安定な極限構造間の**共鳴混成体**（resonance hybrid）として理解できる（図 4・8b 参照）．ベンゼンほどではないが，π電子の非局在化により安定化されている共役ジエンについても共鳴の考え方を導入できれば，実験結果を理解するうえで助けになる．

1,3-ブタジエンについて考えてみよう．中央の **B** は通常の 1,3-ブタジエンの構造式であるが，これに加えて **A** や **C** のような極限構造式を導入する．なお，共鳴構造はπ電子の状態について示したものであるから，これ以外の要素，つまり原子の位置関係やσ結合の状態はどの極限構造でも同じでなければならない．

構造 **A** は，構造 **B** の左側の C＝C 結合のπ電子が内部の C－C 結合に向かって移動し，このπ電子に"押し出されて"右側の C＝C 結合のπ電子が右端の炭素上に局在化された状態とみなすことができる．構造 **C** はその逆である．**A** および **C** の構造は 1,3-ブタジエンの中央の炭素間の結合に二重結合性があることを定性的に表している．さらに，**A** や **C** は炭素上に電荷をもつイオンであるために中性分子の **B** よりも不安定で，共鳴構造を考える際には **A** や **C** の構造の寄与は **B** よりも小さいと推察される．このことは，ブタジエンの炭素–炭素結合の実測値がベンゼンのようにどれも等しくはなく，中央の炭素–炭素結合はより単結合に，両端の結合はより二重結合に近いという事実をうまく説明できる．さらに，共役ジエンに対する臭素の付加が両末端で起こる場合があることも，**A** や **C** の構造の寄与を考えると理解しやすい．

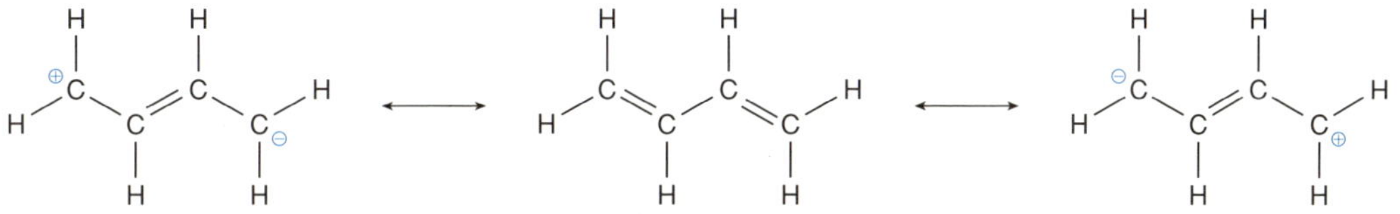

**A**      ⟷      **B**      ⟷      **C**

### 4・2・2 その他の環状π共役系をもつ炭化水素

ベンゼンの特殊性から，π共役系で構成された環状化合物はいずれも特別な安定化を受けると予想されるが，実際にはこの事例に当てはまらない化合物も見られる．4員環のシクロブタジエンは室温では存在できないほど不安定であるし，8員環のシクロオクタテトラエンは隣接した C＝C 結合同士が同一平面上になく，π電子の非局在化による安定化を受けない（図 4・9）．この理由の説明には量子論的な考え方が必要であり，本書の範囲を超えるため，ここでは結論のみを示す．環状のπ共役系をもつ化合物は $(4n+2)$ 個（$n=0,1,2,3,\cdots$）のπ電子と平面構造をもつ場合に限り，大きな非局在化エネルギーをもつ．この条件は，提唱者の名をとって **Hückel**（ヒュッケル）**則**とよばれる．ベンゼンは $n=1$ に相当する化合物である．図 4・10 に示した分子は，18 個の sp² 炭素からなる環状π共役系をもつ化合物で，Hückel 則の $n=4$ に相当し，すべての構成原子は同一平面上にある．

シクロブタジエン
(cyclobutadiene)

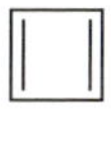

シクロオクタテトラエン
(cyclooctatetraene)

後で述べるナフタレンは $n=2$，アントラセンは $n=3$ に相当する化合物である（表 4・7 参照）．

単環状の炭化水素で単結合と二重結合が交互に並んだ化合物をアヌレンという。図4・10の分子は［18］アヌレンとよぶ．［　］は環の炭素数を示す．

図4・9　シクロオクタテトラエンの構造

図4・10　Hückel則の$n=4$に対応する分子

## 4・3　芳香族化合物

### 4・3・1　芳香族性

**芳香族性**（aromaticity）

ベンゼンのように，Hückel則に従って化合物が著しい共鳴安定化を受けるとき，その化合物は**芳香族性**を示すという．

化合物が安定化を受けるということは，反応性が低いことを意味する．たとえば，シクロヘキセンや1,3-シクロヘキサジエンはいずれも室温で容易に臭素と反応するが，ベンゼンでは触媒として強いルイス酸の臭化鉄（Ⅲ）などが存在する場合に限って反応が起こる．また，アルケンやジエンは空気と接した状態で保存すると徐々に酸化されるが，ベンゼンは長期にわたって変質せずに安定である．

使い込んだてんぷら油からの異臭はこのような酸化に起因する．

さらに，反応の生成物も異なる．4・1節で見てきたように，シクロヘキセンや1,3-シクロヘキサジエンと1当量の臭素の反応では臭素2原子の入った付加体が生成物となる．これに対し，ベンゼンと臭素からは臭素原子を一つだけもつブロモベンゼンが得られる．これはHがBrによって置換されたものであり，付加反応ではなく置換反応を起こすことも，芳香族性をもつ分子に固有の特徴である．

**ブロモベンゼン**
（bromobenzene）

ベンゼンやその誘導体は一般に**芳香族化合物**とよばれる．この名称は，芳香のある化合物の多くが部分構造にベンゼン環をもつことに由来する．

**芳香族化合物**
（aromatic compound）

### 4・3・2　芳香族化合物の命名法

ベンゼン誘導体は，置換されたベンゼンとして命名される．すなわち，置換基の種類を示す語を"ベンゼン"という名称の前に付ける．置換基を複数もつ化合物では，置換基を英語名表記のアルファベット順に並べて，その個数や位置番号とともに示す．その際，位置番号はなるべく小さくなるようにする．以下にいくつかの例を示す．ただし，芳香族化合物は固有の慣用名でよばれることが多い．

**エチルベンゼン**
（ethylbenzene）

**1-メチル-3-ニトロベンゼン**
（1-methyl-3-nitrobenzene）

**1-エチル-3-メチルベンゼン**
（1-ethyl-3-methylbenzene）

**1,2,4-トリクロロベンゼン**
（1,2,4-trichlorobenzene）

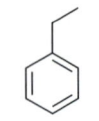

エチルベンゼン

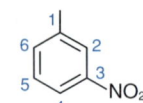

1-メチル-3-ニトロベンゼン
（×　1-メチル-5-ニトロベンゼン）

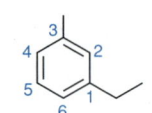

1-エチル-3-メチルベンゼン
（×　3-エチル-1-メチルベンゼン）

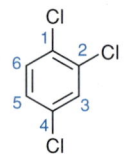

1,2,4-トリクロロベンゼン
（×　1,3,4-トリクロロベンゼン）

化合物の主骨格がベンゼン環以外の部分とみなされる場合は，ベンゼン環を置換基として扱い，名称はフェニル基となる．フェニル基は Ph とも書かれる．

3-フェニル-1-プロパノール

### 4・3・3 代表的な芳香族化合物

ここでは，芳香族化合物の中から代表的なものを取上げて，それらの性質を見てみよう．表 4・1 には，主なベンゼン誘導体の構造式，性状などを示した．

**ベンゼン**　石油の接触改質や水蒸気クラッキングにより得られる独特のにおいのある無色の液体で，引火性が高い．多種の有機化学品を製造するための出発原料に用いられる．高濃度の蒸気を長期間吸込むと造血器官に障害をもたらすた

**フェニル基**（phenyl group）

一方，メチル基の三つの水素のうち一つがフェニル基に置き換わった PhCH$_2$− はベンジル基（benzyl group）とよばれる．

**3-フェニル-1-プロパノール**
(3-phenyl-1-propanol)

**表 4・1　主なベンゼン誘導体**

| 一般的に使用される名称 | 体系的名称に基づく名称 | 構造式 | 性状と主な相転移温度 |
|---|---|---|---|
| ベンゼン (benzene) | | | 無色液体．融点 5 ℃，沸点 80 ℃ |
| トルエン (toluene) | メチルベンゼン (methylbenzene) | | 無色液体．沸点 110 ℃ |
| スチレン (styrene) | エテニルベンゼン (ethenylbenzene) ビニルベンゼン (vinylbenzene) | | 無色液体．沸点 145 ℃ |
| フェノール (phenol) | ヒドロキシベンゼン (hydroxybenzene) | | 無色針状結晶．融点 41 ℃ |
| アニリン (aniline) | フェニルアミン (phenylamine) | | 無色液体．沸点 184 ℃ |
| 安息香酸 (benzoic acid) | ベンゼンカルボン酸 (benzenecarboxylic acid) | | 無色結晶．融点 122 ℃ |
| キシレン (xylene) | ジメチルベンゼン (dimethylbenzene) | | （混合物）．無色液体．沸点 140 ℃ |
| 無水フタル酸 (phthalic anhydride) | 2-ベンゾフラン-1,3-ジオン (2-benzofuran-1,3-dione) | | 光沢のある白色針状結晶．融点 132 ℃ |
| ヒドロキノン (hydroquinone) | ベンゼン-1,4-ジオール (benzene-1,4-diol) | | 白色結晶．融点 174 ℃ |
| テレフタル酸 (terephthalic acid) | ベンゼン-1,4-ジカルボン酸 (benzene-1,4-dicarboxylic acid) | | 白色結晶．300 ℃ で昇華 |
| ビスフェノール A (bisphenol A) | 2,2-ビス(4-ヒドロキシフェニル)プロパン (2,2-bis(4-hydroxyphenyl)propane) | | 淡ベージュ色（工業用）．融点 157 ℃ |

石油の主成分は鎖状の脂肪族炭化水素である．触媒の存在下 500 ℃ 程度で処理すると脱水素反応，閉環反応などが起こって芳香族化合物ができる．これが接触改質（リホーミング）である．

900 ℃ の高温で水蒸気に希釈された状態の石油を加熱すると熱分解反応が起こってエチレン，プロピレン，芳香族炭化水素などの生成物を与える．これが，水蒸気クラッキングである．

## 側注

ポリウレタンおよびポリスチレンについては8章参照.

クメン（cumene）

ベンゼンのニトロ化（表4・6参照）によってニトロベンゼンが得られ，これを還元することでアニリンが得られる（式4・6参照）.

ベンゼンの二重結合と単結合は実際には等価であり区別できないため，下に示す化合物は表4・2中の o-キシレンと同一である.

PETについては8章参照.

フィルム式の白黒写真の現像にはヒドロキノンの水溶液が用いられた．これは，酸化されやすい（相手を還元しやすい）というヒドロキノンの性質を（4・4・3節参照），写真のフィルムに含まれる銀イオンの還元に利用したものである.

## 本文

め，溶剤としての使用は厳しく規制されている．

**トルエン**　ベンゼンと同様にして石油から得られる．塗料などの溶剤に用いられるほか，火薬，ポリウレタンの原料にもなっている．

**スチレン**　別名スチロール．体系的名称ではエテニルベンゼンもしくはビニルベンゼンという．ベンゼンとエチレンから工業的に得られる．ポリスチレンの原料である．

**フェノール**　工業的にはベンゼンにプロピレンが付加してできたクメンから数段階で合成され（式4・5参照），フェノール樹脂（8章参照）や医薬品・染料の原料として用いられる．強い殺菌性があり，以前は消毒・消臭に用いられた．脂肪族アルコールと異なり，弱酸性を示す．

**アニリン**　ベンゼンからニトロベンゼンを経て合成される．ウレタン樹脂，医薬品，色素の原料となる．本来無色であるが空気との接触により徐々に酸化されて茶から黒に着色する．アニリンの塩基性は脂肪族アミンよりもかなり小さい（4・4・2節参照）．

**安息香酸**　トルエンのメチル基を触媒存在下で空気酸化することで得られる（4・5・2節参照）．ナトリウム塩には抗菌作用があり，食品・清涼飲料の保存料として用いられる．

**キシレン**　$o$(オルト)-, $m$(メタ)-, $p$(パラ)- の3種の異性体がある（表4・2）．工業的にはこれらの混合物として石油から得られ，そのまま溶剤として用いられる．$o$-キシレン，$p$-キシレンはそれぞれ，無水フタル酸，テレフタル酸の合成原料となる．

表4・2　キシレンの三つの異性体

| 名　称 | $o$-キシレン | $m$-キシレン | $p$-キシレン |
|---|---|---|---|
| 構造式 | CH$_3$, CH$_3$ | CH$_3$, CH$_3$ | CH$_3$, CH$_3$ |
| 融点(℃) | $-25$ | $-48$ | 13 |
| 沸点(℃) | 144 | 139 | 138 |

**無水フタル酸**　$o$-キシレンまたはナフタレン（4・6節参照）の酸化と脱水により合成される．可塑剤（高分子材料に加工性を付与するために用いる添加剤）の工業原料である．

**テレフタル酸**　体系的名称ではベンゼン-1,4-ジカルボン酸であるが，テレフタル酸の名称が一般的に使用されている．$p$-キシレンの酸化により合成される．PET（ペットボトルの材料）などポリエステルの工業原料である．

**ヒドロキノン**　別名ハイドロキノン．フェノールの酸化によって得られる．銀塩写真の現像薬である．

**ビスフェノールA**　フェノールとアセトンから工業的に合成される．エポキ

### 芳香族化合物とにおい

私たちがにおいを感じるのは，空中を漂う“におい分子”が鼻の中にある細胞上のレセプタータンパク質に結合するためである（6 章参照）．なじみのあるにおいのもとになっている分子をいくつか紹介しよう．なお，芳香族化合物の定義はあくまでも分子構造によるものであり，「芳香族化合物である」ということは「その化合物がよいにおいである」ための必要条件でも十分条件でもない（3 章エステルの項参照）．

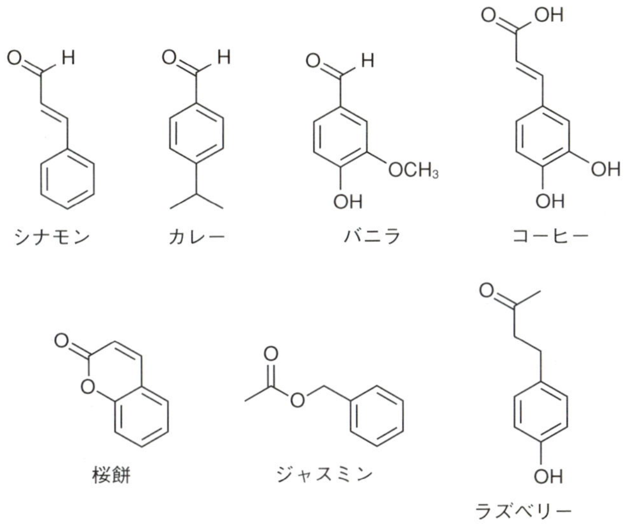
シナモン
カレー
バニラ
コーヒー
桜餅
ジャスミン
ラズベリー

シ樹脂やポリカーボネート樹脂の合成原料である（8 章参照）．

## 4・4　芳香族化合物の性質

### 4・4・1　ベンゼン誘導体の置換基効果(1)：化学的性質

ベンゼンは平面六角形の化合物で対称性がよいため双極子モーメントをもたないが，置換基をもつベンゼン類はその種類に応じた双極子モーメントをもつ（図 4・11）．置換基には，ベンゼン環に対して電子を押し出す（電子供与性の）ものと，ベンゼン環から電子を引き付ける（電子求引性の）ものがある．酸素が炭素よりも電気陰性度が大きいにもかかわらず，OH 基では電子供与性を示すという点に注意が必要である．

この理由については 4・4・2 節でふれる．

つぎに芳香族カルボン酸の解離に及ぼす置換基効果を見てみよう．表 4・3 に

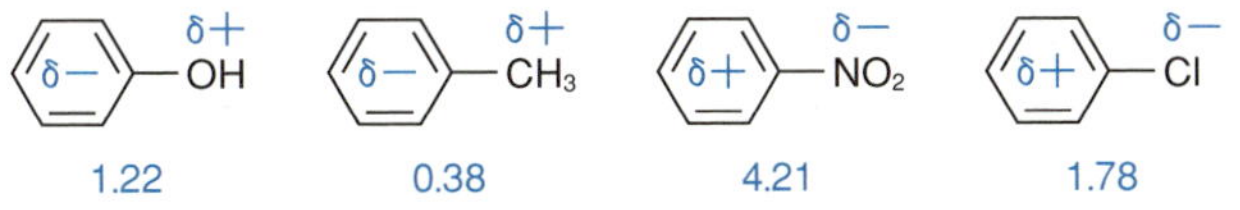
δ+
δ−
δ+
δ−
δ−
δ+
δ−
δ+
1.22
0.38
4.21
1.78

図 4・11　ベンゼン誘導体の双極子モーメント（単位 D（デバイ））

示したように，安息香酸（ベンゼンカルボン酸）の解離しやすさは置換基の影響を受け，双極子モーメントで見られた傾向とおおむね一致している．つまり，−OHや−CH$_3$などの電子供与基が付くとp$K_a$が大きくなり，−Clや−NO$_2$などの電子求引基が付くとp$K_a$が小さくなる．酸としてより強い（p$K_a$がより小さい）ということは酸解離で生じたカルボン酸アニオンがより安定であるということにほかならない．置換基の電子求引性によりベンゼン環がδ＋性を帯びていると，解離した安息香酸のカルボン酸アニオンの負電荷との間で電荷が打ち消し合って安定化するため，無置換の場合よりも解離が起こりやすくなる，すなわち酸として強くなる．逆に，電子供与基によりベンゼン環がδ−性をもつと，負電荷同士の反発で不安定化されるので，酸としては弱くなる．

表 4・3 ベンゼン誘導体の化学的性質への置換基効果

| 置換基 X | (a) $p$-置換安息香酸の p$K_a$ 値 | (b) 置換ベンゼンのニトロ化反応の相対速度 |
|---|---|---|
| OH | 4.57 | 1000 |
| CH$_3$ | 4.36 | 25 |
| H | 4.20 | 1 |
| Cl | 3.99 | 0.033 |
| NO$_2$ | 3.44 | $6\times10^{-8}$ |

(a) X–C$_6$H$_4$–COOH $\xrightleftharpoons{K_a}$ X–C$_6$H$_4$–COO$^-$ + H$^+$

(b) C$_6$H$_5$X $\xrightarrow{\text{HNO}_3,\ \text{H}_2\text{SO}_4}$ X–C$_6$H$_4$–NO$_2$

さらに，ベンゼンのニトロ化反応（HのNO$_2$による置換反応）への置換基効果について見てみよう（表4・3）．この反応はベンゼン環からニトロイルイオンNO$_2^+$へのπ電子の供給によって起こる．このため，ベンゼン環上の電子密度が反応性に影響を及ぼすと考えられ，実際，反応速度の大きさの順は双極子モーメントから予想されるベンゼン環上の電子密度の順と一致している．

このように，置換基はベンゼン誘導体のいろいろな性質に影響を及ぼす．そこで，置換基の影響を数値を用いて表現できれば，置換ベンゼンのふるまいを理解し予測する助けになる．このような観点からHammett（ハメット）らによって**置換基定数** σ が定められた．σは，先に示した置換安息香酸の酸性に基づいて，

$$\sigma = \log \frac{K_{aX}}{K_{aH}} \quad \text{あるいは} \quad \sigma = -(\mathrm{p}K_{aX} - \mathrm{p}K_{aH}) = -\mathrm{p}K_{aX} + 4.20$$

と定義される．ここで$K_{aH}$は安息香酸の酸解離定数，$K_{aX}$は置換安息香酸の酸解離定数である．置換基の導入によって安息香酸の酸性が強くなる場合はσ＞0，弱くなる場合はσ＜0となる．置換安息香酸のp$K_{aX}$値は置換基の種類のみでなく，置換基の位置にも依存する．主な官能基についてメタおよびパラ位に置換基

**ニトロイルイオン**（nitroyl ion）
ニトロニウムイオンともいう．

ほとんどの有機化学反応は，電子の豊富な化学種から電子の不足した化学種への電子の供給によって起こる．

**置換基定数**
（substituent constant）

をもつ場合のσ値を表4・4に示す．置換基によっては，結合する位置の違いでσの符号が反転するものもある．σ値には加成性があり，たとえば，3,4–ジメチル安息香酸ならびに4–メチル–3,5–ジニトロ安息香酸の$pK_{aX}$の実測値はそれぞれ4.41および2.97であるが，加成性から予想される$pK_{aX}$値は前者が$4.20-(-0.17)-(-0.07)=4.44$，後者が$4.20-(-0.17)-(2\times0.71)=2.95$であり，それぞれかなりよい一致を示す．

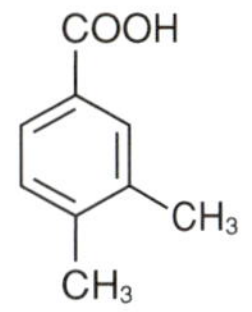
COOH
CH3
CH3

3,4–ジメチル安息香酸

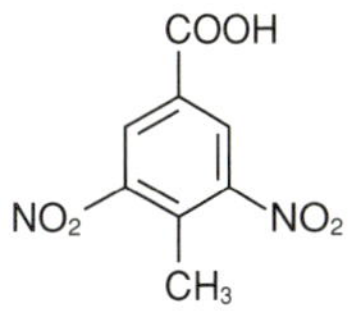
COOH
NO2
NO2
CH3

4–メチル–3,5–ジニトロ安息香酸

σ値はさらに，置換フェノールの$pK_a$値や置換安息香酸エチルの加水分解速度など，ベンゼン誘導体に対する置換基効果の予測にもある程度適用できる．

**表 4・4　ハメットの置換基定数σ**

| 置換基 | $\sigma_p$ | $\sigma_m$ | 置換基 | $\sigma_p$ | $\sigma_m$ |
|---|---|---|---|---|---|
| $-CH_3$ | −0.17 | −0.07 | $-OCH_3$ | −0.27 | 0.12 |
| −H | 0.00 | 0.00 | −OH | −0.37 | 0.12 |
| −Ph | 0.01 | 0.10 | $-NH_2$ | −0.66 | −0.15 |
| $-NO_2$ | 0.78 | 0.71 | −Cl | 0.23 | 0.37 |
| $-COCH_3$ | 0.50 | 0.38 | −Br | 0.23 | 0.39 |

### 4・4・2　置換基の電子的影響

置換基効果は，σ電子とπ電子に対する場合の2種類がある（3・4節参照）．脂肪族化合物の場合には，置換基効果はもっぱら，原子間の電気陰性度の差に基づくσ結合の電子の偏りを反映した“誘起効果（I効果）”のことを意味する．ほとんどの官能基は炭素よりも電気陰性度の大きな原子を含んでおり，これらは電子求引基として作用する．隣接する二つのσ結合間の軌道の重なりはわずかであるため，ある炭素に置換基が結合して炭素の電子密度に変化が起こっても，その隣の炭素への影響はより小さくなる．これを模式的に表すと，図4・12(a)のようになる．

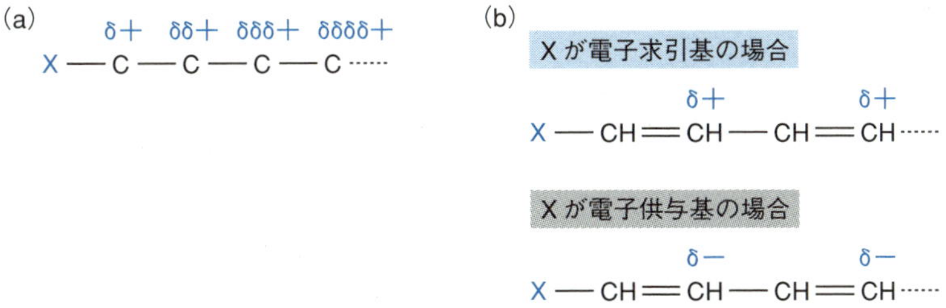
(a)
δ+　δδ+　δδδ+　δδδδ+
X — C — C — C — C ……
(b)
Xが電子求引基の場合
δ+　δ+
X — CH═CH — CH═CH ……
Xが電子供与基の場合
δ−　δ−
X — CH═CH — CH═CH ……

**図 4・12　置換基効果のイメージ．**(a) σ結合を通じてのI効果（Xとして電子求引基を仮定），(b) π結合を通じてのM効果

一方，芳香族化合物では，上記のようなσ結合を通じた効果のほかに，π結合を通じた“メソメリー効果（M効果）”も存在する．π共役系では，π軌道に十分な重なりが生じれば，π電子は長距離にわたって非局在化する．このため，I効果と異なり，距離による減衰はない．ただし，M効果は炭素一つおきに現れるという特性がある（図4・12b）．

π電子系への置換基の影響は多少複雑である．アミノ基やヒドロキシ基など非共有電子対をもつ原子が直接ベンゼン環に結合している場合，置換基は電子供与性を示す．これは，置換基の非共有電子対の軌道とベンゼン環のπ軌道に重なりが生じて，非共有電子対を構成している電子が置換基上の原子からベンゼン環へと一部非局在化するためである（図4・13a）．この場合，非共有電子対をもつ置換基は $sp^2$ 混成軌道をとる．この影響によりNやOの電子密度が低下するため，アニリンの塩基性は脂肪族アミンより弱く，フェノールの酸性は脂肪族アルコールよりも強くなる．

一方，ニトロ基やカルボニル基など，電子の偏りのある多重結合をもつ置換基は電子求引基として作用する．これは，先ほどと反対に，ベンゼン環のπ軌道と置換基の空軌道（π*軌道）の重なりを通じて，ベンゼン環から置換基へ電子が一部非局在化することによる（図4・13b）．

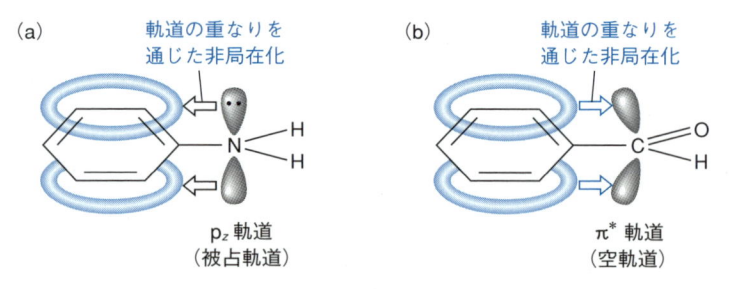

図4・13 芳香族化合物の非局在化．(a)アニリン，(b)ベンズアルデヒド

ある置換基のI効果とM効果は，同じ方向にはたらく場合もあれば，相反する場合もある．ニトロ基はI効果とM効果の双方で電子求引基としてふるまうのに対し，ヒドロキシ基はI効果では電子求引性であるが，M効果では電子供与性である．後者の場合，置換基がハロゲン原子のときを除いてM効果のほうが支配的となるため，*p*-ヒドロキシ安息香酸の酸性が安息香酸よりも弱くなる．

*p*-ヒドロキシ安息香酸
（*p*-hydroxybenzoic acid）

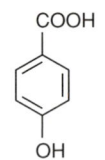

### 4・4・3 ベンゼン誘導体の置換基効果(2)：イオン化エネルギー

ベンゼンのHOMOはπ軌道であるためエネルギー準位が高く，σ結合だけか

アニソール（anisole）
ニトロベンゼン（nitrobenzene）
クロロベンゼン（chlorobenzene）

表 4・5 置換ベンゼン類のイオン化エネルギーと吸収波長

| 化合物 | 置換基 | イオン化エネルギー/eV | 吸収波長/nm |
|---|---|---|---|
| アニリン | $-NH_2$ | 7.72 | 291 |
| トルエン | $-CH_3$ | 8.83 | 269 |
| フェノール | $-OH$ | 8.49 | 271 |
| アニソール | $-OCH_3$ | 8.20 | 278 |
| ニトロベンゼン | $-NO_2$ | 9.9 | 288 |
| クロロベンゼン | $-Cl$ | 8.9 | 265 |
| ベンゼン | $(-H)$ | 9.24 | 256 |
| シクロヘキサン | — | 9.88 | 165 |

らなるシクロヘキサンよりも電子を放出しやすい（表4・5）．ベンゼン環上の置換基はπ軌道の電子に対して影響を与えるため，イオン化エネルギーにもその効果が及ぶ．電子供与基がベンゼン環に結合するとHOMOのエネルギー準位は高くなり，イオン化エネルギーは小さくなる．このことは酸化を受けやすいことを意味する．アニリンなど，イオン化エネルギーがおおむね8 eV以下の化合物は空気中の酸素によって容易に酸化されるので，保存には空気の遮断などの工夫が必要になる．

一方，カルボキシ基やニトロ基などの電子求引基がベンゼン環に結合すると，HOMOのエネルギー準位は低下する．このためイオン化エネルギーは大きくなり，化合物は空気中でも安定である．なお，置換基のイオン化エネルギーに対する効果には相乗性があり，たとえば，OH基2個をもつヒドロキノン（$p$-ジヒドロキシベンゼン）のイオン化エネルギーは7.94 eVであり，OH基1個をもつフェノールよりもかなり小さい．

食品や高分子材料，工業用油などの劣化は空気中の酸素による酸化であることが多い．酸化による劣化を防ぐ目的で添加される物質を**酸化防止剤**という．酸化防止剤は，対象物よりも先に酸化されることで酸素を消費して，対象物の劣化を防ぐ．このため，酸化防止剤としては上に述べたイオン化エネルギーの小さいベンゼン誘導体などが用いられる（図4・14）．

有機光導電材料の一つにホール輸送材料というものがあり（図8・8参照），これは電極に電子をわたして自ら酸化状態になることによって機能を示す．このため，ホール輸送材料にはイオン化エネルギーが小さいことが求められる．代表的

酸化防止剤（antioxidant, oxidation inhibitor）

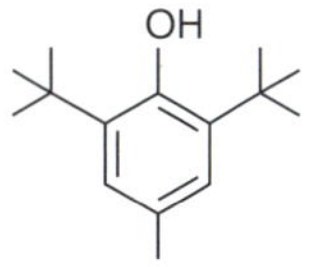

通称BHT．油脂，バター，魚介乾製品，高分子材料，鉱油などに広範に用いられる．

図4・14　酸化防止剤の例

ポリフェノール（polyphenol）

エピカテキン（epicatechin）

---

### ポリフェノール

食品の成分などとして，ポリフェノールはよく知られている．化学では一般に，「ポリ」という接頭語は高分子を表すのに用いられるが，ポリフェノールは高分子ではなくて複数のヒドロキシ基をもつ芳香族化合物つまり多価フェノールのことであり，もっぱら植物由来の天然物を指している．緑茶およびカカオ中のエピカテキンや大豆中のゲニステインなどがある．ポリフェノールは酸化されやすく，活性酸素の除去など"生体内ではたらく酸化防止剤"としての作用をもつ．なお，ポリフェノールの健康への効果に関しては，まだ十分解明されていない．

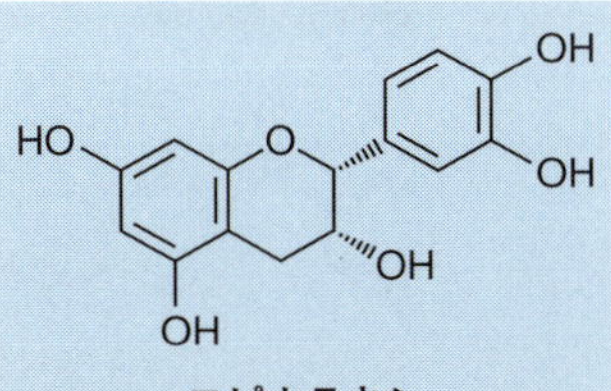

エピカテキン

なホール輸送材料であるトリフェニルアミン Ph₃N のイオン化エネルギーは 6.20 eV ときわめて小さい．

### 4・4・4　ベンゼン誘導体の置換基効果(3)：光吸収

置換基はベンゼンの光に対する挙動にも影響を及ぼす．表4・5を見てわかるとおり，電子的な性質にかかわらず置換基の存在により吸収波長は長波長側にシフトする．複数の置換基をもつ場合はさらに長波長の光を吸収するようになり，たとえば $p$-ニトロフェノールの吸収波長は 321 nm である．

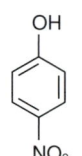

先に述べたようにベンゼン環に置換基が結合すると π 軌道の電子が影響を受けるが，置換基が電子供与性か電子求引性にかかわらずベンゼン環と置換基の間で電子の非局在化が起こり，見かけ上 π 共役系が拡大する．4・1・2節で光の吸収波長は π 共役系のサイズの増大とともに大きくなると述べたが，ベンゼン環への置換基の導入による吸収波長の長波長シフトはこのことを反映している．

吸収する光の波長が置換基により変化するというベンゼンの性質は，光機能をもつ材料の設計に応用される．一例として，紫外線吸収剤があげられる．

## 4・5　芳香族化合物の反応

芳香族化合物の反応には大きく分けて2種類ある．一つは，ベンゼン環上で起こる反応であり，もう一つはベンゼン環に結合した置換基上で起こる反応である．

---

### 紫外線吸収剤

太陽光には可視光線のほかに紫外線や赤外線も含まれている（本章コラム「光の吸収と色」参照）．このうち紫外線は，シミやシワのもとになる日焼けを引き起こすほか，場合によっては皮膚がんの発生につながるような遺伝子の損傷をもたらす．このような紫外線の悪影響を防ぐ目的で，化粧品やローションの一成分として **紫外線吸収剤**（ultraviolet absorbent，UV 吸収剤）が用いられる．

材料の分野でもまた，UV 吸収剤は重要である．材料が紫外線を吸収すると，遷移によって高エネルギー状態になる．エネルギーのほとんどは熱として放出され，材料自身は光を吸収する前の状態に戻るが，きわめて低い確率であるにもかかわらずエネルギーの一部が光化学反応を引き起こすのに使われる．光化学反応によって材料の化学構造の変化が繰返し起こると，徐々に材料のもつ本来の特性が損な

われる．このため，材料の光劣化を防ぐことにも UV 吸収剤が用いられる．多くの場合，高分子材料に UV 吸収剤をあらかじめ混ぜ込んで使用する．

本文で述べたように，芳香族化合物はその構造に応じていろいろな波長の紫外線を吸収する．これらの中から，1) 適当な吸収波長をもつ，2) 生体への安全性が高い，3) 光反応性が著しく低いという性質を併せもつ化合物が UV 吸収剤として用いられる．

UV 吸収剤の例

オキシベンゾン

## 4・5・1 ベンゼン環で起こる反応

これまでに述べてきたように，ベンゼンやその誘導体は付加反応ではなく，置換反応を受ける．ここでは，ベンゼンの反応について少し詳しく見てみよう．

ベンゼンと臭素分子の反応は臭化鉄(Ⅲ)など強いルイス酸が存在してはじめて進行する．これはなぜだろうか．

まず，臭素と臭化鉄(Ⅲ)の間で反応が起こる．すなわち，ルイス酸である臭化鉄が臭素分子に配位して活性化し，反応性の高い臭素カチオンが生成する（式4・1）．つぎに臭素カチオンに対して電子が豊富なベンゼンから電子対が供与されて反応中間体であるカルボカチオンが生じる（式4・2）．このカルボカチオンは極限構造式が多く描けるためかなり安定化されているが，出発物質のベンゼンと比較すると芳香族性を失っているので，相対的に高エネルギーである．芳香族性を再度獲得するには，逆反応が起こるか，もしくは臭素が結合した炭素からプロトンが脱離するかしかない．前者が起こっても，観察者には何も起こっていない状態と区別がつかないが，後者であればブロモベンゼンが生成物として得られる．不安定なカルボカチオン中間体からプロトンが脱離し，安定な環状π電子系である置換生成物が結果的に得られる（式4・3）．

臭素化に限らずベンゼン誘導体の反応は一般に，1) 化学的に不安定なカチオン種に対するベンゼンからの電子対の供与，2) それに続くプロトンの脱離という過程を経て起こる．ベンゼン環上の反応には表4・6に示すようなものがあり，いずれも電子不足のカチオン種を中間体とする．これらは**芳香族求電子置換反応**とよばれる．

芳香族求電子置換反応 (aromatic electrophilic substitution)

**表 4・6 ベンゼンの主な求電子置換反応（Rはアルキル基）**

| 反応名 | 反応剤 | 反応中間体 | 生成物 |
|---|---|---|---|
| ニトロ化 | $HNO_3 + H_2SO_4$ | $NO_2^+$ | $Ph-NO_2$ |
| スルホン化 | 発煙硫酸（$H_2SO_4$） | $SO_3H^+$ | $Ph-SO_3H$ |
| アシル化 | $R(C=O)Cl +$ ルイス酸 | $RC^+=O$ | $Ph-(C=O)R$ |
| アルキル化 | $RR'R''CCl +$ ルイス酸 | $RR'R''C^+$ | $Ph-CRR'R''$ |

ベンゼンのアシル化については7・2・2節参照．

芳香族求電子置換反応は，どのようなカチオンに対しても起こるわけではない．水やアンモニア分子にプロトンが付加したヒドロニウムイオン $H_3O^+$ やアン

モニウムイオン $NH_4^+$ では，酸素や窒素原子はすでに L 殻に 8 電子が存在するために電子対の供与を受けられず，供与はプロトンに対してのみ起こりうる．また，プロトンに対してベンゼンからの電子対の供与が起こっても，続いて反応中間体からの脱プロトン化が進むため，見かけ上反応は起こらない．これは，ベンゼンの芳香族求電子置換反応によってフェノールやアニリンを直接には合成できないことを意味している．フェノールはベンゼンスルホン酸（式 4・4）あるいはクメン（式 4・5），アニリンはニトロベンゼン（式 4・6）を経由して合成される．

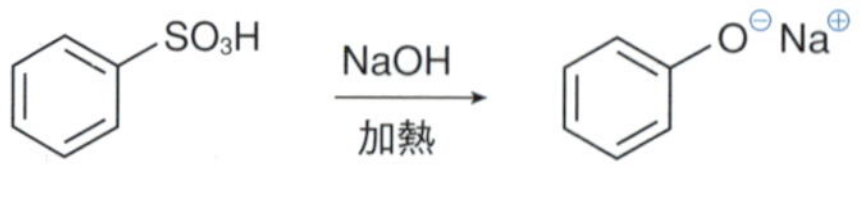

$$\text{C}_6\text{H}_5\text{SO}_3\text{H} \xrightarrow[\text{加熱}]{\text{NaOH}} \text{C}_6\text{H}_5\text{O}^\ominus\text{Na}^\oplus \xrightarrow{\text{H}^+} \text{C}_6\text{H}_5\text{OH} \quad (4・4)$$

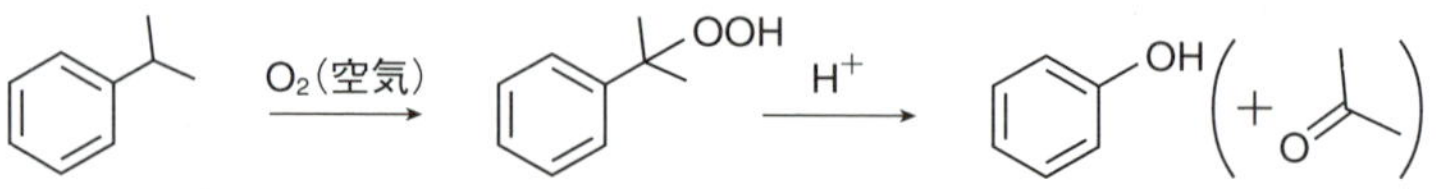

$$\text{C}_6\text{H}_5\text{CH(CH}_3)_2 \xrightarrow{\text{O}_2(\text{空気})} \text{C}_6\text{H}_5\text{C(CH}_3)_2\text{OOH} \xrightarrow{\text{H}^+} \text{C}_6\text{H}_5\text{OH} \; (+ \text{アセトン}) \quad (4・5)$$

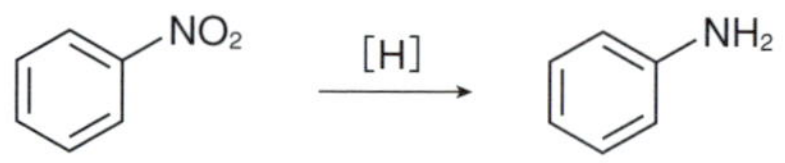

$$\text{C}_6\text{H}_5\text{NO}_2 \xrightarrow{[\text{H}]} \text{C}_6\text{H}_5\text{NH}_2 \quad (4・6)$$

すでに示したように，ベンゼン誘導体のニトロ化反応では，反応速度に対して大きな置換基効果が観察される．このことは，置換基の電子供与性あるいは電子求引性を考えれば納得できる．ベンゼン誘導体の反応はベンゼン環からの電子対供与であるため，ベンゼン環の電子密度を低下させる置換基は反応速度を小さくし，逆の場合は反応を促進する．

興味深いことに，置換基の効果は反応が起こる位置にも影響を及ぼす．式 (4・7) を見ると，メトキシ基とニトロ基で全く異なる場所で反応が起こることがわかる．このことは先に示した M 効果で説明できる．つまり，メトキシ基は電子供与性の M 効果によりオルト，パラ位置の電子密度を高め，これらの位置での反応が起こりやすくなる．このような置換基効果を**オルト–パラ配向性**という．これに対して，ニトロ基は逆にオルト，パラ位置の電子密度を低下させるようにはたらき，相対的に電子密度の高いメタ位で反応が起こる．このような置換基効果を**メタ配向性**という．

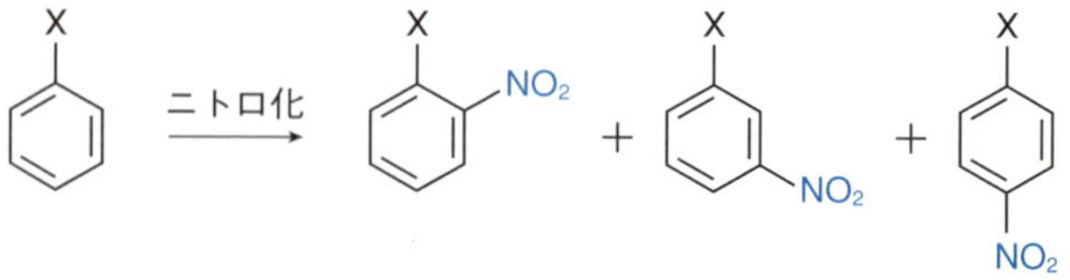

> ベンゼン環の結合した置換基の M 効果は共役系の特定の位置に現れる（図 4・12b 参照）．
>
> **オルト–パラ配向性**
> (ortho–para orientation)
>
> **メタ配向性**
> (meta orientation)

$$\text{C}_6\text{H}_5\text{X} \xrightarrow{\text{ニトロ化}} \text{o-NO}_2\text{C}_6\text{H}_4\text{X} + \text{m-NO}_2\text{C}_6\text{H}_4\text{X} + \text{p-NO}_2\text{C}_6\text{H}_4\text{X} \quad (4・7)$$

| | ortho | meta | para |
|---|---|---|---|
| $X=OCH_3$ | 71 : | 1 : | 28 |
| $X=NO_2$ | 7 : | 92 : | 1 |

### 4・5・2 ベンゼン誘導体の置換基で起こる反応

ベンゼン誘導体の置換基上での反応は，基本的には脂肪族化合物の反応と類似している．ただし，ベンゼンの特異な性質のために進む反応も多く知られてい

る．これらの代表的なものに，酸化反応によるメチル基からカルボキシ基への変換がある（式 4・8）．メチル基をもつ脂肪族炭化水素化合物では，このような反応はほとんど起こらない．

$$\text{C}_6\text{H}_5\text{-CH}_3 \xrightarrow{[\text{O}]} \text{C}_6\text{H}_5\text{-COOH}$$

$$o\text{-}\text{C}_6\text{H}_4(\text{CH}_3)_2 \xrightarrow{[\text{O}]} o\text{-}\text{C}_6\text{H}_4(\text{COOH})_2 \tag{4・8}$$

芳香族化合物に特有の反応として，さらに**ジアゾカップリング反応**をあげることができる．これはアニリン誘導体が亜硝酸と反応してベンゼンジアゾニウム塩となり，これが別の芳香族化合物と窒素上で結合してアゾベンゼン誘導体となる反応である（式 4・9）．脂肪族アミンで同様の反応を行った場合，ジアゾニウム塩を生じるが－N＝N－結合をもつ生成物はほとんど得られない．

ジアゾカップリング反応
(diazo coupling)

ジアゾニウム塩
(diazonium salt)

$$\text{C}_6\text{H}_5\text{-NH}_2 \xrightarrow[\text{HCl}]{\text{NaNO}_2} \text{C}_6\text{H}_5\text{-N}^{\oplus}\equiv\text{N} \ \text{Cl}^{\ominus}$$
ベンゼンジアゾニウム塩

$$\xrightarrow{\text{C}_6\text{H}_5\text{OH}} \text{C}_6\text{H}_5\text{-N=N-C}_6\text{H}_4\text{-OH} \tag{4・9}$$

2 種類の置換ベンゼンから置換基がとれてベンゼン環同士が結合する**クロスカップリング反応**もまた，芳香族化合物に特徴的な反応である．この反応はパラジウムや銅などの遷移金属触媒の存在によって進む（式 4・10）．

クロスカップリング反応
(cross coupling)

$$\text{C}_6\text{H}_5\text{-B(OH)}_2 + \text{Br-C}_6\text{H}_4\text{-OCH}_3 \xrightarrow[\text{塩基}]{\text{Pd 錯体（触媒）}}$$

$$\text{C}_6\text{H}_5\text{-C}_6\text{H}_4\text{-OCH}_3 \ (+ \text{BrB(OH)}_2) \tag{4・10}$$

## 4・6 多環式芳香族化合物

ベンゼン環が一つあるいはそれ以上の辺を共有してつながった化合物は**多環式芳香族化合物**とよばれる．これらの化合物は一般に，外周上の炭素数（π 電子の数）が Hückel 則を満たしている．表 4・7 に多環式芳香族化合物の例を示す．共役ジエンのところで述べた π 電子系のサイズとイオン化エネルギーや吸収波長の関係は，これらの分子でもおおむね成立する．特にベンゼン環が線状に連結した分子群では，はっきりと π 共役の広がりの効果を見ることができる．より大きな分子ほど π 電子の自由度が大きく，テトラセン，ペンタセンになると外部への電子の放出も容易に起こり，p 型半導体としての性質を帯びる．

多環式芳香族化合物
(polycyclic aromatic compound)

下に示す三つの 6 員環がそれぞれ二つの辺を共有した化合物は外周上の炭素数が 12 であり，Hückel 則から外れている．この化合物は実在しない．

表 4・7 多環式芳香族化合物のイオン化エネルギーおよび吸収波長

| 一般的に使用される名称 | n | 分子構造 | イオン化エネルギー/eV | 吸収波長/nm | 色 |
|---|---|---|---|---|---|
| ベンゼン | 1 | | 9.24 | 204 | 無 |
| ナフタレン (naphthalene) | 2 | | 8.14 | 280 | 無 |
| アントラセン (anthracene) | 3 | | 7.43 | 363 | 無 |
| テトラセン (tetracene) | 4 | | 6.97 | 471 | 黄〜橙 |
| ペンタセン (pentacene) | 5 | | 6.61 | 595 | 濃青 |
| フェナントレン (phenanthrene) | 3 | | 7.89 | 322 | 無 |
| ピレン (pyrene) | 3 | | 7.42 | 336 | 無 |

Hückel則 $(4n+2)\pi$ における $n$ の値

以下，代表的な多環式芳香族化合物について述べる．

**ナフタレン**　コールタールの留分から得られる．無水フタル酸ならびに染料の合成原料となるほか，防虫剤としても用いられる．なお，一置換ナフタレンは2種類存在し，異なる二つの置換基（たとえばメチル基とヒドロキシ基）をもつナフタレンでは全部で14種類の異性体が存在する．

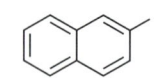

メチルナフタレン (methylnaphthalene)

1-メチルナフタレン　　2-メチルナフタレン

アントラキノン (anthraquinone)

**アントラセン**　コールタールの留分から得られる．中央の芳香環が比較的容易に酸化を受け，生成物のアントラキノンは染料の原料になる．

グラファイト (graphite)

多環式芳香族化合物の環の数を増やすと，つまり縮合したベンゼン環で平面を敷き詰めていくとどうなるだろうか．環の数が多くなるほど水素/炭素の比は小さくなり，最終的には0になる．このようなシート状の炭素が積み重なってできた炭素の同素体の一つが**グラファイト（黒鉛）**である（図4・15a）．グラファイトの導電性は，π電子が平面内を自由に移動できることによるものである．

天然のグラファイトは石炭から生成したと考えられている．石炭は古代の植物などに由来する物質で，特定の化学構造をもたないが，たとえば図4・15(b)に示したようなものである．石炭が地下の高温高圧の環境にさらされて脱水や脱水素などが進み，グラファイトがつくられた．

平面構造のグラファイトの一部を切り出して筒状に巻いたような構造体は**カー**

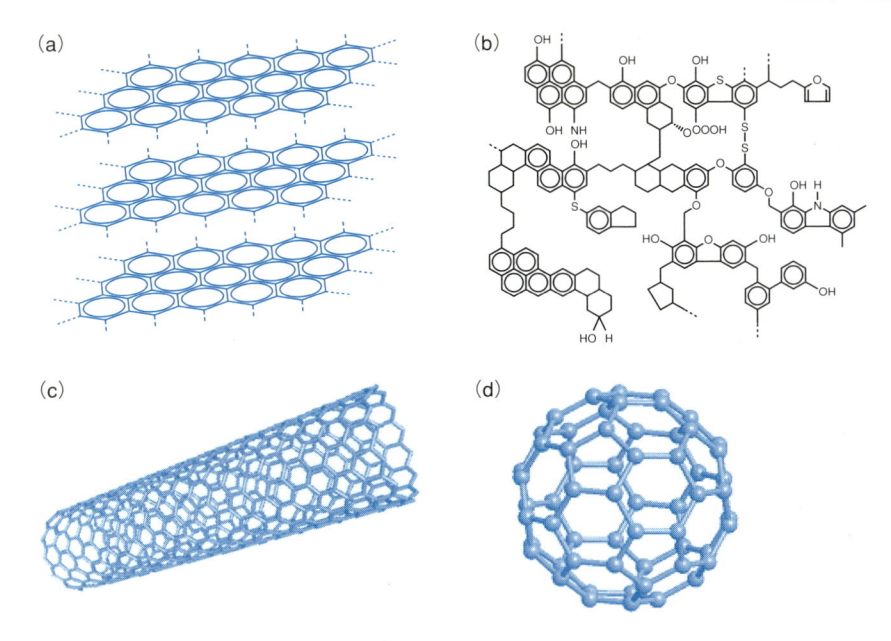

図 4・15 炭素の同素体および石炭の構造. (a) グラファイト, (b) 石炭, (c) カーボンナノチューブ, (d) フラーレン

ボンナノチューブとよばれ, 直径は 0.5〜5 nm 程度, 長さは数 μm〜数 mm である. グラファイト同様の導電性あるいは半導体性を示すナノ材料として注目を集めている (図 4・15c).

また, 有機化合物を不完全燃焼したときに生じるすすの中や, 炭素をアーク放電させたときに得られる炭素の同素体としてフラーレンがある (図 4・15d). 代表的なフラーレン $C_{60}$ はサッカーボールと同じように 12 枚の 5 員環と 20 枚の 6 員環からなっている. フラーレンは球状に広がった π 電子をもち, LUMO のエネルギー準位が低いために平面状の多環式芳香族化合物と異なり電子を放出するのではなく, むしろ受取る性質を示す. フラーレンに金属カリウムを作用させると超伝導性を示すことが知られているほか, フラーレン自身が n 型半導体としての性質を示す. また, 高分子材料に混ぜ込むことによって, 材料の酸化による劣化を防ぐことが見いだされ, 今後の応用が期待されている.

## 4・7 私たちの生活と芳香族化合物

多種の芳香族化合物が, 私たちの生活の至るところで使われている. その大きな理由は, 1) 基幹化合物のベンゼン, トルエン, キシレン (BTX) を原料としていろいろな化合物が比較的容易に製造できること, 2) 化学的な安定性が高く, 長期にわたって機能を保てること, の 2 点である. その一例を図 4・16 に示す.

指示薬や洗剤などに利用する化合物では, スルホン酸塩 ($-SO_3Na$) の形をしているものが多く, 水に溶けやすい性質をもつ. また, 染料や着色料など色素として使われる化合物には, かなり大きく広がった π 共役系が存在する.

カーボンナノチューブ (carbon nanotube)

フラーレン (fullerene)

サッカーボール型建築物をつくったドイツの建築家バックミンスターフラーの名をとり, 初期にはバックミンスターフラーレンとよばれたが, 現在では単にフラーレンといわれている. 1970 年に日本の大澤映二により, その存在が予言された. 1985 年に Kroto, Smalley, Curl (クロト, スモーリー, カール) がグラファイトにレーザーを当てたときの生成物中に実際に含まれているのを発見し, 後に三氏はノーベル化学賞を受賞した.

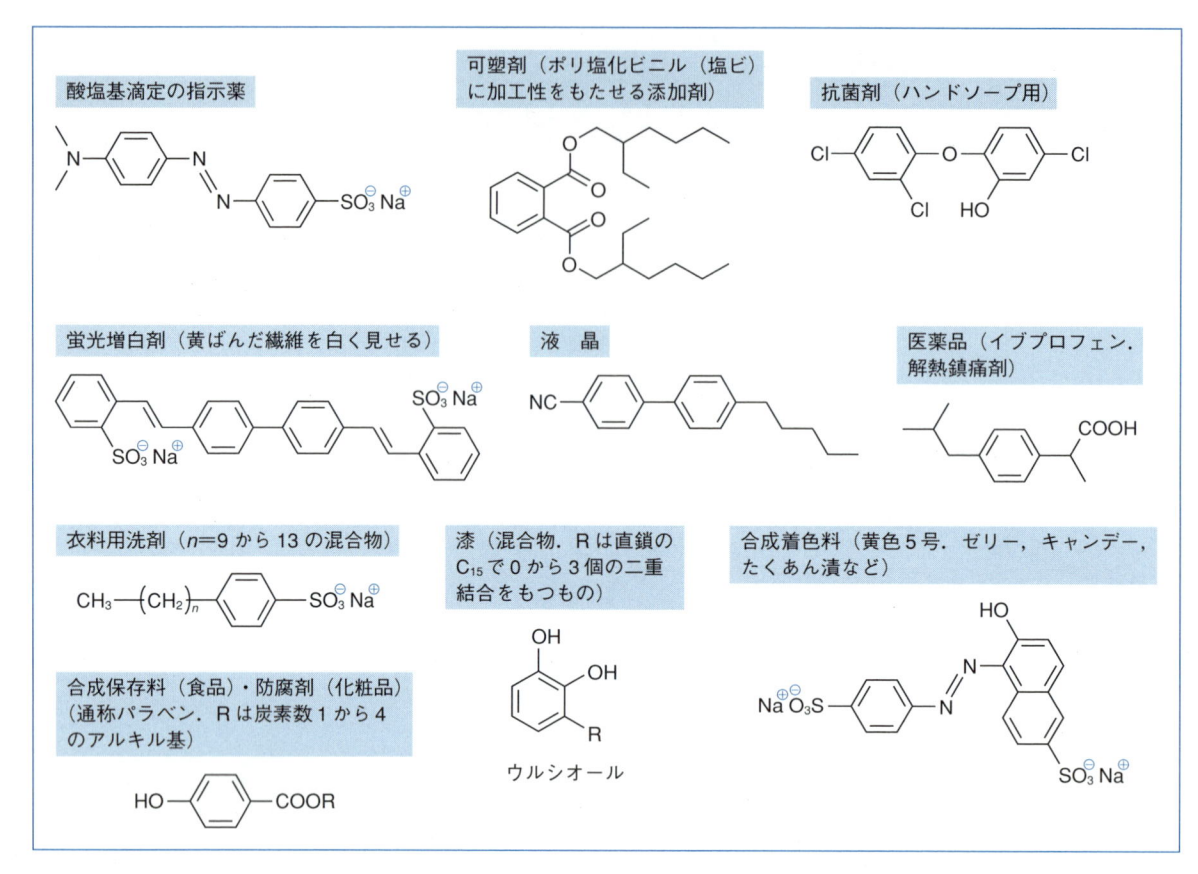

図 4・16 生活の中の芳香族化合物

液晶は棒状の分子で，大きな双極子モーメントをもつのが特徴である．このような分子を電極ではさみ込み直流電場をかけると，電場と分子の双極子モーメントが相互作用して分子の向きを制御できる．これが，液晶ディスプレイの原理である（8・3・1節のコラム参照）．

ウルシオール（urushiol）

漆（うるし）の成分であるウルシオールは，分子構造から見るとポリフェノールの一種であり，酸化されやすい性質をもつ．漆に含まれるラッカーゼという酸化酵素によってウルシオールが重合すると，被塗物上で艶やかな塗膜を形成する．

# 5 複素環式化合物の構造と性質

有機化合物は炭素と水素を中心に構成されているが，酸素，窒素，硫黄などの**ヘテロ原子**を含む官能基の存在は，有機化学の世界をより複雑で興味深いものにしている．その代表的な例として，ベンゼン環の置換基効果などがあげられる．一方，ヘテロ原子が置換基ではなく芳香環に組込まれた場合，どのような性質をもつ分子になるだろうか．また，ヘテロ原子上の非共有電子対とπ共役系の間で電子の非局在化は起こるのだろうか．

ヘテロ原子（heteroatom）
有機化合物の中に含まれる炭素，水素以外の原子

## 5・1 複素環式化合物

**複素環式化合物**とは，環構造をもつ有機化合物のうち，環の構成原子として炭素以外にヘテロ原子を含むものを指す．複素環式化合物は生命活動に深いかかわりをもつ．重要な生体分子である核酸をはじめ，一部のアミノ酸，ビタミンも複素環式化合物である．また，薬や天然の生理活性物質にも多く見られ，新しく市販される医薬品の実に90％以上が複素環式化合物である．一方，色素や電子機能性有機材料などにも多く利用されている．

複素環式化合物には，脂環式化合物と芳香族化合物がある．前者は一般に，環内の炭素−炭素結合を切断して得られる脂肪族鎖状化合物とよく似た化学的性質を示す（3章参照）．これに対して，後者は複素環式化合物に特有の性質を示す．

複素環式化合物
(heterocyclic compound)
**ヘテロ環式化合物**ともいう．

これらの有機機能材料については8章を参照．

このことから，単に"複素環式化合物"という場合には，芳香族複素環式化合物を指すことが多い．

## 5・2 複素環式化合物の命名法

複素環式化合物は，ヘテロ原子を表す接頭語と環の構成原子数を表す接尾語によって命名する．複素環式化合物でよく見られるものに，窒素，酸素あるいは硫黄を含む5員環化合物や6員環化合物があり，これらの命名の規則は以下のとおりである．この際，環内に2種以上のヘテロ原子がある場合には，以下の優先度の高い接頭語から順に記述する．

接頭語　酸素：オキサ (oxa–)，硫黄：チア (thia–)，窒素：アザ (aza–)
接尾語　5員環：オール (–ole)，6員環：イン (–ine)
実際の例を以下に示す．（　）内は慣用名である．

同じヘテロ原子が2個以上あるときは数詞のジ (2)，トリ (3)，テトラ (4) を用いる．

88　5章　複素環式化合物の構造と性質

**チオール（チオフェン）**
(thiole（thiophene）)
thiole の呼称は，−SH 基をもつ化合物の一般名チオール（thiol）と混同しやすくまぎらわしいため，事実上用いられない．

**1,2-オキサゾール（イソオキサゾール）**
(1,2-oxazole（isoxazole）)

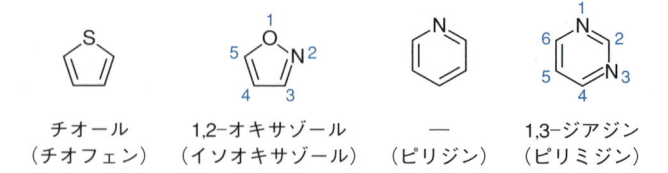

チオール（チオフェン）　1,2-オキサゾール（イソオキサゾール）　—（ピリジン）　1,3-ジアジン（ピリミジン）

上のように，英語名で母音が重なるときは接頭語の最後の a は省略される．また，複素環式化合物は古くから知られているため，上の化合物群のように慣用名をもつものが多く，IUPAC でもこれらの使用が認められている．特に，窒素を一つだけ含む 6 員環化合物には，体系的名称のアジンは使用せずに慣用名のピリジンのみを用いる．

ベンゼン環と複素環が辺を共有している縮合複素環系の場合は，接頭語ベンゾ（benzo-）を用いる．

**ベンゾ[b]チオフェン**
(benzo[b]thiophene)

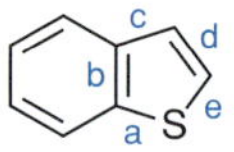

ベンゾ[b]チオフェン

置換基をもつ複素環式化合物は，ヘテロ原子の場所を 1 として置換基の位置番号を用いて命名するが，その際に位置番号がなるべく小さくなるようにする．

**ピリジン-3-カルボン酸**
(pyridine-3-carboxylic acid)

**2,4-ジメチルチオフェン**
(2,4-dimethylthiophene)

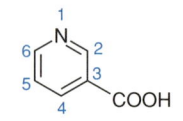

ピリジン-3-カルボン酸
（× ピリジン-5-カルボン酸
　× m-ピリジンカルボン酸）

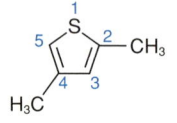

2,4-ジメチルチオフェン
（× 3,5-ジメチルチオフェン）

## 5・3　代表的な複素環式化合物の構造と性質
### 5・3・1　6 員環複素環式化合物

ベンゼンの CH をヘテロ原子に置き換えると，芳香族複素環式化合物ができる．環の構成原子には 3 本の結合手が必要なため，第 2 周期の原子ではヘテロ原子は事実上窒素に限られる．

CH の一つを N に置き換えたピリジンを例にとって，その性質をベンゼンと比較してみよう．ピリジンの分子構造を図 5・1 に示す．窒素が一つ入ったことで全体の等価性は失われ，多少ゆがんだ六角形になっているが，すべての構成原子は同一平面上にあり，芳香族性をもつ（図 5・1a）．ただし，共鳴安定化エネルギーは 113 kJ mol$^{-1}$ であり，ベンゼンの 152 kJ mol$^{-1}$ よりも小さい．窒素上には非共有電子対があるが，この軌道は π 軌道と完全に直交していて，両者の間に相互作用は全くない（図 5・1b）．また，ピリジンの双極子モーメントの大きさは 2.2 D であり，窒素が δ− 性，環の中心が δ+ 性を帯びている．これは，窒素の電気陰性度が炭素に比べて大きいことを反映している．π 電子の電子密度は N が

1.52 なのに対して炭素は 0.82〜0.95 であり，ベンゼンにおける値の 1 よりも小さい（冒頭の口絵参照）．

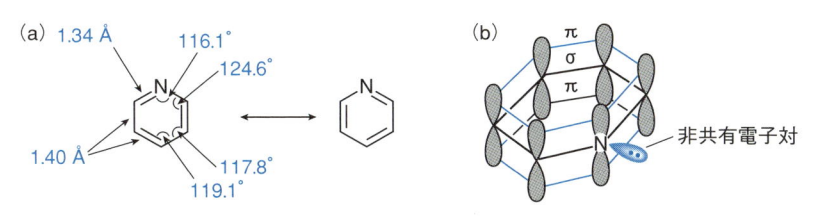

図 5・1 ピリジンの構造．(a) 結合距離と結合角，(b) 電子分布

冒頭の口絵に示したように，ベンゼンでは環上に大きな電子密度をもち，π電子が豊富であるのに対し，ピリジンでは窒素上に電子が局在化しており，環はむしろ電子不足である．このような化合物を，π不足系ヘテロ芳香族化合物という．

芳香環における炭素上での反応にはπ電子が関与しているので，電子密度の低いピリジンの炭素上ではベンゼンのようなニトロ化反応はきわめて起こりにくく，300 ℃ まで加熱してもニトロ化合物はわずかしか得られない．ピリジンのイオン化エネルギーは 9.26 eV であり，対応する 6 員環脂環式アミンであるピペリジンの 8.05 eV よりも大きく，このことはピリジンが比較的酸化されにくいアミンであることを意味する．

以下，代表的な含窒素 6 員環芳香族化合物について見てみよう（表 5・1）．

表 5・1 主な含窒素 6 員環複素環式化合物の物性

| 一般的に使用される名称<br>（体系的命名法に基づく名称） | 分子構造 | 性状と主な相転移温度 | 非局在化エネルギー/kJ mol$^{-1}$ | 共役酸の p$K_a$ |
|---|---|---|---|---|
| ピリジン（pyridine） | | 無色液体<br>沸点 115 ℃ | 113 | 5.1 |
| ピリミジン（pyrimidine）<br>(1,3-ジアジン（1,3-diazine）) | | 無色液体<br>融点 22 ℃<br>沸点 123〜124 ℃ | 109 | 1.1 |
| キノリン（quinoline）<br>（ベンゾ[b]ピリジン<br>(benzo[b]pyridine)) | | 無色液体<br>沸点 237 ℃ | N.A. | 4.9 |
| ピペリジン（piperidine） | | 無色液体<br>沸点 106 ℃ | — | 11.2 |

N.A.：参照値なし

**ピリジン**　特異な悪臭をもつ無色の液体である．コールタール中に 0.1 ％程度含まれているものから得られるほか，アセトアルデヒド，ホルムアルデヒド，アンモニアを原料として合成される．脂肪族アミンよりも弱い塩基性をもつため，化学工業プロセスにおいて塩基兼溶剤として用いられるほか，シャンプーなどに含まれる抗菌剤の合成原料にもなる．

ピリジン環の窒素は，非共有電子対を使って金属に配位することができる．これらの金属錯体の中には，太陽電池用の色素や有機 EL 素子用の発光材料として使われるものもある．

太陽電池に用いられる色素の分子構造

90　5章　複素環式化合物の構造と性質

ナイアシン（niacin）

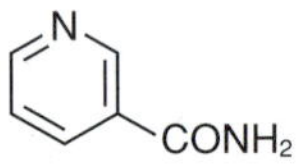

キニーネ（quinine）

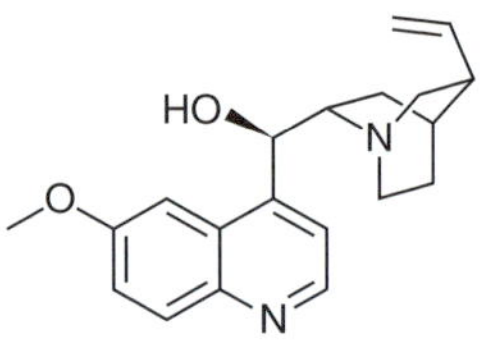

ナイアシンやニコチン（図5・4参照）など，天然物にもピリジン骨格をもつものが存在する．

**ピリミジン**　核酸塩基（6・3・5節参照）のシトシン，チミン，ウラシルの基本骨格である．

**キノリン**　コールタール中に含まれる．天然にはキニーネ（マラリアの特効薬）などのアルカロイドの骨格に見られる．また，キノリン誘導体のアルミニウム錯体は有機EL素子用の材料として用いられる．

### 5・3・2　5員環複素環式化合物

芳香族性をもつ環状6π電子系になる条件は，「π電子の数が6個」ということだけであり，環構成原子の数は必ずしも6でなくてよい．ここでは，O，N，Sなど非共有電子対をもつヘテロ原子1個と$sp^2$炭素原子4個からなる5員環化

---

#### ピリリウムイオンと花の色

ピリジンのような含窒素6員環複素環式化合物では，構成原子が3本の結合手を使って芳香族化合物となることができる．一方，2本の結合手しかもたない酸素を含む化合物は芳香族化合物として存在することができない．しかし，これは中性分子に限った場合であり，カチオンになるとその存在が可能になる．これは，ヒドロニウムイオン$H_3O^+$では，酸素の結合手を3本使ったものであることから理解できる．

下記のピリリウムイオンも同様であり，これは花の色素である**アントシアニン**（anthocyanin）の分子骨格の一部を構成している（図）．通常オキソニウムイオンは不安定であるが，この化合物では芳香族性の獲得によって安定化されるために，酸性条件下では存在することができる．pHが上昇すると分子構造が変わり，それに伴って色が赤から紫を経て青に変わる．リトマス試験紙の色の変化も，基本的に同様の化学反応によるものである．

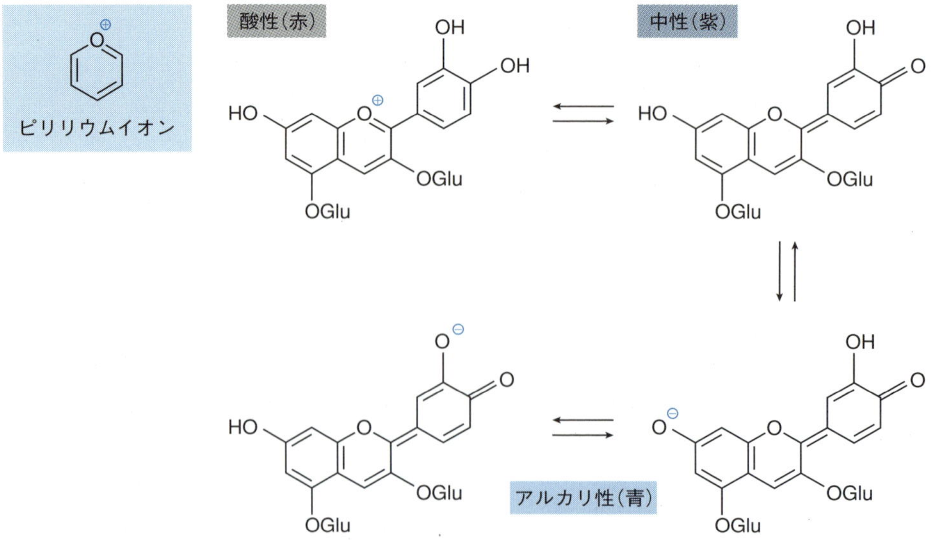

図　アントシアニンの構造と花の色．Glu：グルコース（6章参照）

合物を考えてみよう（図5・2a）．Xで示されるヘテロ原子が $sp^2$ 混成軌道をとると，それと直交した $p_z$ 軌道にある電子対を π 共役系に供与できるため，5員環の芳香族化合物となる（図5・2b）．前章で，ベンゼン環に結合したアミノ基やヒドロキシ基のヘテロ原子上の非共有電子対の軌道が π 軌道と重なって，これらの置換基からベンゼンへ電子が非局在化することを説明したが，5員環複素環式化合物の電子もよく似たふるまいをする．

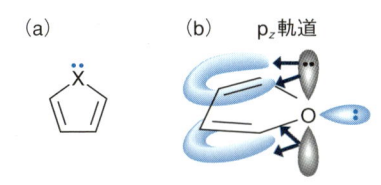

**図 5・2 5員環を含む複素環式化合物**
（X＝O，S または NH）

六つの π 電子が各構成原子に均等に配分された状態を仮定すると，炭素当たりの π 電子の数は 6/5＝1.2 となり，ベンゼンの 1 よりも多い．このため，5員環複素環式化合物はベンゼンよりも電子不足の化学種に対する反応性が高い．

含窒素化合物のピロールを例にとって5員環複素環式化合物の性質を見てみよう（表5・2）．ピロールの窒素は $sp^2$ 混成軌道をとるため，窒素に結合した水素原子は環の構成原子と同一平面上にある．この化合物の電子分布は冒頭の口絵のようになっており，双極子モーメントの大きさは 1.8 D で，その向きはピリジンと反対に窒素が δ＋性，環の重心が δ－性を帯びている．これは，窒素が非共有電子対を芳香環に供与して電子不足となっているためである．

この N－H 結合の $pK_a$ は 15 であり，ピロールは水と同程度の酸性を示す．これは一般的な第二級アミン（$pK_a \approx 30$）の値とは大きく異なる．ピロールは窒素上の電子不足を解消すべく，プロトンを放出して負電荷を帯びやすい傾向にあり，これが酸性の高さにつながっている．

一方，ピロールにはほとんど塩基性がない．このことは，ピリジンや脂肪族アミンなどの含窒素化合物が一般的に塩基性を示すという事実と大きく異なる．ピロール窒素上の非共有電子対は環状 6π 系の形成に供与されているため（図5・3），この窒素がプロトン化されるとピロールは共鳴安定化エネルギーを失うことになる．このような，エネルギー的に不利な過程は起こりにくく，結果として塩基性が弱くなる．

また，ピロールのイオン化エネルギーは 8.20 eV で，対応する5員環脂環式アミンであるピロリジンの 8.77 eV よりも小さい．このため，ピロールはかなり酸化を受けやすい．

以下に，代表的な5員環複素環式芳香族化合物を示す（表5・2）．

**ピロール**　空気に触れた状態で保存すると酸化によって着色する．また，ピロールの水溶液に直流電圧をかけると，陽極上に酸化重合体であるポリピロール（式5・3参照）の膜ができる．ポリピロールは導電性高分子として知られている．

このような化合物は π 過剰系ヘテロ芳香族化合物とよばれる．

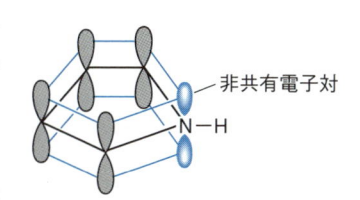

**図 5・3 ピロール窒素上の非共有電子対**

## 表 5・2　5員環を含む主な複素環式化合物

| 一般的に使用される名称<br>(体系的命名法に基づく名称) | 分子構造 | 性状と主な相転移温度 | 非局在化エネルギー/kJ mol$^{-1}$ | 共役酸のp$K_a$ |
|---|---|---|---|---|
| フラン (furan)<br>(オキソール (oxole)) | | 無色液体<br>沸点 31 ℃ | 67 | N.A. |
| ピロール (pyrrole)<br>(アゾール (azole)) | | 無色液体<br>沸点 130 ℃ | 88 | −3.8 |
| チオフェン (thiophene)<br>(チオール (thiole)) | | 無色液体<br>沸点 84 ℃ | 121 | N.A. |
| イミダゾール (imidazole)<br>(1,3-ジアゾール (1,3-diazole)) | | 無色プリズム状結晶<br>融点 89 ℃ | 60 | 7.0 |
| インドール (indole)<br>(ベンゾ[b]ピロール<br>(benzo[b]pyrrole)) | | 無色葉脈状結晶<br>融点 52 ℃ | N.A. | −3.6 |
| カルバゾール (carbazole)<br>(ジベンゾ[b,d]ピロール<br>(dibenzo[b,d]pyrrole)) | | 無色結晶<br>融点 245 ℃ | N.A. | −4.9 |
| ピロリジン (pyrrolidine) | | 無色液体<br>沸点 89 ℃ | − | 11.4 |

N.A.: 参照値なし

2-ホルミルフラン（フルフラール）
(2-formylfuran (furfural))

インジゴ (indigo)

セロトニン (serotonin)

**フラン**　フラン自体の製造や使用量は少ないが，セルロースを硫酸中で加熱分解して得られる 2-ホルミルフラン（慣用名 フルフラール）は，樹脂の原料などに用いられる．

**チオフェン**　チオフェンの誘導体も，医薬品としていくつか用いられる程度である．チオフェンはピロールと同様に酸化重合を起こしやすく，ポリチオフェン（式 5・3 参照）も有機導電体としての特性をもつ．また，チオフェン 6 分子が結合したものは，半導体性を示す．

**イミダゾール**　イミダゾールは二つの窒素原子をもっており，−NH−の窒素はピロールの窒素と，−N＝の窒素はピリジンの窒素と同様にふるまうため，酸と塩基の性質を併せもつ．イミダゾールはタンパク質を構成するアミノ酸の一つである L-ヒスチジンの側鎖に存在し（6・3 節参照），酵素はこの分子のもつ酸性・塩基性を巧みに利用して化学反応を触媒する．

**インドール**　インドールの単体は不快な臭い（糞臭）を放つが，低濃度溶液では芳香に感じられる．実際，花の香りの成分にはインドールが含まれている．ブルージーンズの染料として知られるインジゴはインドール 2 分子が酸化されて結合したもので，左のような構造をもつ．

インドールはまた，アミノ酸の一つであるトリプトファンの側鎖上にある（6・3 節参照）．トリプトファンからカルボン酸部分を除いたセロトニンは，生体内での神経伝達物質として重要な役割をしている．

**カルバゾール**　カルバゾールは固体状態で光導電性（光が当たると導電性を示すようになる性質，8・3・1節参照）を示す．このため，複写機の感光体にはカルバゾール誘導体が用いられている．

**ポルフィン**　ピロール4分子が sp² 炭素をはさんで大環状につながった化合物をポルフィンという．ポルフィンは18π電子系の芳香族分子であり，中心部に向けて突き出た窒素が金属に配位して安定な錯体をつくる．ポルフィンの誘導体は，金属錯体の形で生命活動を支えている．私たちの赤血球には鉄錯体のヘムが存在し，酸素を運搬する役目を担い，植物の葉緑体の中にはマグネシウム錯体のクロロフィルが存在し，光合成をつかさどっている．

ポルフィン（porphine）

置換基をもったポルフィンは**ポルフィリン**（porphyrin）とよばれる．

ヘム（heme）　　クロロフィル（chlorophyl I）

Rは炭素数20の脂肪族炭化水素基

**プリン**　複素環同士が縮合した化合物も存在し，代表的なものにプリンがある．これは核酸塩基の基本骨格となる化合物で，アデニンとグアニンがプリン骨格をもつ（図6・22参照）．このほかにかつお節のうまみ成分であるイノシン酸，シイタケのうまみ成分であるグアニル酸，お茶やコーヒーの成分であるカフェイン（8・4・1節参照）もプリン骨格をもつ化合物である．

プリン（purine）

---

### プリン誘導体と痛風

プリン誘導体は体内で化学反応を受けて尿酸に変わるが，人によっては尿酸が足先の血管中で針状結晶になり，歩くたびに神経を刺激して大変な痛みを伴う．これが痛風の原因である．うまみ成分はプリン誘導体であることが多いため，美食家は痛風になりやすいという俗説も理由のないことではない．

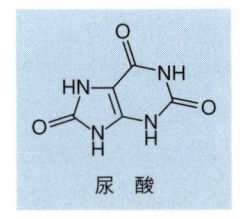

尿酸（uric acid）

尿酸

## 5・4 複素環式化合物の反応

反応性という観点で見ると,芳香族複素環式化合物は芳香族炭化水素とはかなり異なる.5員環化合物はベンゼンよりもかなり反応性が高いが,6員環化合物では実際には芳香族求電子置換反応は進行しない.

### 5・4・1 5員環複素環式化合物

5員環複素環式化合物はπ電子過剰であるため,容易に芳香族求電子置換反応を受け,たとえば以下のような反応が進行する.これらの条件ではベンゼンは全く反応しない.

$$\text{フラン} \xrightarrow[\text{酢酸, 0°C}]{\text{希硝酸}} \text{2-ニトロフラン} \tag{5・1}$$

$$\text{ピロール} \xrightarrow[\text{加熱}]{\text{無水酢酸}} \text{2-アセチルピロール} \tag{5・2}$$

また,ピロールとフランは共鳴安定化エネルギーが小さく,このことは芳香族性を失うような反応も起こりうることを示している.実際,これらの化合物は化学的な安定性に乏しく,強酸を作用させると分子間反応や開環反応を起こして複雑な生成物を与える.

さらに,ピロールとチオフェンは酸化重合を起こす.この反応は,これらの分子が過剰なπ電子を酸化剤に引きわたすことによって進行し,電子を奪われた分子に対して周囲の中性分子が順次結合することで,高分子化合物が得られる.

$$\xrightarrow{\text{酸化剤}} \quad (X = NH \text{ または } S) \tag{5・3}$$

### 5・4・2 6員環複素環式化合物

6員環複素環式化合物はπ電子不足の炭素上ではなく,電子密度の高い窒素上で反応を起こす.この反応は脂肪族アミンの反応と類似している.

$$\text{ピリジン} \xrightarrow{\text{プロピルクロリド}} \text{N-プロピルピリジニウムクロリド} \tag{5・4}$$

## 5・5 私たちの生活と複素環式化合物

最初に述べたように,新薬の90%程度が複素環式化合物である.これは以下のように説明できる.薬が効果を発揮するには,体内で薬分子が特定のタンパク質と多重相互作用することが必要である.複素環式化合物はヘテロ原子をもつため,タンパク質の極性基との間で水素結合やイオン-双極子相互作用などによる相互作用のほかに,芳香族性に基づくπ-πスタッキングも可能である.このよ

分子間相互作用については2章を,生体内での多重分子間相互作用については6章参照.

うに多重分子間相互作用が可能であること，さらには分子のサイズが小さく，適当な極性をもつため細胞内に入りやすいこと，生体内で分解されやすく体内に残留して毒性を示す可能性が低いことなどが，複素環式化合物が医薬品として多く利用される理由としてあげられる．

実用されている色素にも複素環式化合物がきわめて多い．これは，複素環式化合物が芳香族化合物と比較して光に対する安定性が高いことが一つの理由である．また，これまでに述べたように，電子材料としてもしばしば用いられる．このように，複素環式化合物は私たちの生活と大きなつながりがある．

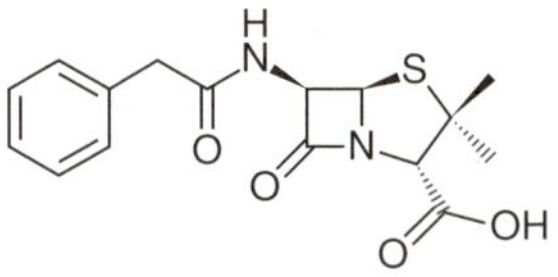

図5・4に，代表的なものをいくつか紹介する．芳香族化合物のみでなく，とくに薬分子にはペニシリンなど，脂肪族複素環式化合物も多く見られる．

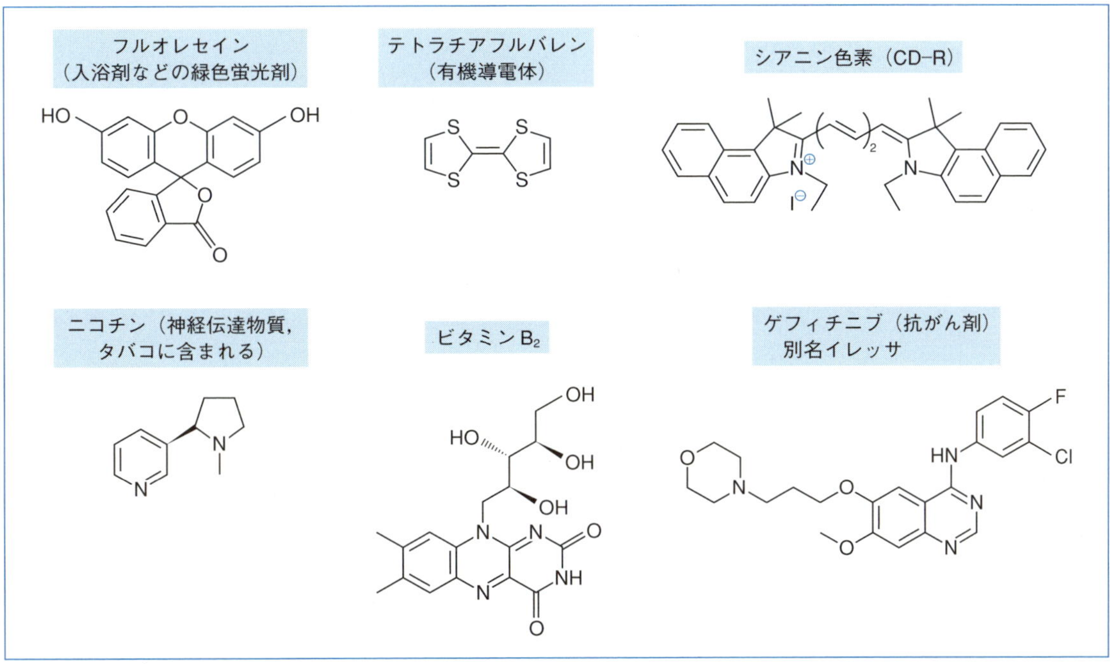

有機化合物の毒性については8章参照．

ペニシリン G (penicillin G)
(抗生物質)

図 5・4 いろいろな複素環式化合物

# 6 生命を担う有機化合物

　私たちの生活に深くかかわる有機化学品の代表として，医薬品をあげることができる．さて，ここに鎮痛剤の"デキストロプロポキシフェン"と咳止め薬の"レボプロポキシフェン"という二つの薬があって，いずれも図6・1に示した化学構造をもつ．しかしながら，このことは一つの化合物に二つの薬効があるという意味ではない．これら二つの医薬品は明らかに別の物質であり，これらは平面構造式が同じであるが，三次元構造が異なっている．それにしても，似た化合物がなぜ異なる薬効を示すのだろうか．本章では有機分子の形に焦点をあててその理由を探るとともに，生命活動の基本となっているいくつかの生体分子について学んでいく．

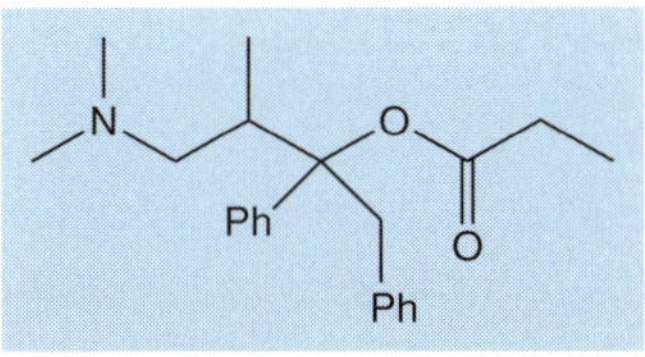

図 6・1　デキストロプロポキシフェン/レボプロポキシフェンの構造

## 6・1　立体化学

立体化学（stereochemistry）

　分子のふるまいを正しく理解するには，三次元で分子構造を考える必要があり，このことを取扱う分野を**立体化学**とよぶ．ここでは，立体化学の基礎的な事項や考え方について学んでいこう．

### 6・1・1　立体化学の表記法

　すでに3・2節で見たように，不斉炭素をもつ化合物の立体構造を紙面上で表記するには楔形の結合を用いる．不斉炭素から出ている4本の結合のうち2本を紙面上に置き，残りの2本を楔形 ——◥ （紙面から手前に出る結合）と楔破線 ……… （紙面の向こう側に出る結合）で表す．どの2本を平面にとるか，およびそれら

をどの向きに置くかには任意性があるため，一つの分子に何通りもの表し方がある（図6・2）．また，不斉炭素を二つ以上もつ化合物は，一番長い鎖が横方向にジグザグに延びるように描き，不斉炭素上の置換基を先のルールに従って描いていく．その際，通常水素は省略される．最初に述べた2種の薬分子をこのルールに従って描くと，図6・3のようになる．これらは互いに鏡像の関係にある物質，すなわちエナンチオマーである．なお，この表記は不斉炭素からどちらの方向に置換基が出ているか（立体配置）だけを示すものであって，分子の実際の形（立体配座（コンホメーション））を表してはいない．

これら二つの薬分子の立体配座（コンホメーション）については下記のコラム参照．

図6・2 同じ立体配置をもつ分子のいろいろな描き方

図6・3 デキストロプロポキシフェン（左）とレボプロポキシフェン（右）の三次元構造．＊は不斉炭素

---

### 計算化学的手法で求めたコンホメーション I

計算化学的手法で求めたデキストロプロポキシフェンとレボプロポキシフェンのコンホメーションを示した．見やすくするために水素は省略して描いてある．エナンチオマー同士は互いに鏡像という違いがあるだけで，各原子間の距離や結合の角度は全く同じであることがわかる．

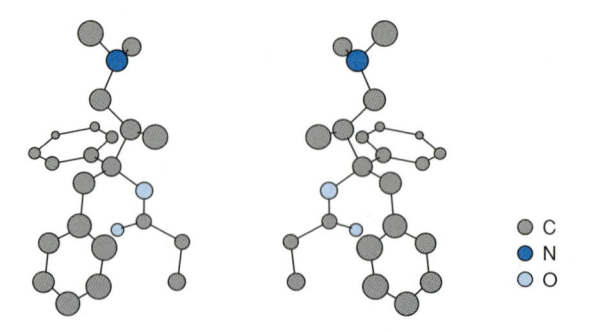

C
N
O

分子のコンホメーションは，分子中の各単結合まわりでの回転によるポテンシャルエネルギーの極小化によって決まる（2章参照）．分子内に静電相互作用や水素結合などの相互作用が可能な部位がある場合には，しばしばそれらが分子のコンホメーションを決める要因になる．

## 6・1・2 分子構造とキラリティー

どのような構造の分子にキラリティーがあるのだろうか．不斉炭素を一つだけもつ分子はすべてキラルであり，タンパク質を構成しているα-アミノ酸の大部分はキラルな分子である．不斉炭素を二つ以上もつ分子の多くもまたキラルである．

ただし，不斉炭素をもつことはその化合物がキラルであるための必要条件でも十分条件でもない．後述するように不斉炭素を複数もつ化合物にアキラルなものもあるし（6・1・5節参照），また，不斉炭素をもたないにもかかわらずキラルな化合物もある．

たとえば，下図に示す1,1′-ビ-2-ナフトールは$sp^2$炭素のみでできており，不斉炭素はない．しかしながら，この化合物は環を結ぶ単結合まわりの回転が制限されているため（本章コラム「立体異性体の分類」参照），鏡面の左右にある分子を互いに重ね合わせることはできない．つまり，この化合物はキラルである．

アミノ酸，タンパク質については6・3・2節参照．

ある化合物の分子構造がキラルでないとき，その化合物は**アキラル**（achiral）であるという．

1,1′-ビ-2-ナフトール
（1,1′-bi-2-naphthol）

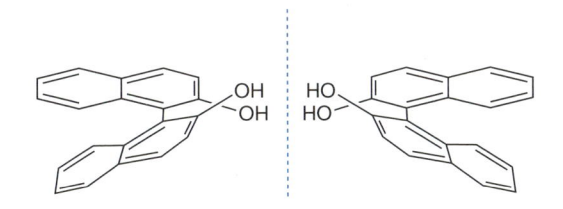

## 6・1・3 光学活性体

光は電磁波であり，ある面内を振動しながら進む横波である．通常の光源から発せられた光はあらゆる振動面をもつ電磁波の集合体であるが，これを偏光板に通すと，特定の面内で振動する光だけを取出すことができる．このような光を**面偏光**といい，その振動面のことを**偏光面**という．

ある種の化合物の溶液に面偏光を当てると，透過して出てきた光の偏光面が入射光と異なる現象が観察される．偏光面が回転したように見えるため（図 6・4），このような溶液の性質を**旋光性**といい，旋光性を示す化合物のことを**光学活性体**という．化合物が光学活性体であるための必要十分条件は，その分子がキラルで一方のエナンチオマーだけからなっているということである．

エナンチオマーの関係にある二つの光学活性体は，分子構造がよく似ていることを反映して，融点，沸点，屈折率，溶解度，酸性度などほとんどの物性が同じであるが，旋光性の向きは異なる．ある光学活性体の溶液が偏光面を時計回りに $\theta°$ 回転させるとすると，その化合物の他方のエナンチオマーの溶液は反時計回りにちょうど $\theta°$ だけ偏光面を回転させる．

面偏光（plane polarized light）
面偏光は直線偏光とよばれることもある．

偏光面（plane of polarization）

旋光性
（optical rotatory power）

光学活性体
（optically active substance）

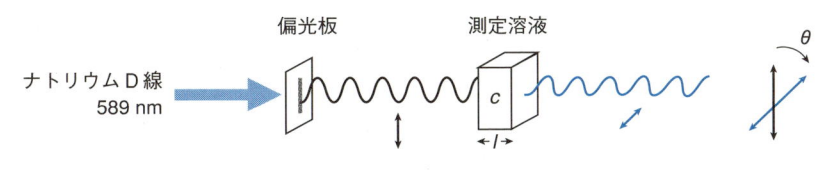

図 6・4 旋光度の測定

**比旋光度**（specific rotation）

$[\alpha]_\text{D}$ の D は，ナトリウムランプの D 線（波長 589 nm の橙色の光）を光源に用いたという意味である．

比旋光度は通常，1 g/100 mL の溶液で光路長 10 cm の容器を用いたときの値．

偏光面の回転角 $\theta$ は，溶液の濃度 $c$ や測定に用いた容器の光路長 $l$，それに光の波長にも依存する．このため，物質に固有の数値として下記の**比旋光度** $[\alpha]_\text{D}$ が用いられる．

$$[\alpha]_\text{D} = \frac{\theta}{cl} \tag{6・1}$$

### 6・1・4 立体化学の命名法

有機化学では原子同士の結合の順序のみでなく，立体化学も含めて化合物を命名する必要がある．不斉炭素をもつ化合物では，それに結合した四つの置換基に順位付けを行い，その結果に基づいて立体化学の命名を行う．順位付けの規則は以下のようなものである．

① より原子番号の大きな原子が上位にくる．
② 二つの原子の原子番号が同じ場合，その先に結合している原子同士を順次比較する．

以上に基づいて，優先順位が最下位の置換基が不斉炭素の向こう側になるように見て，残りを三つの置換基を優先度の高いものから順に眺めたとき，それが右回り（時計回り）であれば $R$，左回り（反時計回り）であれば $S$ と名付ける．これを **$R/S$ 表示法**という．

これらは，ラテン語で右/左を意味する rectus/sinister に由来する．

この表示よると，図 6・5(a) のアラニンは $NH_2 > COOH > CH_3 > H$ の順であるので $S$ 配置である．一方，(b) のグリセルアルデヒド（糖類の一種）はやや複雑であるが，さらにもう一つ順位付けの規則，

③ 二重/三重結合があるときは単結合で同じ原子が二つ/三つ結合しているものとみなす．

を導入することで，CHO（O 二つと H 一つ）> $CH_2OH$（O 一つと H 二つ）という順位付けができ，$R$ 配置ということになる．

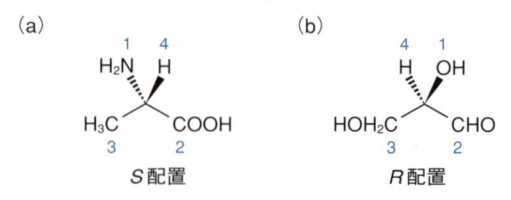

(a) 1 4
$H_2N$  H
$H_3C$  COOH
3    2
$S$ 配置

(b) 4 1
H  OH
$HOH_2C$  CHO
3    2
$R$ 配置

図 6・5　$R/S$ 表示法（番号は置換基の順位）

一つの化合物に複数の不斉炭素がある場合には，それぞれの不斉炭素について $R/S$ 表示を行う．たとえば，図 6・3 に示した二つの薬分子の体系的名称はいずれも 4-(ジメチルアミノ)-3-メチル-1,2-ジフェニルブタン-2-イル プロパノアートであるが，デキストロプロポキシフェンは $(2R, 3R)$ 配置，レボプロポキシフェンは $(2S, 3S)$ 配置である．

$(2R, 3R)$ とは位置番号 2 および 3 の不斉炭素の立体化学が両方とも $R$ であることを意味している．

いま，新しい光学活性体を入手したとしよう．この化合物をどのように命名すればよいだろうか．分子の平面構造（原子同士のつながりの順）は種々の分析法

によってわかる．しかしながら，立体構造の決定となると，結晶に当てた X 線の回折を利用するものなど，ごく限られた方法しかない．光学活性体が液体であれば X 線回折実験はできず，R/S 表示法が適用できない．このような場合でも使えるのが旋光度の符号（＋），（−）による表示である．化合物の溶液が偏光面を右回り（時計回り）に回転させる場合には（＋），左回りならば（−）を化合物名の前に付け，（−）-1-フェニルエチルアルコールや（＋）-アラニンなどと表す．この表示法は旋光度を測定できれば可能であることから，まだ分子構造の概念が十分に確立されていなかった有機化学の黎明期から用いられてきた．

R/S 表示法と（＋）/（−）表示法は全く違う基準によるものであり，これらの間には何の関係もない．すなわち，（＋）体が R 配置である化合物もあれば，（＋）体が S 配置のものも存在する．このような事情のため，（＋）-(S)-アラニンなどというように 2 種の表示法を併記することもある．

### 6・1・5 ジアステレオマー

不斉炭素を $n$ 個もつ化合物には，最大で $2^n$ 個の立体異性体が存在する．$n$ の増加に伴って立体異性体の数は幾何級数的に増大し，このことは有機分子の世界を複雑かつ興味深いものにしている．

最初に述べたデキストロプロポキシフェンとレボプロポキシフェン（それぞれ **X**, **Y** で表す）の 2 種の薬分子は不斉炭素を分子中に二つもっていて，**Z** や **W** を含む四つの立体異性体が存在する．これらの異性体間の関係はどうなっているだろうか．図 6・6 を見ると **X** と **Y** 以外にも，**Z**（(2R, 3S) 配置）と **W**（(2S, 3R) 配

---

#### アルケンの E/Z 表示法

すでに 3 章で，アルケンの立体異性体にはシス体とトランス体があることを紹介した．では，つぎの化合物はシス体，トランス体のどちらだろうか．

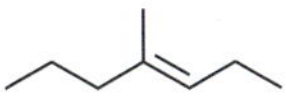

このような 3 置換のアルケンでは，シス/トランスの考え方をそのまま導入するのは困難である．そこで，R/S 表示法と同様に，アルケンに結合した置換基の順位に基づいて命名を行う．二重結合をもつ炭素に着目すると，左側にはメチル基とプロピル基が，右側にはエチル基と水素がそれぞれ結合している．R/S 表示法の順位規則に従うと，優先度はそれぞれプロピル基＞メチル基，およびエチル基＞水素である．左右両側で優先度の高いプロピル基とエチル基に着目すると，これらは二重結合の反対側に出ている．これを E 体と称し，この化合物は (E)-4-メチル-3-ヘプテンと命名される．E はドイツ語 entgegen（反対の）の頭文字である．これに対して，

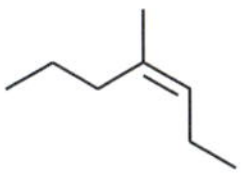

は (Z)-4-メチル-3-ヘプテンとよばれる．Z はドイツ語の zusammen（同じ）に由来する．この方法であれば，3 置換だけでなく，4 置換のアルケンでも容易に命名が可能である．以下の化合物を E/Z 表示で命名するとどうなるだろうか．

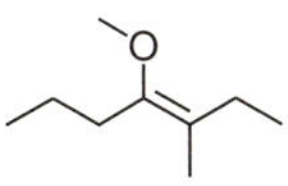

（答：(Z)-4-メトキシ-3-メチル-3-ヘプテン）

**ジアステレオマー**
(diastereomer)

ジアステレオマーの分離については 6・1・7 節参照.

置）も互いにエナンチオマーの関係にあることがわかる．しかしながら，**X** と **Z** や **X** と **W** の関係はエナンチオマーではない．このように，立体異性体であるがエナンチオマーではない分子同士を互いに**ジアステレオマー**であるという．ジアステレオマーでは互いに物性が異なる．このため，たとえば溶解度の差を利用して一方だけを結晶化させるなどの方法により，これらを分離することができる．

図 6・6 立体異性体の例

---

### 計算化学的手法で求めたコンホメーション II

計算化学的に求めた図 6・6 の **X** と **Z** の分子構造を下記に示す．単に一つの炭素の立体配置が逆転しているだけではなく，分子全体の形（コンホメーション）が異なっていることに注意してほしい．この構造の違いが物性の違いをもたらすことになる．

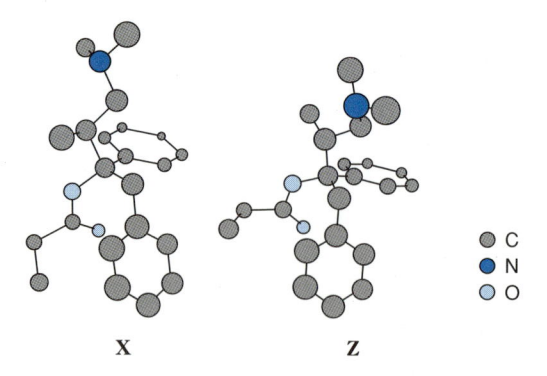

他の原子の位置をすべて固定して，**X** の不斉炭素に結合したメチル基と水素原子だけを入れ替えて **Z** をつくり，その後で固定を解くという作業を仮想してみよう．もともと水素であった部分がメチル基になると分子中の他の部分との立体反発が大きくなるため，それを避けようと不斉炭素同士を結ぶ単結合が回転する．この回転の結果，それに隣合った炭素–炭素単結合も新たにエネルギーが極小値になるように回転を起こす．分子全体にこのような影響が及ぶと考えると，ジアステレオマー間でコンホメーションの差異があることが理解できる．

## 立体異性体の分類

立体異性体についてまとめると以下のようになる．配座異性体については，3・2 節などを参照．

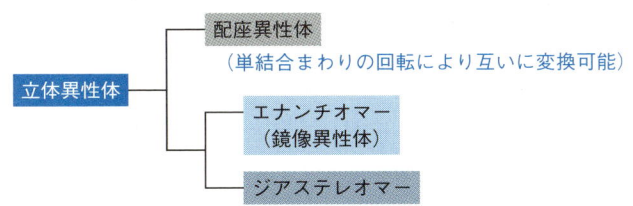

- 立体異性体
  - 配座異性体（単結合まわりの回転により互いに変換可能）
  - エナンチオマー（鏡像異性体）
  - ジアステレオマー（互いに鏡像関係にない異性体．E/Z 異性体も含む）

配座異性体は一般に，別々の化合物として単離することはできない．しかしながら，単結合まわりの回転が何らかの理由で制限されているものがあり，そのような分子はエナンチオマーやジアステレオマーとなりうる．下の 1,1′-ビ-2-ナフトールは二つのナフタレン環を結ぶ単結合のまわりの回転が，青で示した原子同士が"ぶつかる"ために阻害されて，相互変換ができない．

### 6・1・6 光学活性体の入手

最初に述べたように製薬の分野では分子の三次元構造が意味をもつので，ある分子を医薬品として用いるときは，特定の立体配置をもった立体異性体だけを使う必要がある．特に重要であるのが，化合物を光学活性体として入手することである．

その方法には大きく分けて，ラセミ体から一方のエナンチオマーだけを取出す光学分割と，アキラルな化合物から何らかの方法により一方のエナンチオマーだけをつくる不斉合成の 2 通りがある．

**ラセミ体**
(racemic modification)
キラル化合物の両エナンチオマーの当量混合物のことであり，化学合成によって容易に入手できる．

### 6・1・7 光学分割

図 6・7 は，アキラルな原料からキラルな生成物が生じる反応である．この反応では $R$ 配置と $S$ 配置が 1：1 の比率でできるため，生成物はラセミ体である．

**光学分割**（optical resolution） このラセミ体から必要な一方のみを取出して光学活性体を得る方法を，**光学分割**とよぶ．

図 6・7　ラセミ体を生じる反応

さて，必要な一方のみといっても，エナンチオマーはほとんどの物性が同一であるため，一般的な方法でそれらを分離することは不可能である．

ここで，ジアステレオマーでは物性が互いに異なるということを思い出そう．つまり，ラセミ体すなわちエナンチオマーのペアを何らかの方法によりジアステレオマーのペアへと導けば，分離が可能になる．

図 6・7 の生成物はカルボン酸なので，塩基性をもつアミンと塩をつくることができる．ここで，アミンとして光学活性なものを用いた場合を考えてみよう（図 6・8）．ラセミ体のカルボン酸の溶液に $R$ 配置のアミンを加えた場合，$(S)$-カルボン酸・$(R)$-アミンの塩と，$(R)$-カルボン酸・$(R)$-アミンの塩の 2 種が生じる．これらはジアステレオマーの関係にあるから，溶解度が異なる．このため，適当な条件にすれば，この溶液から一方のジアステレオマーだけを析出させることができる．さらに析出物をろ過によって取出し，これを水に溶かした後に強酸で処理すれば，弱酸であるカルボン酸が光学活性体として遊離する．光学活性なアミンは回収して再度光学分割に使用できる．

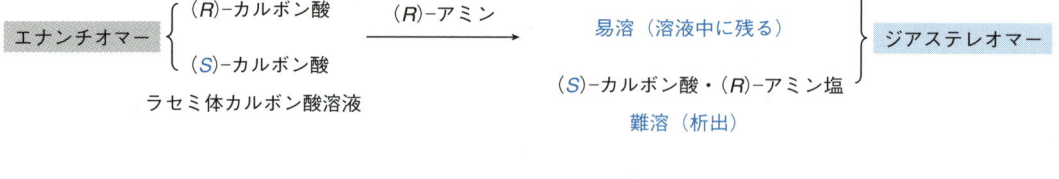

図 6・8　光学分割のプロセス

### 6・1・8　不斉合成

本章の冒頭で述べた二つの薬であれば，両方のエナンチオマーがそれぞれ医薬品として役立つので光学分割はよい方法といえる．しかしながらこれは例外的で，一方の光学活性体のみが薬としての効果を示すことのほうが多い．その場合には，光学分割後に必要でないほうのエナンチオマーを捨てることになり，資源・エネルギーの有効利用の点からはあまり好ましくない．

先ほどアキラルな化合物からキラルな化合物ができる反応では生成物はラセミ

体になると述べたが，そこに何らかの工夫を施すことにより，一方のエナンチオマーだけを得ることができれば，光学分割よりもすぐれた光学活性体の入手手段となりうる．その有効な手段として，**不斉合成**がある．不斉合成の理解には，有機化学反応に関する知識が少し必要になる．

アキラルな化合物からラセミ体が生じるのは $sp^2$ 炭素をもつ平面構造の基質に対して，反応相手の接近が両面から等確率で起こるためである．何らかの方法により一方の面をふさいで，逆の面からのみ反応相手が近づくようにすることができれば，生成物が一方のエナンチオマーだけになり，不斉合成が達成される．基質に対してわずかな量が存在するだけで，大量の光学活性体をつくり出すことのできる**不斉触媒**を用いる反応を例にとって解説しよう．

実用化されている不斉触媒のほとんどは，金属原子や金属イオンに光学活性な有機リン化合物などの不斉配位子が配位結合してできた金属錯体である．

金属錯体触媒による反応は一般に，① 金属への基質分子の配位，② 金属上での基質分子の化学変換，③ 生成物と金属との結合の切断というサイクルで進む．不斉触媒では，光学活性な配位子の影響によって基質が一定の向きで金属に配位する．その結果として，新しい結合の形成が基質の一方の面だけで生じることになり，光学活性な生成物が得られる（図 6・9）．

**不斉**（ふせい）**合成**
(asymmetric synthesis)

**不斉触媒**
(asymmetric catalysis)

W. S. Knowles（ノールズ）博士，K. B. Sharpless（シャープレス）博士，野依良治博士の三氏は，不斉触媒の開発の業績によって2001年度ノーベル化学賞を受賞した．

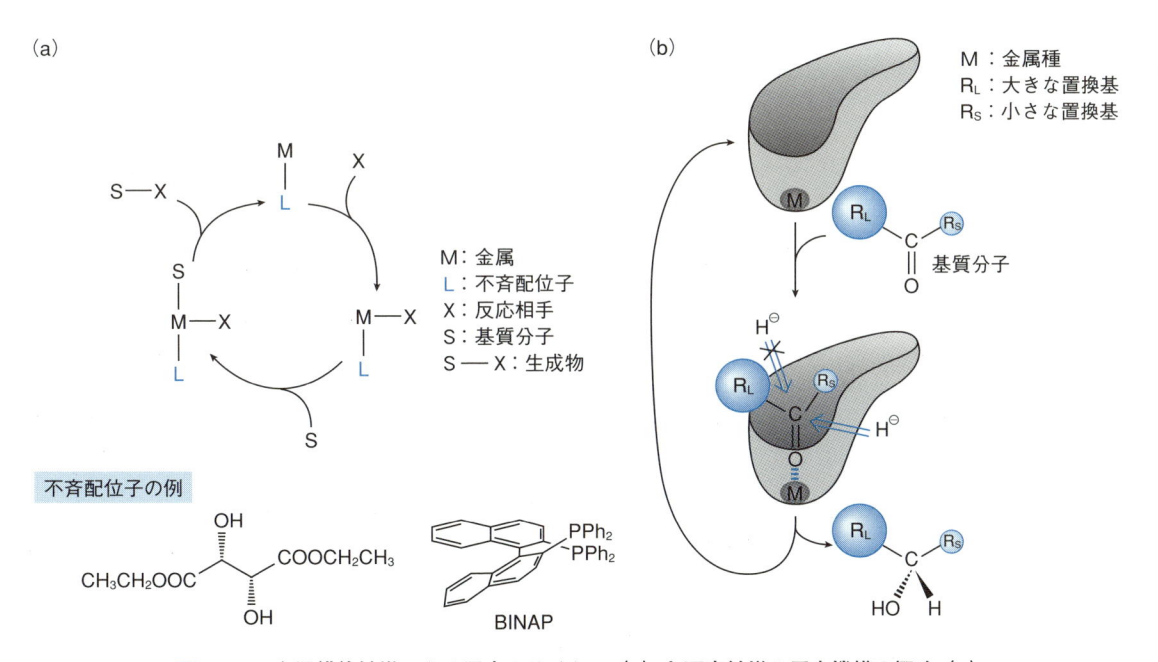

図 6・9　金属錯体触媒による反応のサイクル (a) と不斉触媒の反応機構の概略 (b)

不斉合成は光学活性体を得るための有効なアプローチではあるが，どんな化合物でもこの方法で得られるというわけではない．このため，光学活性体の入手手段として光学分割と不斉合成は互いに相補的な関係にある．

L-プロリンについては表6・1参照.

> ### 有機分子不斉触媒
>
> 2000年,天然アミノ酸の一つであるL-プロリンに不斉触媒としてのはたらきをもつことが報告された.それ以降,金属をもたない純粋な有機分子で不斉触媒能を示すものがいくつも見つかり,このような有機分子不斉触媒が有機化学のホットな分野となっている.この触媒は金属への配位結合の代わりに,水素結合あるいは一時的な共有結合で基質を反応中心に取込んで機能する.

## 6・2 エナンチオマーの生理作用
### 6・2・1 味 と に お い

天然のアミノ酸である(＋)-バリンをなめると苦い味がするが,非天然型の(－)-バリンは甘い.また,香気物質カルボンの(＋)体はキャラウェイの香りをもつが,(－)体はスペアミントのにおいがする.このように,二つのエナンチオマー間では味やにおいは異なっている.これはなぜだろうか.

(＋)-バリン　　(－)-バリン　　(＋)-カルボン　　(－)-カルボン

レセプター(受容体)
(receptor)

私たちが味やにおいを感じるのは,味分子やにおい分子がレセプターと結合することによる.**レセプター**(**受容体**)とは舌の上や鼻腔内の細胞膜表面にあり,外来分子と結合してシグナルを出すタンパク質のことである.そのシグナルがスイッチになって細胞の外から内へと大量のイオンの移動が起こり,細胞内外の電位の変化を引き起こす.この電位差が神経を通じて脳に伝わり,味やにおいとして感じられる.なお,ここでの結合は共有結合のことではなく,共同的にはたらく複数の分子間相互作用のことを指す.個々の相互作用のエネルギーが大きいほど,また相互作用の数が多いほど"結合"は強くなり,それがある程度以上になったときにスイッチが入って,味,においといった生理応答が引き起こされる.

舌には甘味,苦味,塩味,酸味,うま味の五つの味に対応する味細胞があり,また鼻腔内には何千という種類の嗅(きゅう)細胞がある.種類の異なる味細胞・嗅細胞はそれぞれに異なるレセプターをもっている.2種の物質が異なるレセプターに結合するとき,それらは互いに違う味やにおいをもったものとして認識される.後で説明するように,(＋)体が結合するレセプターと(－)体が結合するレセプターはそれぞれ別であり,このために私たちは異なる味やにおいとして感じとることができる.

### 6・2・2 薬の作用

薬が作用するしくみも，レセプターへの分子の結合という点では，味やにおいと同様である．飲んだ薬は小腸から吸収され，血流に乗って体内を循環し，最終的には薬分子が体細胞表面にあるレセプターと結合する．これが引き金となって多くの関連タンパク質の"スイッチ"が入り，崩れていた体内物質のバランスが正常に戻り，病気が治っていく．

本章の冒頭で述べたエナンチオマーの関係にある二つの薬が異なる効果を示すのは，味覚や嗅覚と同様にこれらの二つの分子が体内にある別々のレセプターに結合するからにほかならない．

### 6・2・3 レセプターとエナンチオマーの相互作用

前に述べたようにレセプターの本体はタンパク質であり，タンパク質はアミノ酸配列に応じて特定の三次元構造をとっている．その結果として，タンパク質を構成する個々のアミノ酸の側鎖も一定の空間配置をとることになる．これらの側鎖と外来分子との多重分子間相互作用が，上に述べた"結合"のことである．この様子についてキラル化合物Aとレセプタータンパク質Pをモデルとして考えてみよう（図6・10）．

タンパク質については6・3・2節参照．

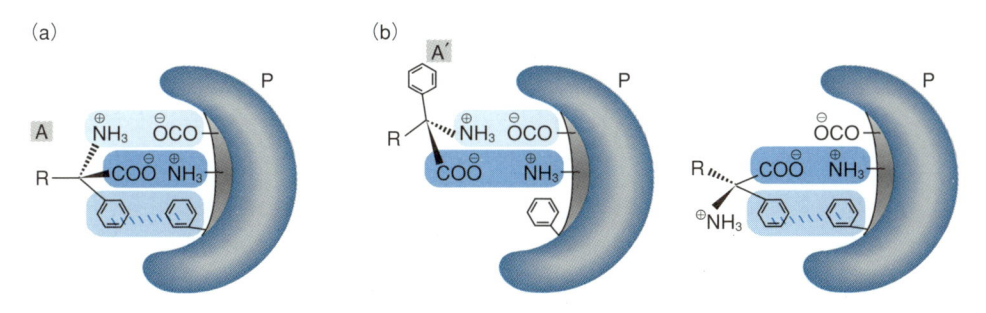

図 6・10 キラル化合物とレセプタータンパク質の結合

ここでは，図(a)のようにAのもつ3種類の置換基がそれぞれにアミノ酸側鎖の置換基と相互作用をしている．これに対して，図(b)のように化合物Aのエナンチオマー A′ が同じタンパク質に相互作用する場合，Aで見られた3種類の相互作用のうち2種類までしか実現できない．この差が生理作用の発現に決定的な影響をもち，Aであると生理応答につながるが，A′ では生理応答につながらないという結果になる．

レセプターの種類は多いため，A′ と強く結合する別のレセプターQが体内に存在することもありうる．ただし，これはタンパク質QがPのエナンチオマーであるという意味ではない．もしもそうだとすると，PおよびQを構成しているアミノ酸の一つ一つがエナンチオマーということになるが，これは天然のアミノ酸が一方のエナンチオマーだけからなっているという事実に矛盾する．

本章の冒頭に述べた2種の薬分子のふるまいは，上記のPとQの双方が存在

する場合にあたる．すなわち，デキストロプロポキシフェンは鎮痛作用にかかわるレセプター（ここではPとする）と強く結合して痛みを抑えるが，レボプロポキシフェンはPとの結合が弱くて効果を示さない．その代わり，この化合物は咳を鎮めるはたらきにかかわる別のレセプターQに強く結合し，鎮咳薬としてはたらくのである．

ある化合物の両エナンチオマーが薬として使えるのはごく例外的であり，実際は一方に薬効があって他方にはない（つまりPだけあってQは存在しない），あるいは一方が薬で他方は毒（Qが外来分子と結合すると正常な生命活動を妨げる）という場合がほとんどである．後者のような物質のラセミ体を薬として用いると薬害につながる．

1960年代に，つわりの薬として服用した妊婦から奇形児が生まれたサリドマイド(thalidomide)は代表的な例である．この化合物の（＋）体には鎮静効果があるが，（－）体には催奇性がある．当時，それを知らずにラセミ体を使ったために問題が生じた．このこと以降，薬分子がキラルである場合には両エナンチオマーを個別に試験して安全性を確認し，必要なら一方のエナンチオマーのみからなる化合物，つまり光学活性体だけを薬として認可することになっている．

（＋）-サリドマイド

## 6・3 生体有機分子の化学と生命現象

前節ではタンパク質分子が特定の三次元構造をとることを述べたが，これは人工高分子にはない特徴である．なぜ，このような秩序のある構造をとるのだろうか．また，タンパク質のほかにどのような構造・機能をもった生体有機分子があり，私たちの生命を支えているのだろうか．ここでは，これらを通じて，生命現象が本質的に有機化学に立脚していることを見ていこう．

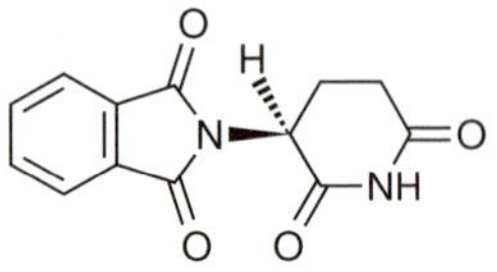

### 6・3・1 生命現象と分子

生物は，1) 自らの分身をつくること（自己複製），2) 外部条件の変化に対応すること（恒常性の維持），そして 3) 食物を自らのエネルギーに変えること（エネルギー変換）の三つの特質を併せもつ．

生物を構成している細胞の内部にはさまざまな構造体が存在しているが，それらをミクロに見ていくと，最終的には分子にたどり着く．生体分子のうち，含有量の多いものはタンパク質，脂質，核酸そして糖であり，ヒトの場合それぞれ体重の11，2，1.1，0.4％を占める．ただし，生体内には極微量でも重要なはたらきをもつ有機分子も数多く存在する．

タンパク質（protein）

アミノ酸（amino acid）

Lは立体化学を示す記号であり（図6・17の注を参照），αはカルボキシ基とアミノ基が同一の炭素に結合していることを表す．

### 6・3・2 アミノ酸，ペプチド，タンパク質

**タンパク質**とはアミノ酸がペプチド結合でつながってできた高分子である．生体内におけるタンパク質の機能は，化学反応の触媒（酵素），構造形成（コラーゲン，ケラチン），情報伝達（タンパク質ホルモン），運動（筋肉を構成するアクチン，ミオシン），貯蔵・輸送（ミオグロビン，ヘモグロビン），免疫（抗体）などきわめて多岐にわたり，タンパク質が複雑な生命活動のほとんどを担っているといっても過言ではない．

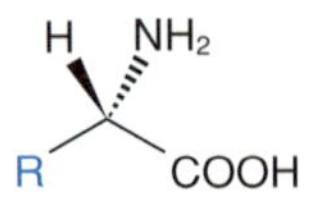

**アミノ酸**（正確にはL-α-アミノ酸）とは，図6・11に示した構造をもつ化合物群である（表6・1）．タンパク質を構成するアミノ酸は20種類であり，Rで示される側鎖上の官能基の性質に応じて酸性アミノ酸，塩基性アミノ酸，中性アミノ酸に分類される．中性アミノ酸はさらに，側鎖の性質に応じて疎水性，極

図 6・11 アミノ酸の一般式

性，芳香族，含硫黄などのいくつかのグループに分けられる．

表 6・1 タンパク質を構成するアミノ酸

| アミノ酸 | 3文字表記 | 1文字表記 | 構造式（一般式中のR基） | 種別 |
|---|---|---|---|---|
| アラニン | Ala | A | $-CH_3$ | |
| アルギニン | Arg | R | $-CH_2CH_2CH_2NH-C(=NH)NH_2$ | 塩基性 |
| アスパラギン | Asn | N | $-CH_2CONH_2$ | 極性 |
| アスパラギン酸 | Asp | D | $-CH_2COOH$ | 酸性 |
| システイン | Cys | C | $-CH_2SH$ | 含硫黄 |
| グルタミン | Gln | Q | $-CH_2CH_2CONH_2$ | 極性 |
| グルタミン酸 | Glu | E | $-CH_2CH_2COOH$ | 酸性 |
| グリシン | Gly | G | $-H$ | |
| ヒスチジン | His | H | $-CH_2Im$ [1)] | 塩基性 |
| イソロイシン | Ile | I | $-CH(CH_3)CH_2CH_3$ | 疎水性 |
| ロイシン | Leu | L | $-CH_2CH(CH_3)_2$ | 疎水性 |
| リシン | Lys | K | $-CH_2CH_2CH_2CH_2NH_2$ | 塩基性 |
| メチオニン | Met | M | $-CH_2CH_2SCH_3$ | 含硫黄 |
| フェニルアラニン | Phe | F | $-CH_2Ph$ | 芳香族 |
| プロリン | Pro | P | [2)] | |
| セリン | Ser | S | $-CH_2OH$ | 極性 |
| トレオニン | Thr | T | $-CH(CH_3)OH$ | 極性 |
| トリプトファン | Trp | W | $-CH_2Ind$ [3)] | 芳香族 |
| チロシン | Tyr | Y | $-CH_2C_6H_4\text{-}p\text{-}OH$ | 芳香族 |
| バリン | Val | V | $-CH(CH_3)_2$ | 疎水性 |

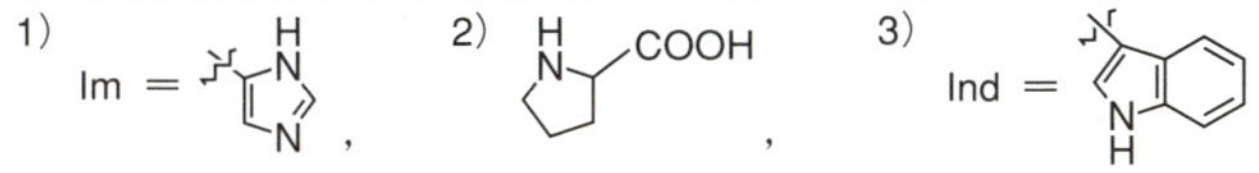

1) Im = (イミダゾール), 2) (プロリン構造式), 3) Ind = (インドール)

アミノ酸どうしが脱水縮合した化合物を**ペプチド**といい，そのときに生じたアミド結合（$-CONH-$）を特に**ペプチド結合**という（図6・12）．タンパク質は分子量の大きなペプチド（**ポリペプチド**）である．

アミノ酸の種類は3文字表記あるいは1文字表記で表される．ヒトの体内で血

**ペプチド**（peptide）
正確には，α-アミノ基とα-カルボキシ基間でのアミド結合のことを**ペプチド結合**（peptide bond）という．

**ポリペプチド**（polypeptide）

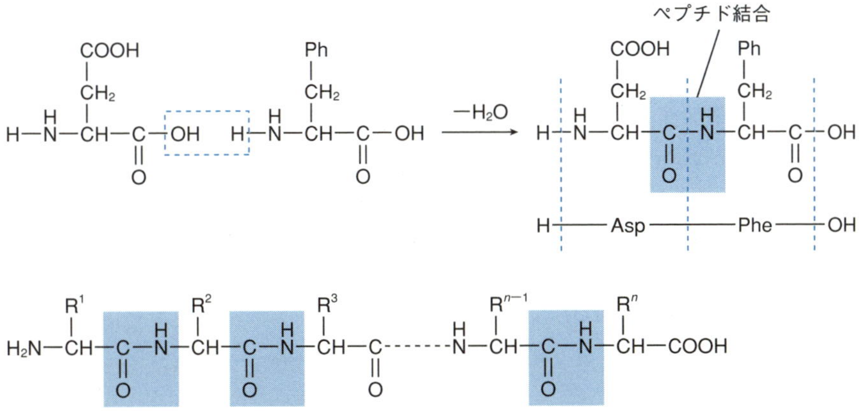

図6・12のペプチドのメチルエステル，すなわち H–Asp–Phe–OCH$_3$ は，砂糖の200倍の甘さをもっており，ノンシュガー甘味料として広く使われている．

図 6・12 ペプチド結合の形成とペプチドの表記，一般的なタンパク質の分子構造

アンギオテンシン
(angiotensin)

アンギオテンシンの構造については本章コラム「病気と治療薬」参照．

圧上昇作用をもつペプチドのアンギオテンシンIIは，3文字表記ではH-Asn-Arg-Val-Tyr-Ile-His-Pro-Phe-OHであるが，1文字表記で表すとDRVYIHPFのようになる．私たちの体内には，そのほかにも図6・13に示すものをはじめ何種類かの"生理活性ペプチド"があり，体調を整える，情報伝達を担うなどのはたらきをもっている．

エンドルフィン（神経伝達物質） YGGFMTSEKSQTPLVTLFKNAIIKNAYKKGE

ジスルフィド結合とは二つの−SH基が酸化されてできる−S−S−結合のこと．

インスリン（血糖値のコントロール．青線はシステイン側鎖間のジスルフィド結合）

```
    ┌──┐
GIVGQCCTSICSLYQLENYCN
       │
FVNQHLCGSHLVEALYLVCGERGFFYTPKT
```

エンドルフィン（endorphin）

インスリン（insuline）

図6・13 体内に存在する生理活性ペプチドの例

20種のアミノ酸が $n$ 個つながってできるペプチドには $20^n$ 種類あり，$n=5$ のペンタペプチドでも320万種が存在しうる．ほとんどのタンパク質は $n>50$ であるから，タンパク質は天文学的な数の母集団から自然が選び出した特別な分子とみなすことができる．

### a. タンパク質の構造

3章のアルカンの項で見たように単結合まわりには回転の自由度があって，分子はいろいろな形（コンホメーション）をとりうる．単結合でできた高分子，たとえばポリスチレンは，同程度のポテンシャルエネルギーをもったコンホメーションが無数にあって，ポリスチレン分子が複数ある場合に，その中のどれか二つが全く同じ三次元構造をとっている確率はほぼ0に近い．

これに対して，タンパク質（ポリペプチド）は，やはり主鎖が単結合でありながら，同じタンパク質分子であれば基本的にどれも同じ三次元構造をとっている（冒頭の口絵参照）．この違いは，人工高分子が全く同じユニットが単に繰返しつながってできているのに対し，タンパク質は20種のアミノ酸が特定の順番でつながってできたものであるという事実に起因する．

### b. タンパク質分子が特定の三次元構造をとる理由

ペプチド結合は−C(=O)−NH−という原子団で構成されており，C=Oの酸素原子，N−Hの水素原子のそれぞれが水素結合にかかわることができる．アミノ酸が $n$ 個つながってできたタンパク質は $(n-1)$ 個のペプチド結合をもっているので，1本のタンパク質分子鎖中で数多くの水素結合を形成できる．実はこのような水素結合は全くでたらめに生じるのではなく，タンパク質を構成しているアミノ酸の並び方（タンパク質の**一次構造**という）に応じてある決まった組合わせでつくられる．

一次構造
(primary structure)

いくつかのタンパク質の分子構造を詳しく見てみると，ある特定の共通した構

造単位があることがわかる．これらの構造単位には規則的な水素結合をもつという共通点があり，タンパク質の**二次構造**とよばれる．代表的な二次構造にαヘリックスとβストランドがある．αヘリックスはポリペプチドを構成している$n$番目と$(n+4)$番目のアミノ酸残基が水素結合した右巻きらせんである（図6・14a）．冒頭の口絵に示したタンパク質の分子構造において，随所にらせん状の部分構造を見ることができるが，これがαヘリックスである．一方，βストランドは主鎖がジグザグに伸びた構造であり，他のβストランドと水素結合することによって安定化される．βストランドが連なって二次元方向に展開したものはβシートとよばれる（図6・14b）．

二次構造（secondary structure）

αヘリックス（α helix）

βストランド（β strand）
ヘリックス，ストランドはそれぞれらせん状構造体，ひも状構造体を意味する言葉である．

βシート（β sheet）

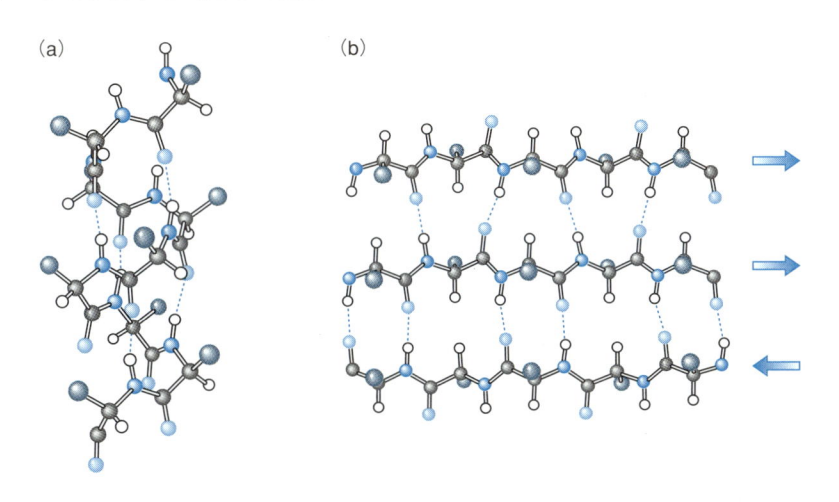

図6・14　ポリペプチドの二次構造．(a) αヘリックス，(b) βストランドならびにそれらが水素結合（……）してできたβシート

二次構造をもったポリペプチド分子鎖全体がさらに折りたたまれて，それぞれのタンパク質分子に固有の立体構造である**三次構造**ができる．ここでは，疎水性相互作用，π-πスタッキング，静電相互作用，そしてシステイン側鎖間でのジスルフィド結合の生成などが協同的にはたらく．

三次構造（tertiary structure）

タンパク質の水溶液を温めたり，冷やしたり，あるいはpHを変えたりすると，タンパク質の三次構造は壊れる．これをタンパク質の**変性**という．変性によって機能をもたない単なるポリペプチド鎖となったタンパク質でも，適当な条件によって立体構造が，さらにはその機能が回復する場合が多い．このことは，タンパク質分子の立体構造は基本的に一次構造の中に"埋め込まれ"ていて，そのシナリオどおりにポリペプチド鎖が折りたたまれていることを意味している．

変性（denaturation）

### c. タンパク質の機能

タンパク質のもつ多様な機能のすべてを紹介すると膨大な量となるため，前節で触れた酵素とレセプターのみを取上げる．

**酵素**とは，触媒活性をもつタンパク質のことである．酵素による触媒反応は，類似の化合物中の特定のもののみにはたらく性質（**基質特異性**），および複数種

酵素（enzyme）

基質特異性（substrate specificity）

> ## 人工タンパク質
> 
> アミノ酸配列を一から設計して全く新しい人工タンパク質をつくり出すことは薬の開発や食糧問題解決などの観点から重要であり，化学者の大きな目標の一つであるが，今日でもなお達成されていない．主な理由は，ポリペプチド鎖が期待した三次元構造にならずに別の形になってしまうためである．ある構造になるようにポリペプチドのアミノ酸配列を設計することはできても，その形以外にならないように設計することは至難である．天然のタンパク質は，長い年月を経た自然の取捨選択でそのようなものだけが残ったと見ることができる．

**選択性**（selectivity）

の生成物が生じうる反応において単一の生成物のみを与える性質（**選択性**）をもつ．これらの性質は酵素−基質間での厳密な分子認識，ならびに酵素内の触媒活性部位が決まった空間配置をとっていることに基づく．

アンギオテンシンIの構造については p. 114 のコラムを，アンギオテンシン変換酵素の構造については冒頭の口絵参照．

生理活性ペプチドのアンギオテンシンⅡ（DRVYIHPF）は，ヒトの体内でアンギオテンシンⅠ（DRVYIHPFHL）がアンギオテンシン変換酵素（略称 ACE）によって加水分解されて生じる．ACE はアンギオテンシンⅠ以外のペプチドを基質とせず，たとえばアンギオテンシンⅡが ACE によってさらに加水分解を受けるということはない（基質特異性）．また，アンギオテンシンⅠは九つのペプチド結合をもつが，ACE が加水分解するのは F と H の間のペプチド結合のみである（選択性）．ペプチドは酸触媒を用いて化学的に加水分解することもできるが，その反応はどんなペプチドに対しても起こり，またどのペプチド結合もすべて切れて完全にばらばらのアミノ酸になる．このことから，酵素反応がいかに高度に反応を制御しているかがわかる．

さらに，運動や神経伝達，遺伝情報の転写や翻訳など，生命活動のあらゆる場面に酵素はかかわっている．

私たちの体内には酵素が全部で 5000 種類ほど存在している．食物が消化されて小分子になることも，吸収された小分子をさらに反応させてエネルギーを取出すことも，それらを原料として生体に有用な物質をつくり出すことも，すべて酵素のはたらきによる．

### d. レセプター

レセプターは厚さ 8〜10 nm の細胞膜を貫通する膜タンパク質であり（図 6・21 参照），細胞の内外にその分子表面をさらけ出している．細胞の外側には外来分子との結合部位をもち，内側では別のタンパク質（X とする）と結合している（図 6・15）．外来分子がレセプターと結合するとレセプター分子のコンホメーションが変化する．この変化により，レセプターと X の相互作用が弱まって，X がレセプターから遊離する．つぎに X が細胞内で別のタンパク質 Y と結合し，Y にも構造変化が誘起される．その結果 Y が酵素活性を獲得し，細胞内で数多くの基質分子を反応させる．さらに，その生成物が他のタンパク質 Z と結合して，といった一連のできごとが起こる．これが前節で述べた"スイッチが入る"とい

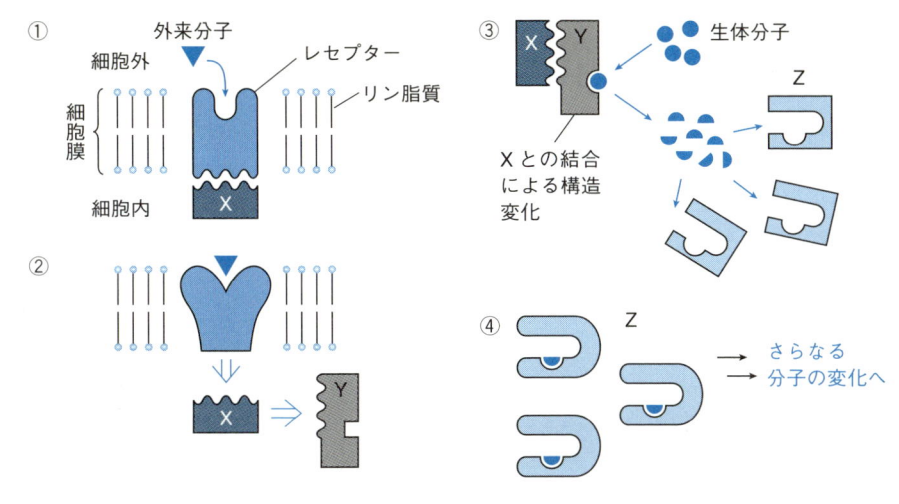

図 6・15 レセプターと分子の結合および構造変化

う状態である．このように，生体内での情報伝達は，多段階の分子間相互作用ならびに酵素反応によって達成されており，最初の1分子の認識が膨大な数の分子の変化に増幅されるプロセスが含まれる．

一般に，体細胞表面のレセプターは，特定の体内分子（生体内リガンド）と選択的に結合する．生体内リガンドとして，ドーパミンやアセチルコリンなどの神経伝達物質，あるいはテストステロンやチロキシンといったホルモンがある（図 6・16）．

チロキシンについては 1・3 節参照．

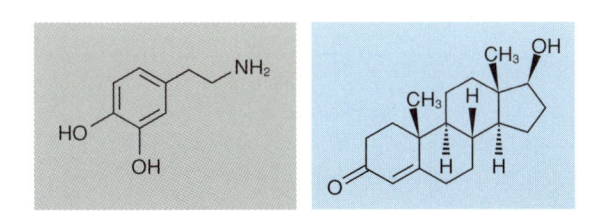

図 6・16 生体内リガンドの例．ドーパミン（左）とテストステロン（右）

ドーパミン (dopamine)
テストステロン (testosterone)

## 6・3・3 糖 質

**糖質**は生物にとって欠かせない物質である．生命活動のエネルギー源（D-グルコース）であるほか，構造体の形成（セルロース），細胞の認識（糖脂質）などに深くかかわる．

糖質は多価アルコール $H-[CH(OH)]_n-H$（$n \geq 3$）の最初の酸化生成物であり，ホルミル基をもつ**アルドース**と，カルボニル基をもつ**ケトース**がある．アルデヒドはカルボン酸へと酸化されやすいため（3・6・2 節参照），アルドースは還元性（相手物質に電子を与える性質）を示す．

糖質の一般的性質として，有機化合物でありながら水に溶けやすいことがあげ

糖質 (sugar)
炭水化物 (carbohydrate) ともいう．

アルドース (aldose)
ケトース (ketose)

## 病気と治療薬

病気の人の体内では，ある種の酵素やレセプターがはたらきすぎる状態にあることが多い．薬による治療では，本来は特定の基質や生体内リガンドとだけ結合する酵素やレセプターに対して，その基質やリガンドと似た構造もつ薬分子を"誤って"結合させ，それらタンパク質本来のはたらきを邪魔することで，病気を治していく．

たとえば，高血圧の治療薬カプトプリル（captopril）はアンギオテンシン変換酵素（ACE，冒頭の口絵参照）に結合して，本来の基質であるアンギオテンシン I との結合を阻害する．カプトプリルとアンギオテンシン I の構造は一見似ているとはいえないが，前者はアンギオテンシン I の ACE 結合部位の構造だけを抽出したような構造をもっている．

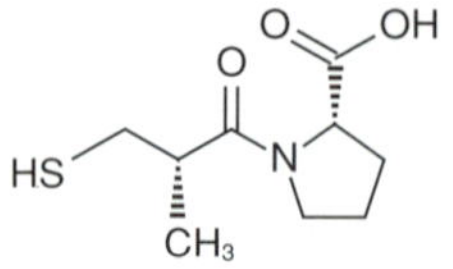

カプトプリル

このように，薬分子の構造は酵素の基質とそっくりというわけではなくて，"何となく似ている"という程度である．それでは基質と何となく似ている分子がすべて薬になるかというと，そのようなことは全くなく，活性があるのは何千・何万に一つといった程度であり，しかも副作用があると薬としては使えない．このあたりに創薬の難しさがある．

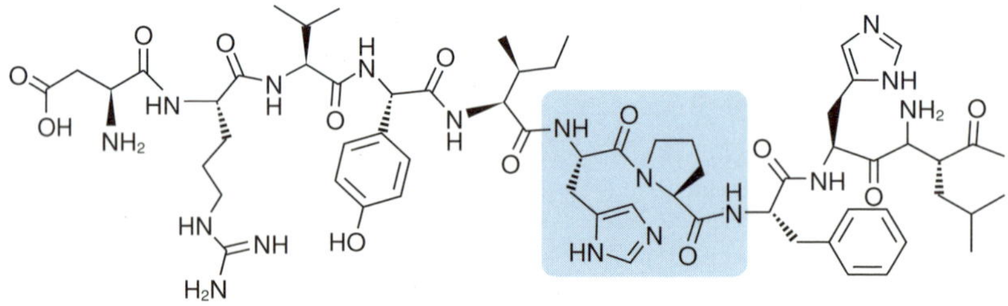

図 アンギオテンシン I．四角で囲んだところがカプトプリルと"似ている"部分

---

られる．これは，疎水性の炭化水素基に対する親水性のヒドロキシ基の割合が大きくて，分子が水和されやすいためである．

**単糖**（monosaccharide）

**グリセルアルデヒド**
（glyceraldehyde）

**ジヒドロキシアセトン**
（dihydroxyacetone）

**D-グルコース**（D-glucose）

最も単純な**単糖**は三炭糖（炭素数3の糖）の**グリセルアルデヒド**と**ジヒドロキシアセトン**である．グリセルアルデヒドはキラルな化合物であるが，天然には図 6・17 に示した $R$ 配置のみが存在する．糖の立体化学の表現には **DL 表示**という独特の方法が用いられ，この化合物は D-グリセルアルデヒドとよばれる．植物が光合成によって二酸化炭素と水からつくり出す **D-グルコース**（ブドウ糖）は，六炭糖のアルドースである．この化合物には不斉炭素が四つあり，全部で 16 個

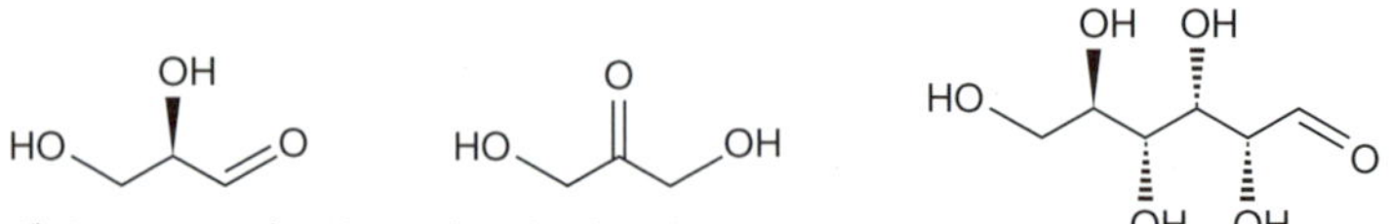

グルコースを図 6・17 のように描いたとき，左から二つ目の炭素のヒドロキシ基が手前に出たものを D 体と命名し，向こう側に出たものを L 体と命名する．なお，この表示法はアミノ酸の場合にも拡張されていて，天然に存在するアミノ酸はほとんどが L 体である．

D-グリセルアルデヒド
（アルドース）

ジヒドロキシアセトン
（ケトース）

D-グルコース

図 6・17 単糖の分子構造

の立体異性体が存在する．なお，天然に存在する糖はほとんどが D 体である．

糖の多くは，水溶液中においてヒドロキシ基とカルボニル基との可逆的な分子内反応に基づいて，直鎖と環状ヘミアセタールの 2 種の構造の平衡混合物として存在している．D-グルコースは 99 % 以上が環状体であるが，鎖状体を経て相互変換するために，アルドースの一般的性質である還元性を示す（図 6・18）．民生用の鏡はガラス板上での銀イオンの還元反応（銀鏡反応）によってつくられており，その際には D-グルコースが還元剤として用いられる．

鎖状の D-グルコースが環状になると，不斉炭素が新たに一つ生じる（図 6・18 における 1 位の炭素）．このため，環状体には 2 種類の立体異性体が存在する．1 位の炭素に結合したヒドロキシ基が環の上側に出たものを β 体，下側に出たものを α 体という．α 体と β 体は互いにジアステレオマーであり，物性が異なる．

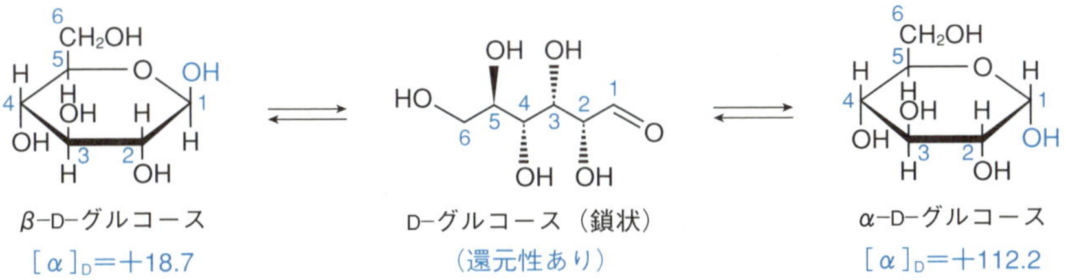

> ヘミアセタールとは一つの炭素にヒドロキシ基とアルコキシ基の 2 種類が結合した部分構造を指す（式 3・25 参照）．アルドース誘導体にはヘミアセタール構造をもたないものもあり，これらは還元性を示さない．

β-D-グルコース  
$[\alpha]_D = +18.7$

D-グルコース（鎖状）  
（還元性あり）

α-D-グルコース  
$[\alpha]_D = +112.2$

図 6・18　水中での D-グルコースの分子構造

水に溶かしてすぐに測定した β-D-グルコースの旋光度は $[\alpha]_D = +18.7$ であるが，この値は時間が経つにつれて徐々に変化し，最終的に $[\alpha]_D = +52.7$ となる（変旋光）．同様に，α 体でも変旋光は観察され，$[\alpha]_D = +112.2$ から最終的には $[\alpha]_D = +52.7$ に変化する．これは，二つの環状体間に鎖状構造を介した平衡状態が存在し，α 体と β 体が 36 : 64 の比で平衡混合物を生成するためである．

α-D-グルコースどうしが 1,4-グリコシド結合（一つの D-グルコースの 1 位ともう一つの D-グルコースの 4 位での脱水縮合）した**マルトース**（麦芽糖）は水あめの成分であり，還元性を示す．麦芽糖は酵素マルターゼによって 2 分子の D-グルコースに加水分解される．このように加水分解を受けて 2 分子の単糖になる化合物を**二糖**という．同じ二糖でも，**スクロース**（ショ糖）はヘミアセタール構造をもっていないために還元性を示さない．砂糖はスクロースのことであり，調味料として長期保存が可能なのは，この酸化されにくいという性質による．

ご飯やパンに含まれるデンプンや植物繊維の成分のセルロースは，D-グル

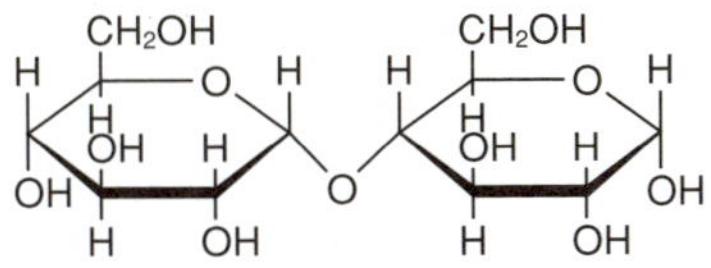

> 高等動物はグルコースを体内で二酸化炭素と水に酸化分解することによってエネルギーを取出す．この酸化分解反応により生じるエネルギーは，グルコース 1 g 当たり約 4 kcal である．

> **マルトース**（maltose）

> 単糖とはグルコースのようにそれ以上加水分解を受けない糖を指す．

> **二糖**（disaccharide）

> **スクロース**（sucrose）

マルトース（麦芽糖） 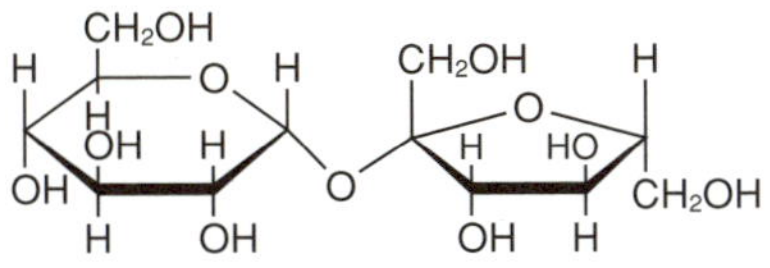　　　　スクロース（ショ糖）

**多糖**（polysaccharide）

**デンプン**（starch）

料理のあんかけの"あん"の正体はデンプンのりである．

切ったジャガイモにヨウ素液をたらすと鮮やかな青紫色になる．この色はデンプン分子のつくるらせんの中空部分に直線状の $I_3^-$ イオンが入り込んでできる複合体に由来するものであり，ヨウ素とデンプンが化学反応をしているわけではない．

**アミラーゼ**（amylase）

**セルロース**（cellulose）

コースが縮合重合（8章参照）してできた天然高分子である．このような糖でできた高分子を**多糖**という．

**デンプン**　α-D-グルコースが 1,4-グリコシド結合でつながってできた高分子である．図 6・19(a) に示すようにらせん構造をとり，固体状態ではらせん同士がさらに水素結合をしている．デンプンは熱水に溶けてデンプンのりになるが，これは盛んに熱運動する水分子がデンプン分子のつくるらせん同士の水素結合を断ち切って，その間に割り込むためである．

ご飯を長く噛んでいると甘みを感じるようになるが，これはデンプン自体に甘みがあるからではない．巨大分子であるデンプンは，味細胞のレセプターの結合部位までは入り込めず，無味である．甘みの正体は，だ液中の酵素である α-アミラーゼによりデンプンが加水分解されて生じる麦芽糖である．

**セルロース**　β-D-グルコースが 1,4-グリコシド結合で連結した多糖で，植物細胞の細胞壁および繊維の主成分であり，天然の植物質の 1/3 を占める．綿は，ほぼ純粋なセルロースである．

セルロースはデンプンと異なり熱水にも溶けない．これは直線状のセルロース分子がデンプンよりも強く分子間水素結合をしており，その間に水分子が入り込めないためである（図 6・19b）．ヒトはデンプンを分解してグルコースにすることはできても，セルロースを分解することはできない．

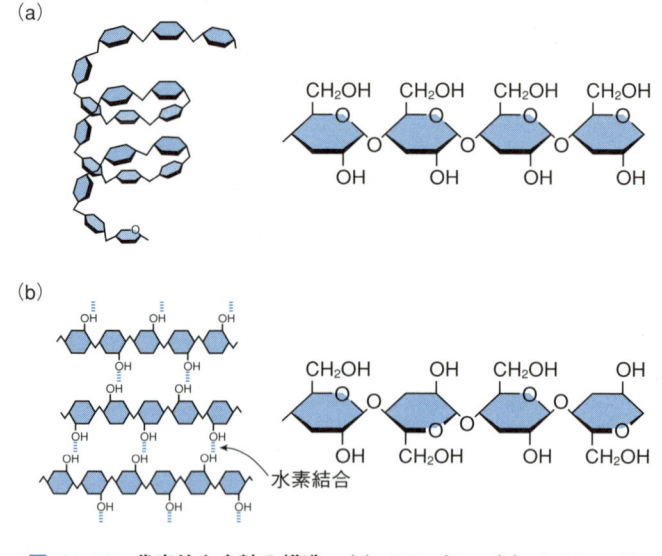

図 6・19　代表的な多糖の構造．(a) デンプン，(b) セルロース

### 6・3・4 脂　質

**脂質**（lipid）

　脂質は生体内にある水に溶けない分子の総称で，量の多いものはリン脂質と脂肪である（図 6・20）．前者は細胞膜の主成分で，外部環境との境界，あるいは生命現象をつかさどる小器官の"入れ物"の役目をもっている．一方，後者はエネルギー源としての役割をもつ．そのほか，一部の疎水性ビタミン類（ビタミ

6・3 生体有機分子の化学と生命現象　117

> ### セルロースとバイオエタノール
>
> 　自動車の燃料としてバイオエタノールを混ぜたガソリンが市場に出ているが, これまでのバイオエタノール生産は余剰穀物中のデンプンからグルコースを経て生産されたものであり, 食糧問題の観点からはあまり好ましくないというイメージがある. そこで注目を集めているのが, セルロースを原料とするバイオエタノール生産である. セルロースをエネルギー源としている草食動物, シロアリ, キノコ, 貝類などは, セルロースを分解するセルラーゼという酵素をもつ (草食動物では動物自身ではなく消化管内に共生するバクテリアがもっている). セルラーゼを集めてセルロースの分解に用いれば, バイオエタノール生産につながる. 植物資料の化学的前処理や, 大量の酵素が必要な点などの問題があるが, 今後研究が進展すれば実用化の道が開けると期待されている.

バイオエタノール (bioethanol)

セルラーゼ (cellulase)

A, D, E), コエンザイム Q, コレステロールなども脂質の仲間である. これらの分子はいずれも, 炭化水素の割合がきわめて高い.

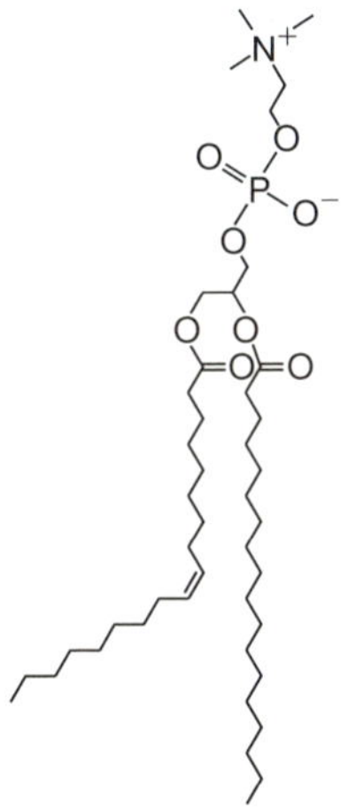

レシチン (リン脂質の一つ) 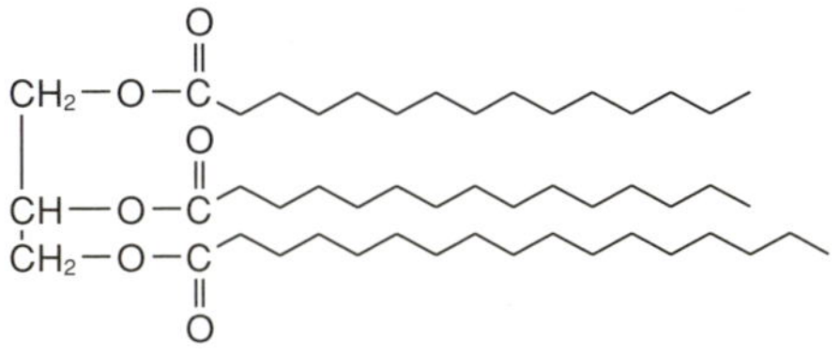　トリアシルグリセロール (中性脂肪の一つ)　ビタミンA　コレステロール

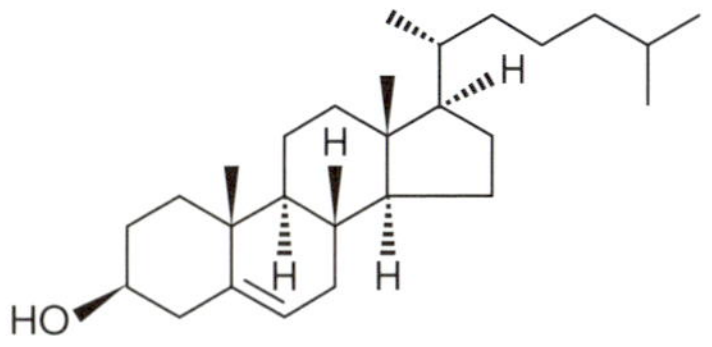

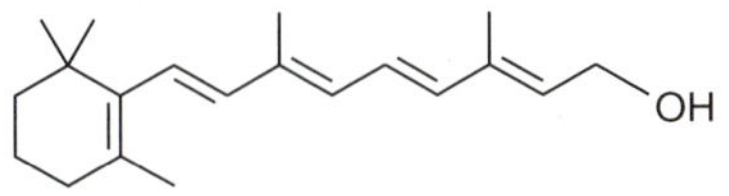

**図 6・20** 代表的な脂質の分子構造

レシチン (lecithin)
トリアシルグリセロール (triacylglycerol)
ビタミンA (vitamin A)
コレステロール (cholesterol)

　**リン脂質**は細胞膜を構成する分子であり, 親水性の大きなリン酸エステル部分と疎水性の大きな長鎖脂肪酸エステル部分からなっていて, 両親媒性を示す. 水中でリン酸エステル部分を表面, アルキル鎖を内部に向けた脂質二分子膜を形成し, それが球状に閉じることで "内" と "外" のある構造体になる. これが**細胞膜**である. 先に述べたレセプタータンパク質は, 細胞膜を貫いて存在している (図 6・21).

　脂肪はタンパク質, 炭水化物と並んで三大栄養素を構成する. 脂肪が酸化分解されるときにエネルギーを生じ, その発熱量は脂肪 1 g 当たり約 9 kcal である. 脂肪はまた, 生体中で保温や外部からの衝撃の緩和の役目をするほか, コレステ

リン脂質 (phospholipid)
細胞膜 (cell membrane)

高脂血症は血中コレステロール量の増加に起因する. 体内のコレステロールの 70% は, 私たち自身が糖や脂肪を原料に酵素反応によって合成したものである. 高脂血症薬はこの酵素を阻害して, コレステロールが体内でつくり出されるのを防ぐ.

脂質二分子膜

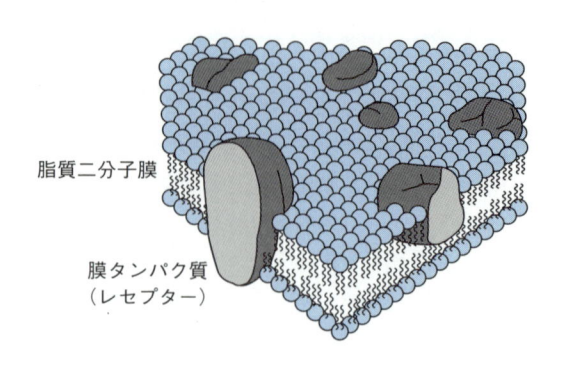

膜タンパク質
（レセプター）

図 6・21　細胞膜の構造

ロールなどを生合成するうえでの化学原料にもなっている．

### 6・3・5　核　酸

ヒトからはヒトが生まれ，その子は親に似ている．これを遺伝といい，私たちの体を構成する細胞一つ一つの内部に，遺伝をつかさどる遺伝子が存在している．遺伝子は，分子レベルで見ると4種のヌクレオチドをモノマーとする生体高分子，**デオキシリボ核酸**（**DNA**）である．この節のはじめに，タンパク質のアミノ酸配列が高次構造や機能を決めていると述べたが，そのアミノ酸配列を決めているのはDNAのヌクレオチドの配列（塩基配列）である．このため，DNAは"生命の設計図"であるといわれる．

デオキシリボ核酸
(deoxyribonucleic acid, DNA)

#### a. DNAの構造

DNAは核酸塩基と糖（2-デオキシリボース），それにリン酸からなる**ヌクレオチド**単位がリン酸ジエステル結合で連なった生体高分子である（図6・22）．

ヌクレオチドの糖の1位に結合している原子団を**核酸塩基**という．DNAの核酸塩基にはアデニン（A），グアニン（G），シトシン（C），チミン（T）の4種類がある．これらは，分子骨格によって**プリン塩基**（A, G）と**ピリミジン塩基**（C, T）とに分けられる（5章参照）．

一つのDNA分子鎖中のヌクレオチドの並び順のことを**塩基配列**という．DNA分子の大きさ（重合度）や塩基配列は，生物種によって異なる．また，同じ生物はよく似た塩基配列をもつが，完全に同じではなく個体によって部分的に異なる．しかしながら，一つの個体の中では臓器，皮膚，毛髪など，どの部分の細胞をとっても，その中にあるDNAの塩基配列は同じである．DNA鑑定はこのことを利用している．

DNAの塩基配列は生物や個体によって異なるが，真核生物の核にあるDNA分子の形は生物種などによらず，すべて**二重らせん**構造になっている．図6・23に示すように二重らせんを形成する2本の核酸分子は互いに逆方向を向いており，核酸塩基のAとTならびにGとCが互いに水素結合している．水素結合で結ばれたこれらの核酸塩基のペアは塩基対とよばれる．DNAの二重らせん構造

ヌクレオチド（nucleotide）

核酸塩基（nucleobase）

プリン（purine）

ピリミジン（pyrimidine）

塩基配列（base sequence）

DNAの塩基配列の個体差に基づいて人物の特定などを行うことが"DNA鑑定"である．DNAのコピーを大量につくることができる技術によって，1本の髪の毛，だ液や血液の付着物などほんのわずかな試料でも分析が可能となっている．

二重らせん構造
(double helix structure)

は何千，何万とつながった塩基対間の水素結合と糖であるデオキシリボースのもつキラリティーよって実現されている．また，核酸塩基がその両隣にある別の核酸塩基との間でπ–π スタッキングを形成することも二重らせん構造の安定化に寄与している．私たちの体内にある二重らせん DNA のほとんどは右巻きで，10

π–π スタッキングについては 2・4・4 節参照．

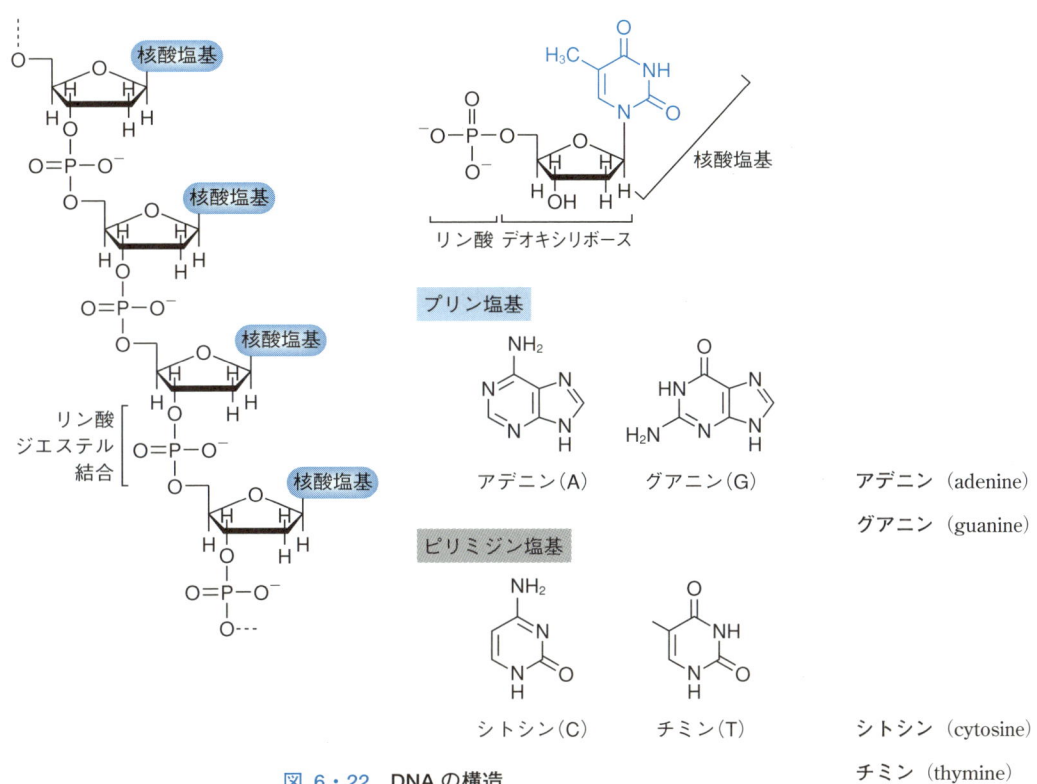

図 6・22　DNA の構造

アデニン (adenine)
グアニン (guanine)

シトシン (cytosine)
チミン (thymine)

図 6・23　DNA の塩基対の形成 (a) および二重らせん構造 (b)

塩基対進むごとに1周するピッチのらせん構造をもつ．

DNAは真核生物においては直径5 μmにみたない細胞核内に線状高分子として存在し，ヒストンというタンパク質と結合して染色体を形成している．染色体のDNAは全部で30億bp（base pair，塩基対）というとてつもない長さをもち，これをつなげてまっすぐに伸ばすとヒトの場合で2 mにも達する．このため，普段は非常に高度に折りたたまれている．

この膨大な塩基対の全配列を決定するヒトゲノム計画が世界規模の共同研究として1991年に開始され，2003年に解読が終了した．

### b. 核 酸 の 機 能

核酸の機能は，遺伝情報の保存と伝達である．DNAは二重らせん構造をとることによって，遺伝情報を安定に保存し，必要なときにだけ酵素によって二重らせんの一部がほどけて情報伝達を行う．

古代試料に含まれるDNAを解析して古生物の様子を知ることができるのは，DNAの化学的安定性によるところが大きい．

タンパク質の合成は，生きた細胞の中でDNAの塩基配列情報をもとに行われている．4種しかない塩基でどのようにして20種のアミノ酸をコードしているのだろうか．実は，連続した三つのヌクレオチドの塩基（**コドン**（codon）という）が一つのアミノ酸を表すという仕掛けになっている．たとえば，TTAというコドンはロイシンに，CAGはグルタミンに対応するといった具合である．コ

---

**リボ核酸**
(ribonucleic acid, RNA)

**ウラシル**（uracil）

### もう一つの核酸——RNA

細胞の中にはDNAのほかにもう1種類，**リボ核酸**（**RNA**）という核酸が存在している．リボ核酸はヌクレオチドの糖の部分がリボース（DNAのデオキシリボースではOH（図中の青色）がHに置き換わっている）であること，核酸塩基としてチミンの代わりにウラシル（U）をもつことがDNAと異なる．

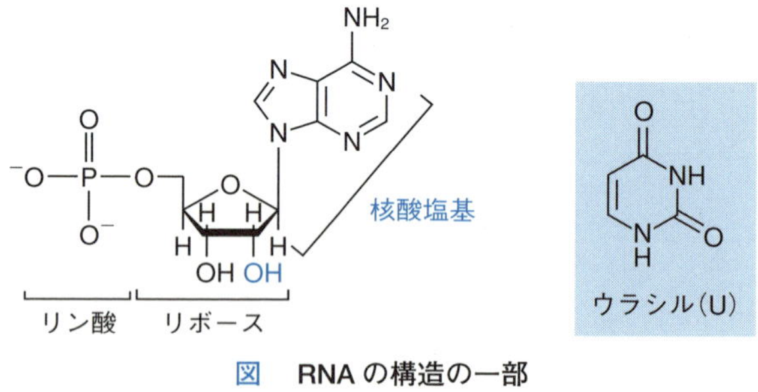

図　RNAの構造の一部

この分子構造の違いに起因して，RNAは2本の分子で二重らせん構造を形成することはない．

細胞内でのRNAの役割の主なものには，DNAの情報を写し取ってタンパク質の合成につなげる伝令や，細胞内でのタンパク質合成のための環境の提供，アミノ酸の運搬などがある．細胞内でのタンパク質合成はアミノ酸一つ当たり0.05秒という驚異的な速さで行われ，冒頭の口絵に示した巨大分子でも30秒で合成が終わる計算になる．

ドンの塩基配列の組合わせは $4^3$ 通りであるから，20 種類のすべてのアミノ酸に十分に対応できる．

### 6・3・6　有機化学と生命現象

当初，有機分子は人間が手に入れることのできない特別な"生命力"を宿した分子とみなされ，有機分子をつくり出せるのは生命体だけであると考えられていた．その後，有機化学の発展とともに，生命力がなくても自由に有機分子を合成したり，反応させたりすることができるとわかった．そして，この節で述べてきたように，むしろ生命活動のほうが有機化学の原則に基づいて成り立っているということが明らかになっている．

では，格段に進歩した現代の有機化学の技術で，人工生命を実現することは可能だろうか．現時点では，それは全くできていない．有機化学はこれまで，生命現象の一部を取出して単純化することで生命現象を理解してきた．それらの理解に基づいた個々の現象については，ある程度まで人工的な再現も可能になっている．しかしながら，実際の生命現象はこれらの単なる足し合わせではなく，それぞれの現象がまさに"有機的に"複雑に入り組んでおり，これら現象間の相互関係については未解明の部分が非常に多い．昔の科学者が考えていた生命力とは，多様な生体有機分子が互いに影響し合いながらそれぞれの機能を果たすという，この複雑なシステムのことを指しているのであろう．

# 7

# 有機化合物をつくる──有機合成化学

　多くの種類の有機化学品が私たちの生活の隅々まで浸透し，豊かで便利な社会を支えている．これらの有機化学品は，化学工業や製薬業などにおいて，化学反応によって基幹原料から合成したものである．石油や石炭，あるいは天然ガスなどの炭素資源から，基幹原料がどのようにつくり出されるかについては他の章にゆずり，ここでは，有機化学反応を用いて目的化合物をつくり出す"有機合成化学"について見てみよう．

## 7・1　有機合成化学の方法論

　合成のターゲットとなる有機化合物は，化学工業であれば3, 4章で紹介したものをはじめとする種々の有機化学品，製薬業であれば医薬品ということになる．また，生理活性をもつ天然物の研究では，活性の高いものほど自然界において微量にしか存在せず，入手できる量が少ないため十分に実験できないことがしばしばある．このような場合には，天然物を合成することも求められる．

　さて，合成すべき対象がどれほど複雑な構造の化合物であっても，目的化合物は特定の**炭素骨格**（炭素がつながってできた基本骨格）をもち，それらのうちいくつかの炭素には官能基が結合している．

　ここで，樹脂の可塑剤である化合物 A を例にとって考えよう．

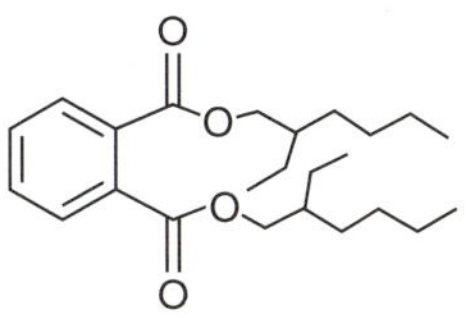

A 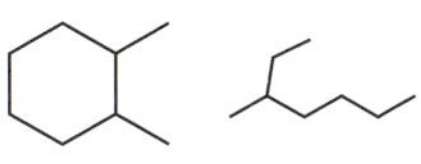　　　　　炭素骨格 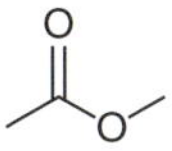　　　官能基

　化合物 A の右側部分はよく見ると上下とも同じ構造であるので，この化合物の炭素骨格と官能基は上記に示したものになる．化合物 A を合成するとは，入手可能な原料から正しくつなげられた形でこれらの炭素骨格と官能基をつくり出す，というプロセスにほかならない．化合物 A は，工業的にはエチレンと o-キ

高分子化合物は重要な有機化学品の一つであるが，その合成については8章で詳しく扱う．

炭素骨格 (carbon framework)

可塑剤とは，成形を容易にするために加えられる化学品のことをいう．

シレンから製造されているが，これらの出発物質からいったいどのように合成されるのだろうか．

> 化学反応式の左側に描かれる物質について，反応そのものに注目しているときには"反応物"ということばを用いる（3章参照）のに対し，合成によって何かをつくり出すことに主眼が置かれている場合には"出発物質"，"出発原料"などとよぶ．

化合物 A の官能基であるエステルはカルボン酸とアルコールの縮合反応で得られるので，対応するカルボン酸やアルコールを合成すればよい．4章で述べたとおり，o-キシレンは酸化によってメチル基をカルボン酸にできるので，化合物 A の左側部分をつくり出すことは比較的容易である．一方で，化合物 A の右側部分にある二つの8炭素ユニットはエチレンからつくられるが，どのようにして炭素骨格を組上げて，ヒドロキシ基を導入するのかはすぐにはわからないだろう．2炭素ユニットを四つつなげてできる8炭素ユニットは一通りではないし，そもそもエチレンを（3や5ではなく）4分子だけつなげること自体，簡単なことではない．

> この合成プロセスは A を製造する化学工業プロセスとは一部異なるが，出発原料と中間生成物はほぼ同じである．

ではここで，実際の化合物 A の合成プロセスを見てみよう．エチレンから中間生成物 X が得られるまでの過程は，原料との対応関係を示すために，エチレンの一方の炭素に●を付け，それが反応によって生成物のどの部分になるかを示してある．

(7・1)

これによると，中間生成物 **X** はエチレン4分子から一度にできるのではなく，多段階でつくられることがわかる．ステップ(2) で2炭素ユニット2分子が結合して4炭素ユニットが，さらにステップ(4) で4炭素ユニット2分子から8炭素ユニットが形成される．炭素骨格はこれら二つのステップで決定されており，その他のステップでは官能基が変化するだけで骨格自体は維持される．

以上より，目的化合物の合成は，炭素骨格をつくり上げる**炭素−炭素結合生成反応**と官能基を付け替える**官能基変換反応**からなる一連の反応を経て実現されるということがわかる．化合物 **X** の合成ではステップ(2)，(4) が炭素−炭素結合生成反応であり，それ以外はすべて官能基変換反応である．

なお，o-キシレンは酸化されてフタル酸へ，さらには分子内の脱水反応によってより反応性の高いフタル酸無水物へと導かれる．最後に化合物 **X** 2分子と **Y** 1分子から **A** が合成される．これらの一連の反応は，すべて官能基変換反応に分類される．

ここまででわかるように，目的化合物を合成するには，① どのような炭素ユニットをどのようにつないで炭素骨格を組上げるか，② どのようにして官能基を導入するか，の2点を考慮に入れて計画を立てる必要がある．①，② はともに

炭素−炭素結合生成反応 (C−C bond forming reaction)

官能基変換反応 (functional group interconversion)

---

### 建築と有機合成

目的分子の有機合成は，家を建てる作業にとてもよく似ている．まず，手に入る建材（合成原料）や道具（反応）にどのようなものがあるか，どの建材にはどの道具が適しているかなどの予備知識を十分に得ておく．つぎに，最終製品である家（目的化合物）のつくり（分子構造）を解析し，その家の骨組み（炭素骨格）をどうやってつくり上げるか，そして内外装（官能基）をどのタイミングでどのように施すかといったことを考慮しつつ，建築（合成）計画を立てる．建材や道具の扱い方や危険性を熟知していないと事故につながる，という点までそっくりである．

家の内装などは気に入らなければ後からでも直せるが，家を大部分建ててしまってから柱を抜いて別な場所に付け替えることはできない．同様に，官能基を後から変えることは比較的容易であるが，炭素骨格を変更することはきわめて困難である．このことは「事前の周到な計画がきわめて重要」ということを示唆している．

化学反応であることに変わりはないので，計画の立案には反応に関する知識が前提となる．しかし，このような作業は有機化学の専門家に任せておいて，本章では，既知の合成ルートのおおまかな流れを理解できるようになることを目指す．そのためには，個々の化学反応を理解するよりも，これらの反応がどのようなタイプのものであるかを知ることが重要である．

有機化学反応の数はきわめて多いが，そのほとんどは酸塩基反応もしくは酸化還元反応に分類される．**酸塩基反応**とは，文字通り酸もしくは塩基によって引き起こされる反応のことであり，反応前後で炭素の酸化度に変化はない．これに対して反応の前後で炭素の酸化度が増加するものを**酸化反応**，逆に減少するものを**還元反応**という．酸化と還元は物質間の電子の授受であるという点で共通しており，合わせて**酸化還元反応**とよばれる．酸化度についてはコラム参照．

酸塩基反応 (acid–base reaction)
酸化反応 (oxidation)
還元反応 (reduction)
酸化還元反応 (redox reaction)

前述した化合物 A の合成プロセスにかかわる八つの反応を分類すると，以下のようになる．

酸塩基反応 { 酸触媒反応：(7), (8)
塩基触媒反応：(2), (4)

酸化還元反応 { 酸化反応：(1), (6)
還元反応：(3), (5)

以上述べてきた有機化学反応の 2 種類の分類法は，有機合成化学における縦糸と横糸のような関係にあり，図に示すと下のようになる．（ ）内には化合物 A の合成で用いられる反応の番号を示した．

|  | 酸塩基反応 | 酸化還元反応 |
|---|---|---|
| 炭素–炭素結合生成反応 | ○ (2, 4) | △ (なし) |
| 官能基変換反応 | ○ (7, 8) | ○ (1, 3, 5, 6) |

○ 多数の反応例がある，△ 反応例は限られる．

酸塩基反応，酸化還元反応による官能基変換反応については，3 章で紹介しているので，ここでは炭素骨格の構築に重要な炭素–炭素結合生成反応を見ていくことにする．

### 7・2 炭素–炭素結合生成反応

前述のとおり，炭素–炭素結合生成反応のほとんどは酸塩基反応である．それではなぜ，酸塩基反応は炭素–炭素結合生成に有効なのだろうか．

高校などの化学実験で，水素と酸素から水をつくる化学反応を見たことのある人も多いだろう．これらの成分を試験管に集めて，その口にマッチの火を近づけると，「ポン」という音とともに，一瞬にして反応が進行する．これにならって，反応容器内に 1 炭素化合物のメタン $CH_4$ と 2 炭素化合物のエチレン $CH_2=CH_2$ を閉じ込めて電気火花で点火すると，炭素–炭素結合が生成して，3 炭素化合物のプロパン $CH_3CH_2CH_3$ だけを取出すことができるだろうか．

水の例では，水素と酸素からなる分子の中で，エネルギー的に水が圧倒的に安定であるために，水が生じる方向に反応は進む．これに対して炭化水素では，化

## 炭素の酸化度と有機反応の分類

炭素の**酸化度**(oxidation level)は,「炭素よりも電気陰性度の小さな水素などとの結合は$-1$,酸素やハロゲンなど電気陰性度の大きなものとの結合は$+1$として,炭素の各結合についての総和をとったものである.ただし,多重結合は多重度の数だけ数える」と定義される.炭素の酸化度の最小値は$-4$(例:メタン),最大値は$+4$(例:二酸化炭素)である.いくつかの1炭素化合物について,酸化度を示す.

| 酸化度 | $-2$ | $\pm 0$ | $+2$ | $+4$ |
|---|---|---|---|---|
| 化合物例 | CH₃OH, CH₃NH₂ | HCHO, CH₂Cl₂ | HCOOH, CHBr₃ | CCl₄, (H₂N)₂C=O |

これらの化合物の相互変換を分類してみよう.ホルムアルデヒド(上段左から2番目)をメチルアミン(下段の1番左)に変える反応は,炭素の酸化度の減少を伴うので還元であり,ホルムアルデヒドをトリブロモメタン(下段右から2番目)にする反応は,酸化ということになる.一方,ホルムアルデヒドをジクロロメタンに変える反応では炭素の酸化度に変化がなく,これは酸塩基反応に属する.

炭素が二つ以上ある化合物でも同様に考えるが,反応によって分子中の複数の炭素の酸化度が変化する場合には,それらの炭素についての酸化度の総和で判断する.以下に例を示す.炭素の上の数字は酸化度を表している.

このように,ある有機反応が酸化還元反応,酸塩基反応のいずれに属するかは,反応前後での炭素の酸化度の変化によって判別できる.

$$\overset{-2}{H_2C}=\overset{-1}{CH}-CH_3 \longrightarrow \overset{-3}{H_3C}-\overset{-2}{CH_2}-CH_3 \quad \text{還元反応}(-3 \rightarrow -5)$$

$$\overset{-2}{H_2C}=\overset{-2}{CH_2} \longrightarrow \overset{-3}{H_3C}-\overset{+1}{CHO} \quad \text{酸化反応}(-4 \rightarrow -2)$$

$$\overset{+1}{CH_3CHO} + \overset{-3}{CH_3CHO} \longrightarrow H_3C-\overset{\pm 0}{CH(OH)}-\overset{-2}{CH_2}-CHO \quad \text{酸塩基反応}(-2 \rightarrow -2)$$

$$H_3C-\overset{\pm 0}{CH(OH)}-\overset{-2}{CH_2}-CHO \longrightarrow H_3C-\overset{-1}{CH}=\overset{-1}{CH}-CHO \quad \text{酸塩基反応}(-2 \rightarrow -2)$$

合物に多様性があり，かつ化合物間でのエネルギー差が比較的小さいため，反応が進行したとしても混合物が得られてしまう．このため，上記のような方法は有機化合物の合成法としては適当ではない．

混合物を生成ぜずに目的の炭素骨格だけを形成させるには，出発分子に互いに決まった相手のみに反応するような仕掛けをしておくとよい．それには，一方の分子に正電荷（＋性）を，他方に負電荷（－性）を与えておく方法が有効である．＋性のものは－性のものとだけ反応し，＋性のもの同士，－性のもの同士が反応することはない．また，生成物は＋性でも－性でもない中性のものになり，これも反応性を示さない．この「＋性の分子と－性の分子の反応」とは酸塩基反応にほかならず，上に述べたような"決まった相手とだけ反応する"という性質が，炭素-炭素結合生成反応で特定の炭素骨格をつくり出すのに有効である．

酸塩基反応によって1炭素化合物と2炭素化合物からの3炭素化合物の合成を行う場合のイメージを以下に示す．ここでは炭素骨格にだけ注目しており，官能基については省略してある．

$$C^{\oplus} \quad {}^{\ominus}C-C \longrightarrow C-C-C \quad \text{あるいは} \quad C^{\ominus} \quad {}^{\oplus}C-C \longrightarrow C-C-C$$

ただし実際には，炭素上に正，負それぞれの電荷をもつ有機化合物同士を反応させることはほとんどない．反応する二つの分子のうち一方のみが電荷をもっていればよく，他方の分子は結合の極性などによって電子がいくぶん不足（δ＋性をもつ）あるいはいくぶん過剰（δ－性をもつ）という程度で十分である．塩基性条件での炭素-炭素結合生成反応はカルボアニオン（炭素陰イオン）とδ＋性の炭素との間で起こるものであり，酸性条件での反応はカルボカチオン（炭素陽イオン）とδ－性をもつ炭素との間で起こる．

> π軌道はσ軌道に比べて原子核による束縛が弱いために空間的な広がりが大きく，このため，アルケンなどは＋性の化学種に対して容易にπ電子を供与できる性質をもつ．

δ＋性を帯びた炭素の例としてはハロゲン化アルキルやカルボニル化合物など電気陰性度の高い原子と結合している炭素を，δ－性の炭素としてはアルケンや芳香族化合物などのC=C結合をもつ炭素をそれぞれあげることができる．

### 7・2・1 カルボアニオンを用いた炭素-炭素結合生成反応

有機マグネシウム化合物（Grignard 反応剤，3・5・2節のコラム参照）は有機ハロゲン化合物を金属マグネシウムで還元して得られる代表的なカルボアニオンである．エポキシドの開環反応（式7・2）やカルボニル化合物への付加反応な

$$CH_3-CH_2-CH_2-CH_2-Br + Mg \longrightarrow CH_3-CH_2-CH_2-\overset{\ominus}{C}H_2 \cdots \overset{\oplus}{MgBr} \quad \overset{\delta-}{\underset{\delta+}{CH_2-CH-CH_3}} \longrightarrow$$

$$CH_3-CH_2-CH_2-CH_2-CH_2-\underset{CH_3}{\overset{|}{CH}}-\overset{\ominus}{O} \overset{\oplus}{MgBr} \xrightarrow{H_2O} CH_3-CH_2-CH_2-CH_2-CH_2-\underset{CH_3}{\overset{|}{CH}}-OH$$

(7・2)

どを引き起こす．

　Grignard 反応剤は求核剤であると同時に，きわめて強い塩基でもある．このため，もしも反応系内に水が存在すると，Grignard 反応剤は他の分子との反応に優先して水からのプロトン引き抜きを起こし（式 7・3），目的化合物は得られない．

$$CH_3-CH_2-CH_2-\overset{\ominus}{C}H_2\overset{\oplus}{MgBr} + H-OH \longrightarrow CH_3-CH_2-CH_2-CH_2-H + HO-MgBr \quad (7・3)$$

　このため，反応溶媒としては水分を徹底的に除去したジエチルエーテルやテトラヒドロフランが用いられる．

　もう一つのカルボアニオンの例はカルボニル化合物に由来するもので，これはカルボニル基の隣接炭素（α位の炭素）に結合した水素の酸性が比較的高いことに基づいている．3・6・2節のコラムで紹介したアルドール縮合は，アルデヒド2分子から倍の炭素数をもつアルデヒドが生じるものであり，本章の冒頭で紹介した化合物 A の合成ステップ(2) や(4) でも利用されている重要な反応である．アルドール縮合では，炭素－炭素結合生成反応とそれに続く脱水反応が連続して起こる．この反応で特徴的なのは，同じ構造をもつ2分子間の反応でありながら，生成物は非対称であるという点である．下に示すアルドール縮合の第一段階の反応を見ると，その理由がわかる．すなわち，1分子のアルデヒドはプロトンを引き抜かれてカルボアニオンとなり，もう1分子のアルデヒドはアニオンから電子対を受取る δ＋性のカルボニル炭素をもつものとして反応に関与している（式 7・4）．

> これらのエーテル類（3・6・1節参照）は水分子となじみやすく，このため放置しておくと空気中の水分を徐々に吸収する性質をもつ．

> ある官能基に炭素鎖が結合している場合，官能基の隣の炭素から順に α位, β位, γ位…とよぶ．アルドール縮合の生成物は α位と β位の炭素が二重結合となっていることから，一般名として α,β-不飽和カルボニル化合物とよばれる．

$$CH_3-\overset{O}{\overset{\|}{C}}-H \xrightarrow[(-H_2O)]{NaOH} \overset{\ominus}{C}H_2-\overset{O}{\overset{\|}{C}}-H \xrightarrow{CH_3-\overset{O}{\overset{\|}{C}}-H} \overset{\ominus}{\underset{CH_3}{C}H}-\overset{O}{\overset{\|}{C}}-\overset{}{\underset{H_2}{C}}-\overset{O}{\overset{\|}{C}}-H \quad (7・4)$$

　なお，この反応で最初に生じるカルボアニオンは**エノラートイオン**とよばれ，実際には右のような構造をもち，負電荷は酸素上にある．アセトアルデヒドからできたエノラートイオンの塩基性は，Grignard 反応剤に比べればかなり小さく，また，エノラートイオンの生成は平衡反応であるため，溶媒として水を用いても反応を行うことができる．

> エノラートイオン
> (enolate ion)
> 
> $$CH_2=\overset{O^\ominus Na^\oplus}{\underset{}{C}}-H$$
> 
> エノラートイオンは，反応の相手によっては炭素上ではなく，酸素上で反応が起こる．

## 7・2・2　カルボカチオンを用いた炭素－炭素結合生成反応

　カルボカチオンを用いた炭素－炭素結合生成反応の代表的なものは，4・5節で紹介したベンゼンのアシル化ならびにアルキル化である．反応中間体はいずれも，炭素－ハロゲン結合をもった化合物からハロゲン化物イオンが引き抜かれて

> 発見者2人の名前をとって **Friedel-Crafts**（フリーデル－クラフツ）**反応**とよばれる．

ルイス酸である三塩化アルミニウムにより酸塩化物からCl⁻が引き抜かれて，カルボカチオンが生じている．

生じたカルボカチオンである．ここでは，ベンゼンのアシル化の例を式(7・5)に示した．

$$\text{(7・5)}$$

カルボアニオンの反応では有効であったエーテル類は，酸素上の非共有電子対がルイス酸に強く配位して不活性化してしまうため，この反応の溶媒としては適当ではない．

　この反応において，ベンゼンは反応基質および溶媒として使われる．アシルカチオン $RC^+=O$ は反応性が高く，反応系内に水が存在すると水と反応してカルボン酸とプロトンを生じてしまうため，ベンゼンに含まれるわずかな水分をあらかじめ除いておく必要がある．

### 7・2・3　炭素骨格の構築と炭素の酸化度

　さて，ここで化合物 **A** の合成について，酸化度の観点から見てみよう．化合物 **A** は化合物 **X** および **Y** から得られるが，これは酸塩基反応であるので，反応前後で炭素の酸化度に変化はない．

　では，化合物 **Y** を得る反応について考えよう．$o$-キシレンの炭素の酸化度の和は $-10$，化合物 **Y** の炭素の酸化度の総和は $+2$ である．このことからただちに，$o$-キシレンから **Y** を得ようとすれば，酸化反応を行う必要のあることがわかり，実際に酸化反応が用いられる．

$o$-キシレン　　　　　**Y**

　つぎに，化合物 **X** の合成反応について同様に考えてみる．エチレン分子を構成する炭素の酸化度の和は $-4$ であり，化合物 **X** はエチレン 4 分子からできるから，出発物質の炭素の酸化度の総和は $-16$ となる．一方で，化合物 **X** の炭素の酸化度をすべて調べて，その総和を求めるとやはり $-16$ となる．両者の酸化度が一致しているという事実は，エチレンからの化合物 **X** を合成する場合に理論上は酸化還元反応の必要はないことを意味している．しかし実際には，最初に酸化反応が行われ，後に還元反応が用いられている．ところで，このような回り道

をするのはなぜだろうか．

エチレン　　　X

上記の質問に対して，「炭素-炭素結合生成反応を行うために必要である」というのが答えである．炭素-炭素結合を生成させるには，カルボアニオンかカルボカチオンのどちらかをつくり出す必要があるが，無極性の炭化水素であるエチレンからはこれらのイオン種をつくり出すことが難しい．そこで，まずエチレンを酸化してアセトアルデヒドにすれば，カルボニル炭素がδ＋性を帯びるだけでなく，カルボアニオン（エノラートイオン）をつくり出すこともできる．このように，カルボニル化合物は一人二役のようにふるまうことが可能であり，このため，有機合成化学では主要な役割を果たす．化合物 **A** の合成に限らず，炭素骨格の構築にはカルボニル化合物が用いられることがきわめて多い．

## 7・3　目的化合物を選択的につくる

目的化合物の多段階合成では，中間生成物の構造もかなり複雑となり，しばしば複数の官能基を含む．このような場合には，個々の官能基の反応では考える必

---

### Diels-Alder 反応

炭素-炭素結合が一度に2本生成する下記のような反応があり，発見者の名前をとって **Diels-Alder**（ディールス-アルダー）**反応**とよばれている．2分子の鎖状化合物から一段階で環状化合物をつくり出すことのできるこの反応は有機合成化学においてきわめて有用であり，現在でも目的化合物の多段階合成において頻繁に用いられる．O. Diels と K. Alder は1950年にノーベル化学賞を受賞している．

その後の研究で，この反応でできる2本の結合は二つとも同時に生成することが明らかになった．また，この反応の出発物質をみると，特別に＋性や－性をもつ炭素原子は見当たらないことがわかる．これらのことは，この反応がこれまでに見てきた酸塩基反応とは本質的に異なる機構で進行することを意味している．

その機構を独立に解明したのが日本の福井謙一ならびにアメリカの R. B. Woodward（ウッドワード）と R. Hoffmann（ホフマン）であった．この反応は炭素上の部分電荷ではなくπ軌道間の相互作用によって進行するものであり，ブタジエンのHOMOのπ軌道とエチレンのLUMOのπ軌道のエネルギー準位が近接していること，ならびにそれらの軌道の位相が適切な関係にあることが反応の駆動力となっている．

この理論は電荷間の相互作用以外にも有機化学反応の駆動力になるものがあることを明らかにした点で画期的であり，福井と Hoffmann は1981年のノーベル化学賞を受賞している．なお，Woodward はこの反応を巧みに利用して幾多の天然物を全合成しており，1965年に有機合成法への貢献により単独でノーベル化学賞を受賞している．

要がない新しい問題が出てくる．それは，「可能性のある複数の生成物のうち，目的化合物だけを得るにはどのようにしたらよいか」というものである．

### 7・3・1 選択的反応

選択性 (selectivity)

複数の生成物を生じるにもかかわらず，ほぼそれらの中の一つだけが得られるような反応がある．このような反応は"選択性が高い"と表現される．**選択性**とは，生成物全体に占める特定の化合物の割合と考えればよい．一般に，合成においては，目的化合物は1種類の生成物のみであるので，合成に用いる反応には100％あるいはそれに近い選択性をもつことが求められる．

選択的反応
(selective reaction)

高い選択性で生成物を与える反応は**選択的反応**とよばれる．選択的反応の開発はこれまで精力的に行われてきており，いろいろな反応において，特定の化合物がほしい場合にどのような反応剤を用いてどんな条件で反応を行えばよいかが，かなり明らかになっている．

一例として，$\alpha,\beta$-不飽和アルデヒドの還元反応を考えてみよう（式 7・6）．生成物として，以下の3通りが可能である．

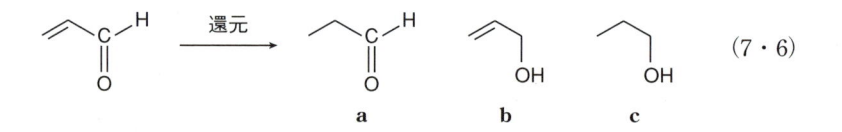

$$\text{(式 7・6)}$$

a  b  c

この反応は，最初に述べた化合物**A**の合成経路（式 7・1）の中にも含まれていることに気付いただろうか．ステップ(3)の還元では，その後の反応でアルデヒドの性質を利用するために C=C のみが還元されて C=O はそのまま残され，上記の**a**に相当する生成物が得られている．一方，ステップ(5)では，生成物としてアルコールが必要になるので上記の**c**のタイプの生成物を得ている．これら二つの反応はいずれも金属触媒を用いた水素付加反応であり，用いる触媒が Pd あるいは Ni であるのかという点が異なるのみである．このように，選択的反応は反応剤や反応条件を制御することによって実現される．

**b**の生成物が求められる場合は，水素付加反応ではなく $HAl(CH_2CH(CH_3)_2)_2$ などの反応剤による還元が用いられる．

上記のように，互いに異なる官能基のうち，どの官能基を反応させるかということに関する選択性は，特に**化学選択性**とよばれる．化学選択性は互いに異なる官能基の反応間での選択性であり，高選択的な反応の開発は比較的容易である．これに対して，つぎに示す位置選択性や立体選択性の制御はより難しい．式(7・7)の反応は C=C 結合への HBr の付加反応であるが，この反応には4通りの生成物が可能である．

化学選択性 (chemoselectivity)

脂環式化合物において二つの置換基が環平面に対して同じ側にあるものをシス体，反対側にあるものをトランス体という．

$$\text{(7・7)}$$

d  e  f  g

上記の反応には，

① C=C のどちらの炭素に Br が付加するか

② Br とメチル基の関係がシスあるいはトランスのどちらになるか

の二つの問題が含まれている．① のように，置換基の結合する位置に関するものを**位置選択性**，② のように不斉炭素のまわりの結合様式に関するものを**立体選択性**という．

生成物 **d–g** は分子式が互いに同じ異性体であり，しかも同じ炭素骨格，同じ官能基をもつ．このような異性体は物性も似ており，混合物から目的化合物だけを取出すのは容易なことではない．このような問題を解決するため，選択的反応の開発はきわめて重要である．

位置選択性（regioselectivity）

立体選択性（stereoselectivity）

6章で紹介した不斉合成は，立体選択的反応の一形態である．

実際には，どんな分子にも適用可能な選択的反応というものはなく，有力候補となる反応からいくつか選んで試し，最もよい結果を与えた反応が採用される．どの反応も良好な結果を与えなかった場合には，合成経路自体の見直しを行うことが必要である．

## 7・3・2 保 護 基

合成経路の変更を含めて反応を工夫しても，混合物しか得られないこともある．分子中に同じ官能基が複数ある場合がその一例である．式(7・8) に示したエステル化反応を行う場合を考えてみよう．

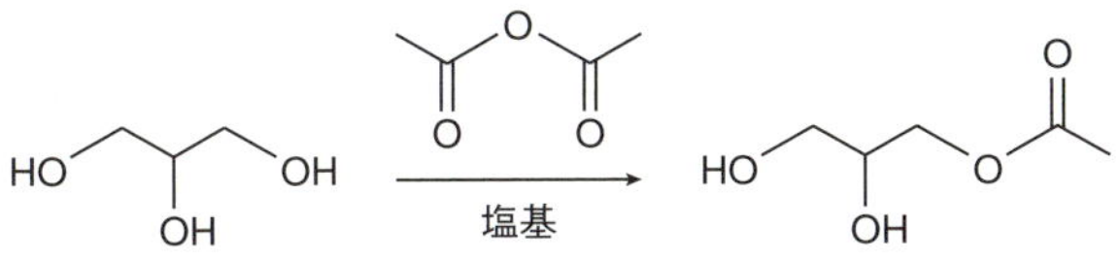

(7・8)

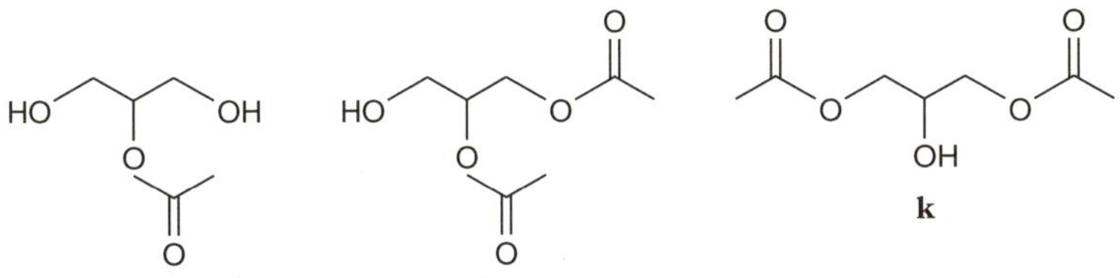

この反応では，目的化合物 **h** も得られるが，そのほかに化合物 **i**, **j** あるいは **k** が生成するのを避けられない．このようなときに，式(7・9) のような方法が用いられる．

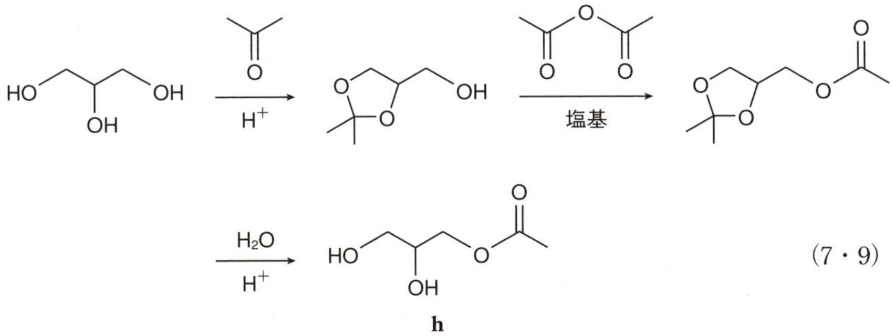

(7・9)

最初の反応は，アセタール化（3・6・2節参照）である．出発物質であるグリセリンの中の隣接した二つのヒドロキシ基がアセトンと反応して，5員環の生成物を与える．その後，エステル化反応を行い，ついでアセタール化反応の逆反応（加水分解）を行う．このようにして目的化合物の **h** のみが得られる．この方法はいっけん回り道のように見えるが，混合物の分離精製にエネルギーや時間を投入する必要がなく，また副生成物がないので貴重な合成品を捨てずにすむなどの理由から，結局は効率がよい．

この反応で用いたアセトンは，反応してほしくない二つのヒドロキシ基を反応から守るはたらきをしており，**保護基**とよばれる．たとえば，「アセトンによってグリセリン分子中の隣合ったヒドロキシ基を保護する」などと表現される．なお，保護基をとりはずす反応を脱保護という．

保護・脱保護を用いる合成は，特に位置選択的な官能基変換に威力を発揮するが，その反面，反応のステップ数が多くなるとか，保護基自体は最終生成物に組込まれずに実験廃棄物となるため，環境負荷が大きいなどといった問題がある．

### 7・4 触 媒 反 応

再度，冒頭の化合物 **A** の合成の反応式を見てほしい．各ステップに用いられる反応剤が示されているが，すべてのステップに"触媒"の文字があるのに気が付く．触媒については6章の不斉触媒や酵素でふれてきたが，ここで改めて説明する．**触媒**とは，反応の前後では不変であるが，反応プロセスそのものにかかわって反応速度を大きくするような物質をさす．触媒は反応後に再生するため，反応する基質分子に対してわずかの量ですむ．このことは，特に工業生産を考えた場合にきわめて有利である．反応剤を反応基質と同じ量だけ用いる反応（当量反応）では，一般に反応剤と同量の廃棄物が生じ，生産規模が大きい場合は環境負荷につながる．これに対して，触媒は量が少ないばかりでなく，場合によっては回収・再利用も可能であるなどの大きな長所がある．ただし，特に酸化還元反応に用いられる触媒は，重金属の塩や錯体などが多く，希少なものであるために少量でもコストがかかるという難点がある．また，重金属は環境へ大きな影響を与えるものが多く，その管理には慎重を要する．

このような問題点を考慮に入れても反応の活性化エネルギーを下げることによるエネルギー的な利点が大きいため，触媒は工業的にきわめて重要であり，化合物 **A** の合成で見られるような多段階合成のすべてのステップが触媒反応からなる合成経路の開発が行われている．

---

アセトンを用いるアセタール化では5員環生成物が6員環生成物よりはるかに安定であり，このため5員環生成物が選択的に得られる．

**保護基**（protective group）

**触媒**（catalyst）

# 8 生活と有機化学

第1章でも述べたように,有機化合物は「生命がつくり出すもの」という枠をはるかに超え,今では私たちの生活を支えるものとして不可欠な役割を果たしている.本章では,合成によりつくり出された大量の有機化合物が,生活の中に入り込んで多種多様な役割を担っていると同時に,環境問題も引き起こしているという,生活の中での有機化合物の多面性を考えよう.

## 8・1 高分子化合物

生命の重要な担い手である有機化合物は,私たちの生活を支える重要な物質でもある.なかでもプラスチック,合成繊維,ゴムなどは,現在の私たちの生活の中でさまざまな形で大量に使用されている.いずれも,大きな分子量をもつ化合物でできた物質・材料である.また,生命の主要な構成物質であるタンパク質,核酸,多糖も(6章参照),分子量の大きな化合物である.このような数万から数百万に及ぶ高分子量の化合物を**高分子**あるいは**高分子化合物**という.天然の高分子も合成高分子も,私たちの生活に欠くことのできない重要な化合物であり,これまで扱ってきた低分子化合物には見られないさまざまな特徴をもつ.そこで,生活と有機化学のかかわりについて話を進める前に高分子化合物の基礎を簡単に説明しておく.

### 8・1・1 高分子化合物の生成

低分子の**単量体(モノマー)**が順次結合して高分子となる反応を**重合**といい,できた高分子量の**重合体**を**ポリマー**という.重合には,モノマーが逐次付加していく付加重合,水などのような小分子の脱離を伴いモノマー同士が結合する縮合重合(重縮合)などがある.いずれも工業的にも生命体においてもきわめて重要な反応であり,以下にその例を示す.

#### a. 付加重合

アルケンなどの不飽和結合への付加反応で生成したラジカル(遊離基)やイオ

---

**高分子**(macromolecule)あるいは**高分子化合物**は,非常に大きな分子量をもつ高分子量化合物を意味する.
これに対し,**ポリマー**(polymer, **重合体**)は,構造中に多数の繰返し単位を含む高分子量化合物のことで,数多くの**モノマー**(monomer, **単量体**)が**重合**(polymerization)して高分子量となったものである.ほとんどの高分子は重合でできたポリマーであることから,高分子とポリマーはほぼ同義語として使用されている.

重合するモノマーの数が比較的少なく,分子量がそれほど大きくない重合体を**オリゴマー**(oligomer)という.明確な境界はないが,一般に$10^4$以上の分子量のものをポリマーという.また,最もモノマー数の少ない二量体(dimer)や三量体(trimer)もオリゴマーである.

**付加重合**
(addition polymerization)

**ラジカル重合**
(radical polymerization)

**イオン重合**
(ionic polymerization)

エチレンの体系的名称はエテンであるが,高分子化学ではポリエチレンの名称が一般的に使用され,工業原料,工業製品などでも同様であるので,本書ではエチレンを含めて一般的に使用されている名称を用いる.一部の化合物については,参考のために体系的名称も示した.

**不均化**(disproportionation)
二つ以上の同一化学種が,互いに反応して,2種類以上の化学種を生じる反応.ここに示した例では,片方のラジカル種からもう一つのラジカル種への水素引き抜きが起こり,アルケンとアルカンが生成している.

**連鎖移動**(chain transfer)
成長ポリマー末端のラジカルが溶媒や開始剤などの別の分子と反応して,別種の活性なラジカルを生じる反応.

**アニオン重合**
(anionic polymerization)

**カチオン重合**
(cationic polymerization)

**開環重合**
(ring opening polymerization)

ン(開始反応)が,新たなモノマーへの付加をつぎつぎに繰返し(連鎖反応),分子量の大きな高分子化合物となる反応が**付加重合**である.連鎖反応での成長鎖末端の活性種がラジカルの場合は**ラジカル重合**,イオンの場合は**イオン重合**という.

例として,エチレンをモノマーとするラジカル重合を示す.ラジカル開始剤を用いたこの重合は,以下のような連鎖反応で分子量が数万から数十万のポリエチレンが生成する.開始剤Iとしては,過酸化物(たとえば過酸化ベンゾイル $C_6H_5-CO-O-O-CO-C_6H_5$)のように容易に結合開裂を起こしてラジカル種 $C_6H_5-CO-O\cdot$ を生成しやすいものが使用される.成長反応は,反応活性の高いラジカル種を末端にもつポリマー末端がつぎつぎにモノマーであるエチレンを攻撃して,付加が進行する過程であるが,不安定な活性種であるラジカルは,たとえばラジカル同士の結合による活性種の消失(再結合),あるいは他の分子からの水素引き抜きなどによる不均化や連鎖移動により成長が停止する.

開始反応
$$I \longrightarrow 2(\cdot R)$$

$$\cdot R + CH_2=CH_2 \longrightarrow R-CH_2-\dot{C}H_2$$

成長反応
$$R-CH_2-\dot{C}H_2 + CH_2=CH_2 \longrightarrow R-CH_2-CH_2-CH_2-\dot{C}H_2$$
$$+ (n-1)CH_2=CH_2 \Longrightarrow R{\left(CH_2-CH_2\right)}_n CH_2-\dot{C}H_2$$

停止反応
$$R{\left(CH_2-CH_2\right)}_k CH_2-\dot{C}H_2 + R{\left(CH_2-CH_2\right)}_l CH_2-\dot{C}H_2$$

再結合 $\longrightarrow R{\left(CH_2-CH_2\right)}_k CH_2-CH_2-CH_2-CH_2{\left(CH_2-CH_2\right)}_l R$

不均化 $\longrightarrow R{\left(CH_2-CH_2\right)}_k CH_2=CH_2 + R{\left(CH_2-CH_2\right)}_l CH_2-CH_3$

ポリ塩化ビニル,ポリスチレン,ポリメタクリル酸メチル,ポリ酢酸ビニルなど,工業的に重要な合成高分子は,いずれもラジカル重合で合成できる.

一方,イオン重合ではイオンが活性種となるが,アニオン(陰イオン)の場合は**アニオン重合**,カチオン(陽イオン)の場合は**カチオン重合**という.それぞれ,以下のように反応が進行する.

アニオン重合 $A^+B^- + CH_2=CH(X) \longrightarrow B-CH_2-CH^-(X) \cdots A^+ \Longrightarrow {\left(CH_2-CH(X)\right)}_n$

カチオン重合 $A^+B^- + CH_2=CH(X) \longrightarrow A-CH_2-CH^+(X) \cdots B^- \Longrightarrow {\left(CH_2-CH(X)\right)}_n$

## b. 開 環 重 合

エポキシドやラクタムのような環状構造をもつ化合物が,開環して付加重合体

> ## ビニル化合物
>
> 原子団 $CH_2=CH-$ を**ビニル基**といい，$CH_2=CH-X$（X は H 以外の原子や原子団）を**ビニル化合物**という．たとえば X=Cl は塩化ビニル，$X=C_6H_5$ であればスチレンという慣用名が使用され，いずれも二重結合に特徴的な付加重合で工業的に重要なビニルポリマーとなる（表 8・3 参照）．

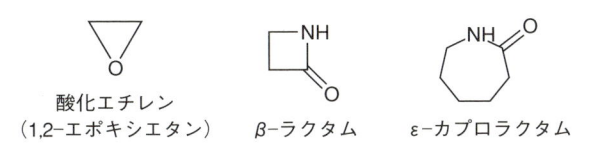

ビニル基 (vinyl group)
体系的名称は**エテニル基** (ethenyl group) であるが，ビニル基が慣用名として認められている．

ビニル化合物
(vinyl compound)

> ## エポキシドとラクタム
>
> **エポキシド**は，シクロプロパンの炭素一つが酸素に置換された環状エーテルであり，アルケンの二重結合に酸素が付加して生成する．反応性が高く，アミンやアルコールと容易に反応して，開環した付加体となる．最も簡単な構造をもつエポキシドは酸化エチレン（体系的名称 1,2-エポキシエタン）である．
> 一方，**ラクタム**はアミド結合を環内にもつ環状化合物であり，ペニシリン（5・5 節参照）などの抗生物質に多く見られる 4 員環の β-ラクタム，ナイロンの原料となる 7 員環の ε-カプロラクタムなどがある．
>
> 酸化エチレン　　β-ラクタム　　ε-カプロラクタム
> (1,2-エポキシエタン)

エポキシド (epoxide)

酸化エチレン (ethylene oxide)
体系的名称 **1,2-エポキシエタン**（1,2-epoxyethane）

ラクタム (lactam)

β-ラクタム
体系的名称プロパノ-3-ラクタム (propano-3-lactam)

ε-カプロラクタム
(ε-caprolactam)
体系的名称ヘキサノ-6-ラクタム (hexano-6-lactam)

となる重合反応を**開環重合**という．一般的な重合式は以下のように表すことができる．開環重合して，ポリオキシエチレン（$X=O, C_m=C_2H_4$）やナイロン 6（$X=NHCO, C_m=C_5H_{10}$）などの高分子となる．

$$n\ C_m\text{-}X \longrightarrow (C_m\text{-}X)_n \quad X=O, NH, S, NHCO\ \text{など}$$

ポリオキシエチレン (polyoxyethylene)
慣用名ポリエチレングリコール (polyethylene glycol)

### c. 重縮合（縮合重合）

水や塩化水素，アルコールなどの低分子量化合物が脱離して結合が生成する縮合反応で，分子同士が順次結合して高分子となる反応を**重縮合**あるいは**縮合重合**という．ポリエステルやポリアミドなどの合成高分子，核酸，タンパク質，セルロースなどの天然高分子などは，重縮合で生成する．

$$HOC\text{-}R_1\text{-}COH + H_2N\text{-}R_2\text{-}NH_2 \xrightarrow{-H_2O} HOC\text{-}R_1\text{-}C\text{-}N\text{-}R_2\text{-}NH_2 \rightleftarrows (C\text{-}R_1\text{-}C\text{-}N\text{-}R_2\text{-}N)_n$$

アミド結合　　　　　ポリアミド

重縮合（縮合重合）
(polycondensation (condensation polymerization))

138　8章　生活と有機化学

$$H_2N-R_1-COH + H_2N-R_2-COH \xrightarrow{-H_2O} H_2N-R_1-\underset{O}{\underset{\|}{C}}-\underset{H}{\overset{H}{N}}-R_2-COH$$

アミノ酸　　　　　アミノ酸　　　　　　　　　　　ペプチド（アミド）結合

$$\Longrightarrow \left(\underset{H}{\overset{H}{N}}-R_i-\underset{O}{\underset{\|}{C}}\right)_n$$

ポリペプチド

$$HOC-R_1-COH + HO-R_2-OH \xrightarrow{-H_2O} HOC-R_1-\underset{O}{\underset{\|}{C}}-O-R_2-OH$$

エステル結合

$$\Longrightarrow \left(\underset{O}{\underset{\|}{C}}-R_1-\underset{O}{\underset{\|}{C}}-O-R_2-O\right)_n$$

ポリエステル

重付加（polyaddition）

### d. 重付加と付加縮合

官能基を二つもつモノマー間で，官能基間の付加反応が繰返されて高分子となる反応を**重付加**という．たとえば，イソシアナート基 $-N=C=O$ にヒドロキシ基やアミノ基が付加するとウレタン結合やウレア（尿素）結合が生成するので，ジイソシアナートとジオールまたはジアミンとの間で付加反応が逐次進行すると，高分子量のポリウレタンやポリウレア（ポリ尿素）が得られる．

ポリウレタン（polyurethane）
ポリウレア（polyurea）

$$O=C=N-R_1-N=C=O + HO-R_2-OH \longrightarrow OCN-R_1-\underset{O}{\underset{\|}{\overset{H}{N}-C}}-O-R_2-OH$$

ウレタン結合

$$\Longrightarrow \left(\underset{O}{\underset{\|}{C}}-\overset{H}{N}-R_1-\overset{H}{N}-\underset{O}{\underset{\|}{C}}-O-R_2-O\right)_n$$

ポリウレタン

$$O=C=N-R_1-N=C=O + H_2N-R_2-NH_2 \longrightarrow OCN-R_1-\underset{O}{\underset{\|}{\overset{H}{N}-C-\overset{H}{N}}}-R_2-NH_2$$

ウレア結合

$$\Longrightarrow \left(\underset{O}{\underset{\|}{C}}-\overset{H}{N}-R_1-\overset{H}{N}-\underset{O}{\underset{\|}{C}}-\overset{H}{N}-R_2-\overset{H}{N}\right)_n$$

ポリウレア

付加縮合
(addition condensation)

一方，付加反応と縮合反応の繰返しでポリマーとなる反応を**付加縮合**という．フェノールやメラミンにホルムアルデヒドが付加縮合してできるフェノール樹脂やメラミン樹脂が代表的な例である（コラム参照）．

## フェノール樹脂とメラミン樹脂

フェノール樹脂はフェノールとホルムアルデヒドを原料とする合成樹脂である．酸あるいは塩基の存在下で以下に示すようなフェノールへのホルムアルデヒドの付加とフェノールとの脱水縮合が起こり，この反応が繰返されて分子量数百の低重合体が得られる．これをさらに加熱あるいは触媒存在下で反応させると，三次元的に架橋された不溶性のポリマーが得られる．合成樹脂として1910年に最初に工業的に生産されたもので，ベークライトという名で知られている．

フェノール樹脂 (phenolic resin)

ベークライト (bakelite)

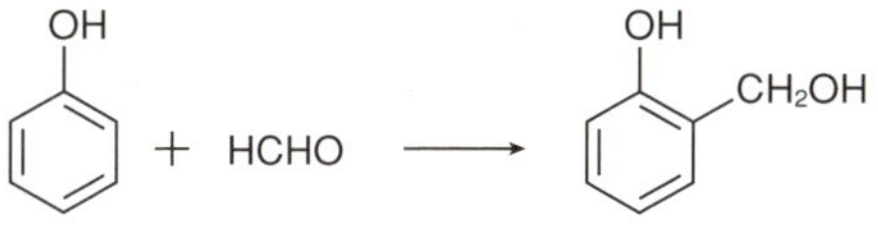

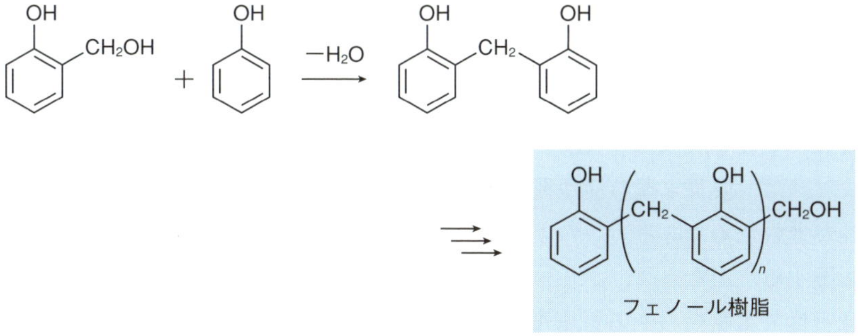

ここではオルト位への付加しか示していないが，パラ位への付加も起こるため，結果として三次元的に結合した複雑な構造となる．

フェノールではなくメラミンを用いると，同じく以下に示す付加と縮合が進行し，最終的に三次元的に架橋されたメラミン樹脂が得られる．

メラミン (melamine)
体系的名称 1,3,5-トリアジン-2,4,6-トリアミン
(1,3,5-triazine-2,4,6-triamine)

メラミン樹脂 (melamine resin)

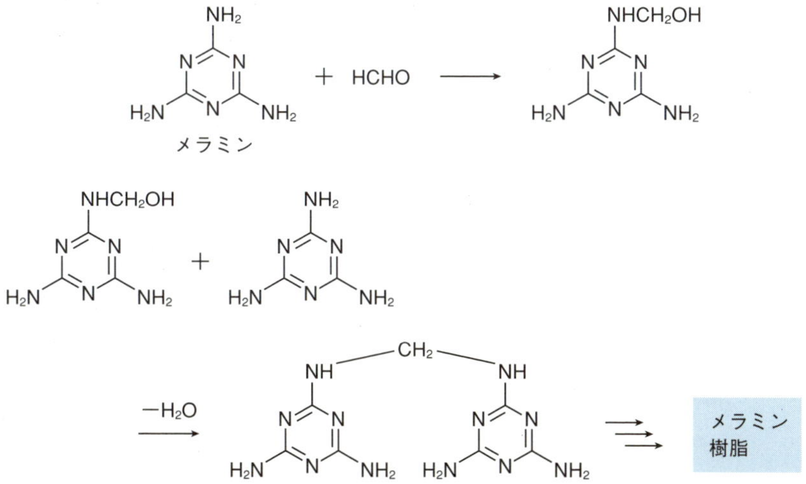

## 8・1・2 高分子化合物の組成と構造

### a. 重合度と分子量

モノマーが数多く結合してできた高分子の分子量は，数万から数百万に及ぶ大きなものとなる．このとき，つながったモノマーの数を**重合度**という．

生体高分子であるタンパク質やDNAは，大きくても単一の分子量をもつが，モノマーの重合で得られる合成高分子は，一般に重合度の異なる高分子が混合した集合体であり，**分子量分布**をもつ．このため，その大きさは**平均重合度**あるいは**平均分子量**で表される．

### b. 高分子の構造

1種類のモノマーが重合して得られるポリマー（ホモポリマー）に対し，複数のモノマーが重合して得られるポリマーを**コポリマー（共重合体）**という（図8・1）．コポリマー鎖を構成するモノマーの配列は，ランダムだけでなく交互に並んだものやブロック状などになったものもある．20種類のアミノ酸（モノマー）が共重合した生体分子のタンパク質では，アミノ酸配列（一次配列）が厳密に決まっている．

またモノマーが重合する際に，ポリマー末端に順次モノマーが結合して直鎖状に成長するだけでなく，途中で枝分かれした分枝構造をもつポリマーも生成する．これは，成長末端の活性種が分子内の異なる部位に連鎖移動して，そこから成長が進むためである．このようなポリマー鎖の構造は，ポリマーの物性に大きく影響する．たとえば，ポリエチレンは重合条件や用いる触媒により，分枝が多く低密度で柔軟性のある低密度ポリエチレン（LDPE）と，分枝が少なく高密度で硬い高密度ポリエチレン（HDPE）があり，それぞれ異なる性質を示す（コラム参照）．

またポリマー主鎖とは異なるブロックを側鎖として導入すると，**グラフトコポリマー**が得られ，ポリマー鎖同士を結合すると三次元的な網目構造をもつ**架橋ポリマー**となる．

**重合度**
(degree of polymerization)

**分子量分布**
(molecular weight distribution)

**平均分子量**
(average molecular weight)

平均分子量は膜浸透圧法，蒸気圧浸透圧法，末端基定量法，光散乱法など，あるいは高分子溶液の粘度からも求めることができる．

**コポリマー，共重合体**
(copolymer)

**グラフトコポリマー**
(graft copolymer)

**架橋ポリマー**
(crosslinked polymer)

**ランダムコポリマー**
(random copolymer)

**交互コポリマー**
(alternating copolymer)

**ブロックコポリマー**
(block copolymer)

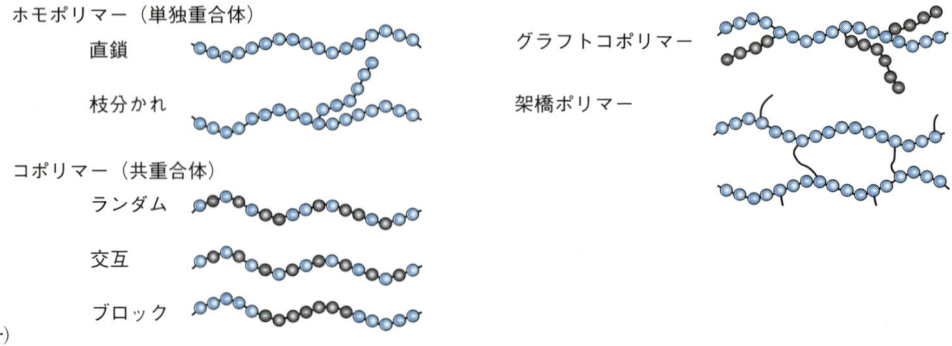

図8・1 さまざまな構造をもつポリマー

## エチレンの重合法

**低密度ポリエチレン**（low density polyethylene, LDPE）：1000 気圧以上の高圧下で，酸素や過酸化物を開始剤としてエチレンをラジカル重合させたもので，連鎖移動などによって枝分かれが多く生じている．結晶性が低いため，しなやかで軟らかく，密度が低い（密度は約 $0.92\ \mathrm{g\ cm^{-3}}$）．フィルムや袋などに使用されている．

**高密度ポリエチレン**（high density polyethylene, HDPE）：枝分かれが少なく結晶性の高いポリエチレンで，トリエチルアルミニウム $\mathrm{Al(C_2H_5)_3}$ と四塩化チタン $\mathrm{TiCl_4}$ との組合わせである **Ziegler–Natta**（チーグラー–ナッタ）**触媒**を用いた低圧での重合で得られる．触媒の発見（1953 年）と発展に貢献したドイツの K. Ziegler とイタリアの G. Natta は，1963 年にノーベル化学賞を受賞している．HDPE は剛性があり，容器やパイプなどに使用されている．また高分子量のポリマーを得ることができ，200 万～600 万という巨大分子量で枝分かれのないポリエチレンは超高強度繊維となる．

**直鎖状低密度ポリエチレン**（linear low density polyethylene, LLDPE）：メタロセン触媒（Kaminsky（カミンスキー）触媒，1980 年）を用いた低圧での重合で得られ，枝分かれのない均質な一次構造をもつ．主な特徴を以下に示す．

・低分子量成分やべたつき成分が少ない．
・成分溶出やポリエチレン臭が少ない．
・結晶サイズがそろっているので，透明性がよい．
・低融点，耐衝撃性にすぐれている．

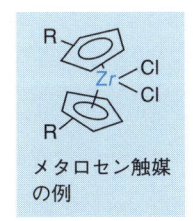

メタロセン触媒の例

### 8・1・3 高分子化合物の性質

分子量の大きな高分子は，低分子量の化合物と比べて特徴的な性質を示す．

#### a. 溶液中での性質

液体は，流れの中で媒体分子間の相互作用などにより粘性を示す．しかし高分子が溶けた溶液は，低分子が溶けた溶液には見られない大きな粘性を示す．これは，長い主鎖をもつ高分子間の相互作用によるもので，分子量が大きいほど粘度の上昇が大きい．また溶液中での高分子の形状も大きく影響し，高分子鎖がぎっしり詰まった剛体球のような形状，主鎖が糸まり状にまとまった形状，あるいは固い棒状となった形状では，それぞれ粘度上昇の程度が異なる．

#### b. 固体の性質

長い主鎖をもつ高分子，特に単結合主鎖をもつ合成ビニルポリマーは分子内の運動の自由度が高いため，融解した状態から冷却して固体になるとき，秩序性の高い結晶とはなりにくい．このため融点 $T_\mathrm{m}$ 以下に温度を下げても，過冷却液体の状態となり，さらに温度を下げると**非晶質（アモルファス）**のガラス状態となるものが多い．このとき過冷却液体状態からガラス状態になる温度が**ガラス転移温度** $T_\mathrm{g}$ であり，高分子の運動性が大きく変化する（図 8・2）．

**非晶質，アモルファス**（amorphous）

対称性や周期性をもつ結晶とは異なり，長距離秩序性のない乱れた構造をもつ固体状態を"非晶質（アモルファス）"という．また，急冷などにより熱力学的に非平衡な状態にある非晶質の固体を"ガラス状態"という．

**ガラス転移温度**（glass transition temperature）

分子鎖の運動が凍結された状態　　分子鎖の運動が局所的な結晶化や分子鎖のからみ合いで部分的に凍結された状態　　自由な分子鎖の運動

$T_g$ ガラス転移温度　　$T_m$ 融点　　温度 →

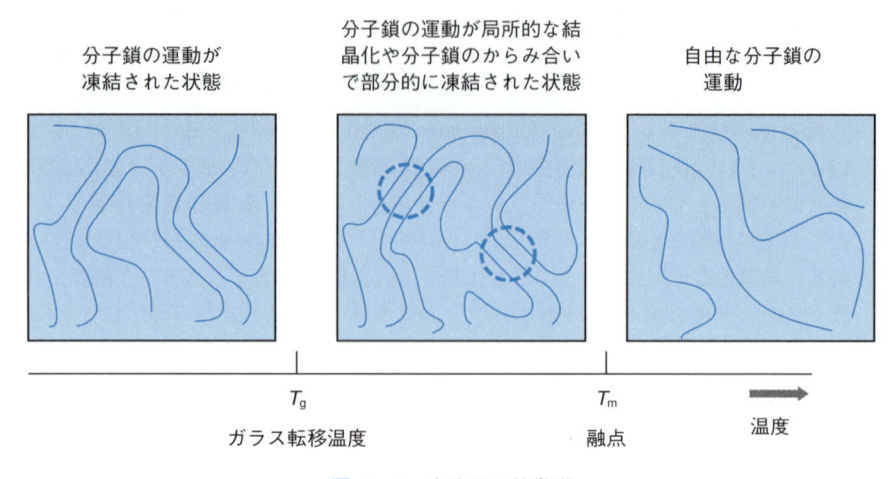

図 8・2　高分子の熱挙動

粘性（viscosity）

## 粘　性

運動している流体で場所による流動速度の違い（速度勾配）があるとき，その速度を一様にしようとする向きに応力が現れる．これを流体の**粘性**といい，一般に速度勾配とせん断（ずり）応力とが比例し（ニュートン粘性），その比例係数を粘性率（粘度）という（図）．

流れ →　　速度 $u$　　速度勾配 $du/dy$

$$T = \eta \frac{du}{dy}$$

$T$：単位面積当たりのせん断（ずり）応力
$\eta$：粘性率

図　粘　性

ゲル（gel）

チキソトロピー（thixotropy）

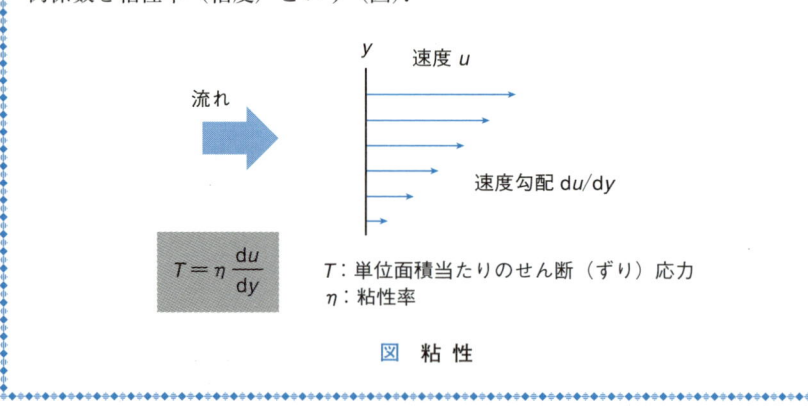

## ゲルとチキソトロピー

溶液中の高分子鎖同士が，化学結合や分子間相互作用により架橋されて三次元網目構造を形成すると，溶媒が網目構造の中に閉じ込められて流動性を失った**ゲル**となる．水素結合や静電相互作用などの可逆性のある相互作用で架橋されたゲルは，かきまぜたりして応力が加わると，架橋が切断されて流動性のゾルとなり，静置すると再びゲル化する．これは高分子の高濃度溶液などに見られる現象で，**チキソトロピー**といい，潤滑用グリースやゲルインクなどに利用されている．

材料に外から力（応力）を加えると変形するが，バネのように応力を除くと元の形に戻る性質が**弾性**であり，応力と変形の関係を示すヤングの式の比例係数が**弾性率**となる．ゴムのように主鎖間が化学結合などで網目状に架橋された高分子は，応力を加えると弾性変形を示す．これに対し，粘性液体のように応力を除いても変形したままで元の形に回復しない性質を**塑性**という．直鎖状の主鎖をもつ高分子など，主鎖間に化学結合などのような強い架橋がない場合は，ガラス転移温度（または融点）以上に加熱すると軟化して塑性変形をする．この性質を**熱可塑性**という．一般に，高分子固体に応力を加えたとき，最初は変形が応力に対して直線的に変化するという弾性変形を示すが，降伏点以上になると塑性変形を起こし，さらに力を加えると破断するという，図8・3のような**応力-ひずみ曲線**を示す．このような弾性変形と塑性変形が重なって起こる性質を**粘弾性**という．

弾性 (elasticity)

弾性率 (elastic modulus)

ヤングの式 $\sigma = \varepsilon E$
$\sigma$：応力，$\varepsilon$：ひずみ，
$E$：弾性率（ヤング率）

塑性 (plasticity)

熱可塑性 (thermoplasticity)

応力-ひずみ曲線
(stress–strain curve)

粘弾性 (viscoelasticity)

ひずみは物体の変形の程度を表す．

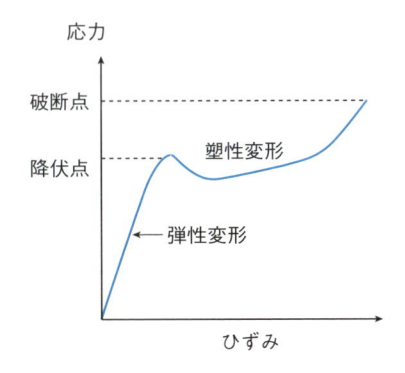

図 8・3 高分子固体材料の応力-ひずみ曲線

また低分子化合物では，溶液から溶媒を除去したり融解したものを固めると，結晶や粉末などの固体となるが，高分子の場合には高分子鎖がからみ合うため，一方向に引き出したり平面状にすることでしなやかな高分子繊維や高分子膜が得られる．

## 8・2 有機化学工業——産業としての有機化学
### 8・2・1 有機化学工業のはじまり

自然界から得られる物質をそのまま，あるいは皮をなめす，植物から天然染料を抽出する，などのような簡単な処理をして使用することは，古代から中世に至るまで長く続けられてきた．

しかし，イギリスに端を発した産業革命以降の近世になると，より性能のすぐれたものを大量に生産するという要求には応えることができず，化学反応で大量に物質を加工して製品とする化学工業が勃興した（図8・4）．繊維工業などに必要な酸・アルカリを製造するための無機化学工業から始まり，製鉄業の発展に伴って石炭やコールタールを原料とする有機化学工業が19世紀中頃に誕生した．特にタールからの染料合成が有機化学工業として確立されて以降，石炭を原料としてさまざまな有機化合物をつくり出す石炭化学工業が大きく成長した．20世紀前半には合成繊維，合成樹脂などの高分子化学工業が発展し，原料も石炭から

図 8・4 中の Harber（ハーバー）法は Harber–Bosch 法ともいう．窒素と水素の混合ガス（$N_2/H_2=1/3$）を高温（400～600 ℃），高圧（100～1000 atm），鉄触媒の存在下で反応させ，アンモニアを直接合成する．高圧技術の開発により，1913 年にドイツで工業的な生産が始まった．
$N_2(g) + 3H_2(g) \rightleftarrows 2NH_3(g)$

Ziegler–Natta 触媒については 8・1・2 節のコラム参照．

Wacker（ワッカー）法は 1959 年にドイツのヘキスト社の子会社が開発した方法で，塩化パラジウムと塩化銅(Ⅱ)を触媒として，エチレン（エテン）を空気中の酸素で酸化してアセトアルデヒドを合成する方法．エチレンは直接空気酸化されるのではなく，$PdCl_2$ で酸化される．
$H_2C=CH_2 + PdCl_2 + H_2O \longrightarrow$
$\quad H_3C-CHO + Pd + 2HCl$
このとき，還元された Pd は $CuCl_2$ で再酸化され，生成する CuCl は空気中の酸素で酸化されて元の $CuCl_2$ となる．
$Pd + 2CuCl_2 \longrightarrow$
$\quad\quad\quad\quad PdCl_2 + 2CuCl$
$4CuCl + O_2 + 4HCl \longrightarrow$
$\quad\quad\quad\quad 4CuCl_2 + 2H_2O$
このため，全体の反応式は以下のようになり，エチレンが酸素によって酸化されてアセトアルデヒドとなる．
$2H_2C=CH_2 + O_2 \longrightarrow$
$\quad\quad\quad\quad 2H_3C-CHO$

製造業全体の中では，化学工業は出荷額を基準とした従業員の比率は低く，設備投資や研究開発への投資額は高いという特徴があり，化学工業が研究開発に重点を置いた設備依存型の産業であることを示している．

安価で大量に供給される石油へと転換した．原油を蒸留・改質してガソリンなどの低沸点成分から重油などの高沸点成分までを分留する石油精製と，その留分を原料としてさまざまな有機化合物を合成する石油化学工業や高分子化学工業が一体化して形成された大規模な石油化学コンビナートが，各地に建設された．日本でも，1950 年代後半以降，川崎，四日市，岩国，新居浜をはじめとして大規模な石油化学コンビナートが稼働し，日本の高度成長を支え，大量製造・大量消費の時代を象徴するものとなった．

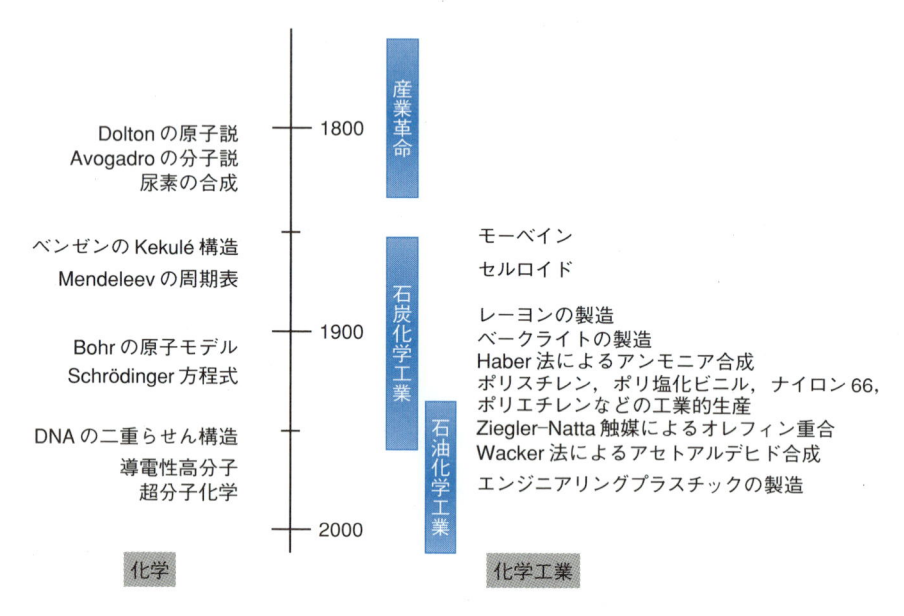

図 8・4 化学と化学工業の歩み

## 8・2・2 現在の有機化学工業

化学工業は，化学反応で自然界から得られる原料を必要なものに加工して製品とする産業である．日本の製造業の中では，プラスチックやゴム製品を含む広義の化学工業は出荷額で見ると約 13 ％で，石油精製を主とする石油・石炭製品 4 ％と合わせるとおおよそ 17 ％を占めている（図 8・5a）．その内容の詳細を図 8・5(b) に示すが，医薬品を含めた有機化合物を主体とする製品が狭義の化学工業の大部分を占めている．これに有機化合物を主体としたプラスチックやゴム，石油・石炭製品を加えると，有機化合物を扱う製造業が出荷額の大部分を担っていることがわかる．

有機化学工業の原料となる炭素資源は，石油，天然ガス，石炭などの化石資源，そして油脂などのように動植物から得られるものであるが，現在の日本ではいずれもその大部分を輸入に依存している．

つぎに有機化合物を扱う主要な化学工業について概説する．

## 石炭化学工業——モーベインとアセチレン

1856年にPerkin（パーキン）は，産業革命で使用量が急増した石炭から得られるアニリンを原料として，モーベイン（mauveine）とよばれる下記構造式の混合物であるやや薄い紫色の染料を合成した．これは最初の合成染料で，有機化学工業の始まりとなった．

石炭はその後も20世紀初めまで，化学工業の主要な原料となった．コークスと石灰を高温加熱して得られるカーバイド（炭化カルシウム）に水を加えてアセチレン（体系的名称エチン）を合成し，アセチレンを原料としてさまざまな有機化合物を合成する石炭化学工業が発展した．またカーバイドに水を加えるだけで，可燃性のアセチレンガスが発生することから，このガスを燃やして明かりとするアセチレンランプや溶接などに使用されていた．

最初の合成染料であるモーベイン

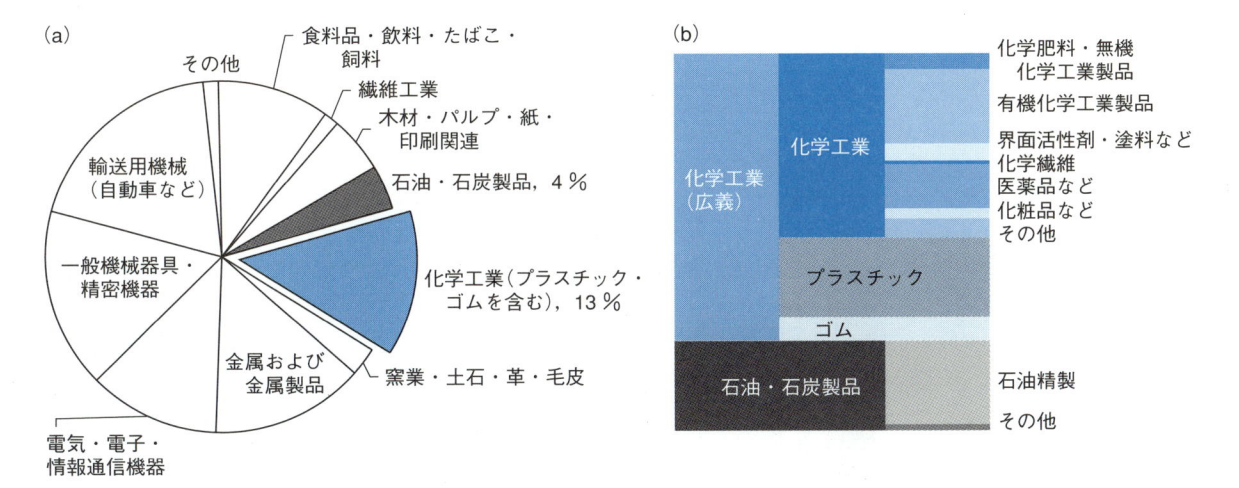

図 8・5 日本の製造業出荷額(a)および日本の化学工業に関連する製造業の出荷額(b)．2007年度経済産業省工業統計より．

### 8・2・3 石油精製業

原油はほぼ全量輸入に依存しており，大型タンカーで輸入された原油は，沿岸地域に設置された精油所でまず蒸留によって沸点の異なる各留分に分けられる（表8・1，図8・6a）．原油に含まれる成分が産地により異なるため，得られる各留分の割合や除去すべき不純物なども異なる．常圧蒸留で得られた各留分は，硫

## 石油の消費量

　全世界と日本の石油消費量の推移を図に示す．20世紀初頭はほとんど消費されていなかった石油は，その消費量が20世紀半ば以降急増した．1970年代には，産油国の輸出制限による石油価格の暴騰で二度の石油危機が起こり，一時的に消費量が減少した．しかし，その後の石油価格の下落で，再び総消費量は増大している．これに対し，ほぼ全量を輸入に依存する日本では，エネルギーや資源消費効率の向上，生産拠点の海外へのシフトなどにより，石油危機以降の消費量はほぼ横ばいあるいは微減となっている．

1 バレル（barrel） = 159 L

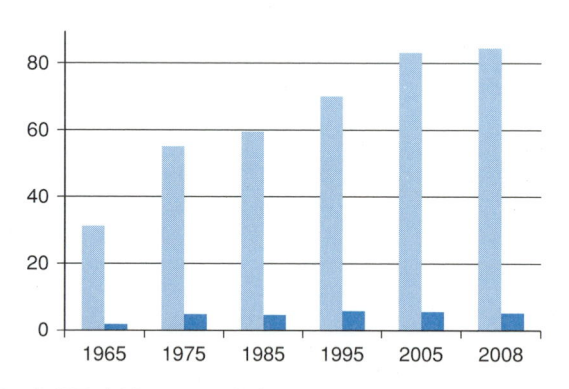

図　全世界（左）と日本（右）の石油消費量（百万バレル/日）
BP Statistical Review of World Energy 2009 より

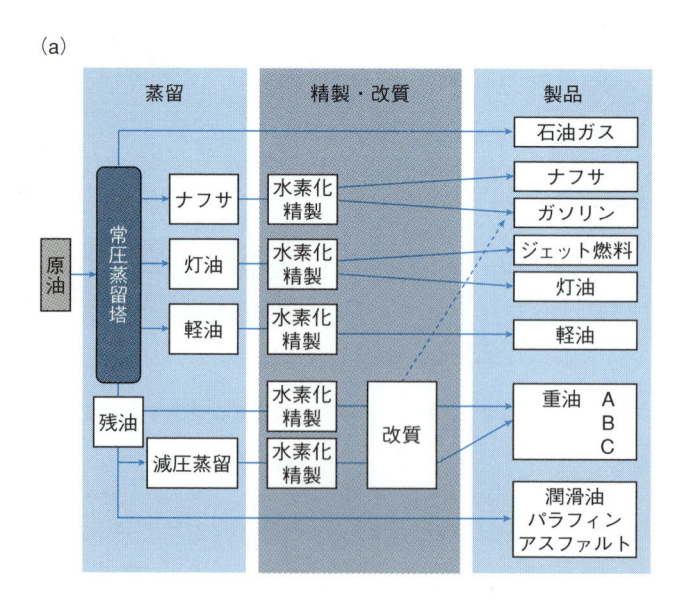

図 8・6　石油精製の概略(a)と日本における燃料油の需要(b)．総量2億4千万kL，2008年度経済産業省資源エネルギー統計より

黄などの不純物を除去するために水素化精製（脱硫）され（コラム参照），さらに需要や用途に合わせた改質により，各用途に向けた製品（燃料油）となる．

ナフサは，ほとんどが燃料としてではなく石油化学工業の原料として使用されている．一方，ガソリン，灯油，軽油は主に燃料として利用されており，現在最も重要なエネルギー資源となっている．特にガソリンに対する需要は高く，このため高級アルカンを含む留分に対しては，触媒を用いたクラッキング（熱分解反応）で低沸点の低級アルカンや不飽和結合をもつアルケンなどに変換する，など需要に合わせた化学構造の変換が大規模に行われている．

接触改質，接触分解，水素化分解，熱分解，アルキル化，異性化などによって炭化水素の化学構造を変換させる．

不揮発性留分は重油（残油に軽油などの留出油を適当に調合してつくった一般用燃料），ろう（固体の長鎖アルカン），アスファルトなどとして利用されているが，それほど大きな用途はない．

表 8・1　原油の常圧蒸留による分留

| 蒸留温度/℃a) | 留分 | 主な成分 |
|---|---|---|
| 20 以下 | ガス | C1〜C4 |
| 30〜200 | ナフサ | C5〜C10，シクロアルカン |
| 150〜280 | 灯油1) | C11〜C13，芳香族 |
| 200〜400 | 軽油2) | C10〜C20 |
| 常圧蒸留残油など | 重油3) | — |
| 不揮発性固体 | アスファルトなど | — |

a) おおよその目安．
　製品としては引火点，留出温度，粘度などについての規格（JIS 規格）がある．
　1) 引火点 40 ℃以上，95 ％留出温度 270〜300 ℃以下
　2) 引火点 45〜50 ℃以上，90 ％留出温度 330〜260 ℃以下
　3) 引火点 60〜70 ℃以上

ガソリンはおおよそナフサと同じ留分であるが，JIS 規格（JIS K 2202-2007）では，以下に示す蒸留性状に関する基準以外に，オクタン価や環境面から含有する微量成分に関するに基準などが定められている．
蒸留性状
　10 ％留出温度　70 ℃以下
　50 ％留出温度　75 ℃以上
　　　　　　　　110 ℃以下
　90 ％留出温度　180 ℃以下
　終点　　　　　220 ℃以下
　残油量　　　　2.0 vol％以下

---

### 水素化精製

原油の組成は炭素が 83〜87 ％，水素が 11〜14 ％，硫黄が 5 ％以下，窒素，酸素，金属などその他の元素は 2 ％以下となっている．この中で硫黄は燃やしたときに硫黄酸化物 $SO_x$ を発生し，酸性雨など環境問題を引き起こすことから，その低減が強く求められている．このため，原油に含まれる硫黄などの不純物を除く目的で，触媒を用いて水素加圧下，高温で水素化反応を行うことを**水素化精製**という．主に硫黄の除去を目的とすることから，**水素化脱硫**ともいう．原産地により含まれる硫黄の割合は異なるが，スルフィド類やチオフェン類などに含まれる硫黄は，水素化により硫化水素 $H_2S$ に変換して除去することができる．

水素化精製（hydrotreating）

水素化脱硫（hydrodesulfurization）

---

### 8・2・4　石油化学工業

石油化学工業では，石油の精製で得られたナフサなどから，高温熱分解でアルケンや芳香族炭化水素などの基礎製品や，それらの誘導体を含む有機化学工業製品が生産される．各地の石油コンビナートでは，石油精製と石油化学工業が一体となって燃料油から有機化学工業製品まで，大規模な設備で効率よく大量に製造されている．日本で使用される原料はほとんどが国内生産および輸入ナフサであるが，近年ナフサの高騰などもあり天然ガスの割合が少し増えている．一方，天

## ガソリンのオクタン価とは

　ガソリンエンジンは燃料/空気の混合ガスを圧縮し，火花で点火し燃焼させる．しかしガソリンの未燃部分が圧縮時に自然発火すると，燃焼効率が低下するだけでなく，ノッキングという圧力上昇による不快音が発生してエンジンが損傷する．このため，ガソリンは圧縮時の自然発火が起こりにくいほど高性能とされている．燃料油の燃焼は，ラジカル連鎖反応で進行する炭化水素の酸化反応で，高温での水素引き抜きによるラジカル種の生成で反応が開始する．メチル基－$CH_3$ は水素引き抜きが起こりにくいため，末端メチル基が多い分枝アルカンよりも直鎖アルカンのほうが自然発火しやすい．

　**オクタン価**（octane number, octane value）とは自然発火しにくいイソオクタン（2-メチルヘプタン）のオクタン価を 100 とし，自然発火しやすいヘプタン（直鎖状炭化水素）のオクタン価を 0 と規定したものであり，オクタン価が高いほどガソリンとしての性能がすぐれている．このため，改質などで分枝アルカンの比率を高めるとともに，自然発火しにくい芳香族化合物などをアンチノッキング剤として加えるなどの方法により，高性能（ハイオクタン価）ガソリンをつくっている．

クラッキング（cracking）

2008 年度生産量　約 688 万トン

然ガスが豊富に入手できる北米では，天然ガスが主要な原料の一つとなっている．高温での熱分解反応は**クラッキング**とよび，C－C 結合の切断を伴うラジカル反応である．主な有機基礎化学品を表 8・2 に示す．この中でエチレンは最も重要な化学工業原料で，重合によりポリエチレンとして使用されるだけでなく，たとえば塩素で置換して塩化ビニルとする，ベンゼンと反応させてスチレンを合成するなど，合成原料としても重要である．

表 8・2　主な石油化学製品とその用途

| 石油化学製品 | | | 主な用途 |
|---|---|---|---|
| オレフィン | エチレン | $CH_2=CH_2$ | ポリエチレン，合成原料 |
| | プロピレン | $CH_2=CHCH_3$ | ポリプロピレン，合成原料 |
| | ブタジエン | $CH_2=CH-CH_2=CH_2$ | 合成ゴム，合成原料 |
| 芳香族炭化水素 | ベンゼン | $C_6H_6$ | 合成原料 |
| | トルエン | $C_6H_5CH_3$ | 溶剤，合成原料 |
| | キシレン | $C_6H_4(CH_3)_2$ | 溶剤，ポリエステル原料 |
| | スチレン | $CH_2=CH-C_6H_5$ | ポリスチレン，合成ゴム |

### 8・2・5　高分子化学工業

　高分子化学工業は，合成樹脂原料の生産と成形・加工によるプラスチック製品やゴム製品の生産を行う産業である．ポリエチレンやポリプロピレンなどの汎用合成樹脂原料は，石油化学コンビナートの一部として大規模な設備で大量かつ安価に生産されることから，石油化学工業の一部といえるが，ここでは高分子を扱う化学工業としてプラスチック，ゴム製造業と合わせて説明する．

　樹脂原料の合成はモノマーの重合による高分子合成であり，高分子鎖中のモノマーの種類や配列，構造，そして分子量分布など，重合反応を制御してさまざまな樹脂原料を生産している．日本における主な合成樹脂の生産量を図 8・7 に示す．

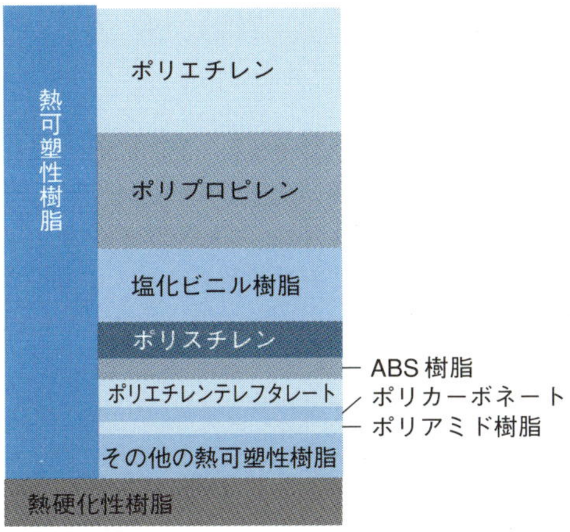

図 8・7 **日本の合成樹脂の生産量.**
2008年総量1304万トン, 日本プラスチック工業連盟資料より

積み上げ棒グラフの項目（上から）:
熱可塑性樹脂
- ポリエチレン
- ポリプロピレン
- 塩化ビニル樹脂
- ポリスチレン
- ポリエチレンテレフタレート — ABS樹脂／ポリカーボネート／ポリアミド樹脂
- その他の熱可塑性樹脂

熱硬化性樹脂

これらの合成樹脂については表8・3参照.

一方，高分子の加工は，高分子材料の組成や高次構造を制御してさまざまな物性をもつ高分子材料を製造し，成形して製品とするために必要な工程である．主剤となる樹脂原料の種類と組成，配合や添加する物質の種類，そして固体材料中での組成分布や分子集積の形態の違いにより，さまざまな異なる性質をもつ材料・製品となる．

**熱可塑性樹脂**はガラス転移温度（または融点）以上に加熱すると軟化するので，加熱してシリンダーから連続的に押し出す押出成形や，溶融樹脂を金型に押し込み，冷却後取出す射出成形などにより，シートやパイプから複雑な形状をもつ容器や工業用部品まで製造されている．日本で生産される合成樹脂の約90%は熱可塑性樹脂である（図8・7）．これに対しフェノール樹脂やメラミン樹脂などのような**熱硬化性樹脂**は，加熱により架橋などの硬化反応が進行して不溶不融化する樹脂で，金型中での反応で成形することができる．

熱可塑性樹脂 (thermoplastic resin)

熱硬化性樹脂 (thermosetting resin)

---

### 樹脂とプラスチック

　**天然樹脂**は，松脂（まつやに）・琥珀（こはく）など植物から分泌される粘性の高い液体（やに）あるいは"やに"が酸化されて無定形の半固体や固体となったもので，複雑な有機酸およびその誘導体からなる．これに対し，**合成樹脂**は合成した高分子化合物からなる固体材料で，天然樹脂とは異なる．最初に開発されたベークライト（フェノール樹脂）が天然樹脂に似ていたので，合成した樹脂という意味でこの名が生れた．

　一方，**プラスチック**は可塑性がある物質を意味する用語であるが，塑性変形により成形可能となる合成高分子を指すのが普通であり，合成樹脂と同義として使用されている．

天然樹脂 (natural resin)

合成樹脂 (synthetic resin)

プラスチック (plastics)

## 分子と材料

私たちの生活を支えるさまざまな有機材料は，ほとんどがμm以上の大きさであり，nmサイズの分子が膨大な数集まってできている．また，必ずしも1種類の分子だけでできているわけではないので，材料の性質や機能は分子の組成や集積の形態（配列，配向，相分離，結晶・非晶質状態など）に大きく依存する．そして一つの分子種で満たすことができない多岐にわたる材料特性を実現するため，必要な機能をもつ複数の化合物を混ぜ合わせたり少量加えたりする"配合"や"添加"，それぞれの機能を複数の構造部分で分担する形で成形する"複合材料化"などにより，材料特性の向上が図られている．

たとえば，軟質塩化ビニルを主剤とする人工レザー製品の場合，ポリ塩化ビニルを100とすると，可塑剤が60〜70，つまり主剤のポリ塩化ビニルとほぼ等量に近い可塑剤が入っており，それに炭酸カルシウムなどの充填剤0〜20，さらに酸化防止剤や紫外線吸収剤などの安定剤2〜3が加えられている．これは，ポリ塩化ビニルの単一成分だけでは必要な機能・特性を満たすことができず，柔軟性を付与するために可塑剤を加え，さらに十分な安定性を保持するための添加剤を加える，つまりそれぞれがもつ分子機能を加え合わせることで，全体の材料機能を高めて要求性能を満たしているのである．

---

**エンジニアリングプラスチック**（engineering plastics）

プラスチック（コラム参照）の中で，耐熱性（100℃以上），機械強度（引張り強さ5 kgf mm$^{-2}$以上，曲げ弾性率200 kgf mm$^{-2}$以上），寸法安定性にすぐれたものを**エンジニアリングプラスチック**（略称エンプラ）という．これに対し，安価で大量に使用されるプラスチック（ポリエチレン，ポリプロピレン，ポリ塩化ビニル，ポリスチレンなど）を**汎用プラスチック**という．

**汎用プラスチック**（commodity plastics）

代表的な合成樹脂を表8・3に示した．

表 8・3 代表的な合成樹脂

| 樹脂名 | | 常用耐熱温度(℃) | 特　長 | 主な用途 |
|---|---|---|---|---|
| **熱可塑性樹脂** | | | | |
| **汎用プラスチック** | | | | |
| ポリエチレン（PE）<br>$-(CH_2CH_2)_n-$ | 低密度ポリエチレン(LDPE) | 70〜90 | ポリマー鎖の分枝が多くて結晶化度が低く，半透明で密度が低い（0.92程度）．耐熱性は低いが，電気絶縁性，加工性にすぐれている．安価で大量に使用されている． | 包装材（袋，ラップフィルム），農業用フィルム，電線被覆 |
| | 高密度ポリエチレン(HDPE) | 90〜110 | 分枝が少なく密度が高い（0.94以上）．不透明で低密度ポリエチレンより耐熱性，剛性が高い．白っぽく不透明． | 包装材（フィルム，袋，食品容器），容器，ガソリンタンク，灯油缶，コンテナ，パイプ |
| ポリプロピレン（PP）<br>$-(CH_2-CH)_n-$<br>   　　$|$<br>   　　$CH_3$ | | 100〜140 | 最も比重（0.9〜0.91）が小さい．耐熱性が比較的高い．機械的強度にすぐれる． | 自動車部品，家電部品，包装フィルム，食品容器，キャップ，トレイ，コンテナ，パレット，衣装函，繊維，医療器具，日用品，ゴミ容器 |
| ポリ塩化ビニル（PVC）<br>$-(CH_2CHCl)_n-$ | | 60〜80 | 燃えにくい．軟質と硬質がある．水に沈む（比重1.4）．表面の艶・光沢がすぐれ，印刷適性がよい． | 上・下水道管，継手，雨樋，波板，サッシ，床材，壁紙，ビニルレザー，ホース，農業用フィルム，ラップフィルム，電線被覆 |

表8・3（つづき）

| 樹脂名・構造 | | 耐熱温度(℃) | 特徴 | 用途 |
|---|---|---|---|---|
| ポリスチレン（PS） 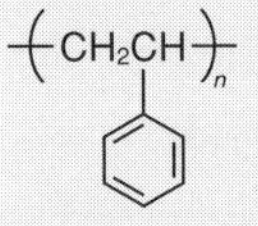<br>$+CH_2CH+_n$<br>（フェニル基） | ポリスチレン | 70〜90 | 透明で剛性があるGPグレードと，乳白色で耐衝撃性をもつHIグレードがある．着色が容易．電気絶縁性がよい． | OA・TVのハウジング，CDケース，食品容器 |
| | 発泡ポリスチレン | 70〜90 | 軽くて断熱保温性にすぐれている． | 梱包緩衝材，魚箱，食品用トレイ，カップ麺容器，畳の芯 |
| ABS樹脂（ABS）（図1・1参照） | | 70〜100 | アクリロニトリル $CH_2=CHCN$，ブタジエン，スチレンの共重合体．耐衝撃性にすぐれた樹脂． | OA機器，自動車部品（内外装品），ゲーム機，建築部材（室内用），電気製品（エアコン，冷蔵庫） |
| ポリエチレンテレフタレート（PET） 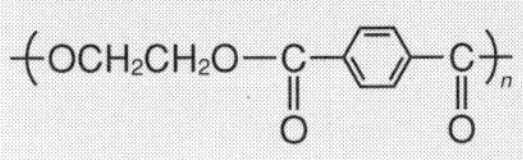<br>$+OCH_2CH_2O-C(=O)-C_6H_4-C(=O)+_n$ | 延伸フィルム〜200 | | 透明性が高く，強靭で，ガスバリア性にすぐれている． | 絶縁材料，光学用機能性フィルム，磁気テープ，写真フィルム，包装フィルム |
| | 無延伸シート〜60 | | 透明性が高く，耐油性，耐薬品性にすぐれている． | 惣菜・佃煮・フルーツ・サラダ・ケーキの容器，飲料カップ，クリアホルダー，各種透明包装 |
| | 耐熱ボトル〜85 | | 透明で，強靭，ガスバリア性にすぐれている． | 飲料・しょう油・酒類・茶類・飲料水などの容器（ペットボトル） |
| メタクリル樹脂（PMMA） 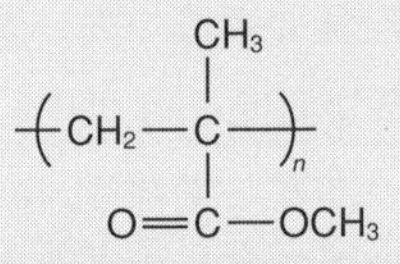<br>$+CH_2-C(CH_3)(COOCH_3)+_n$<br>ポリメタクリル酸メチル | | 70〜90 | 無色透明で光沢がある．ベンジン，シンナーに侵される． | 自動車リアランプレンズ，食卓容器，照明板，水槽プレート，コンタクトレンズ |
| **エンジニアリングプラスチック** | | | | |
| ポリカーボネート（PC） 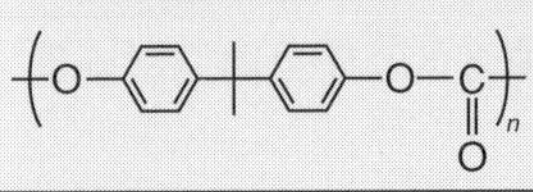<br>$+O-C_6H_4-C_6H_4-O-C(=O)+_n$ | | 120〜130 | 無色透明で，酸には強いが，アルカリに弱い．特に耐衝撃性にすぐれ，耐熱性もすぐれている． | DVD・CDディスク，電子部品ハウジング（携帯電話ほか），自動車ヘッドランプ，レンズ，カメラレンズ・ハウジング，透明屋根材 |
| ナイロン 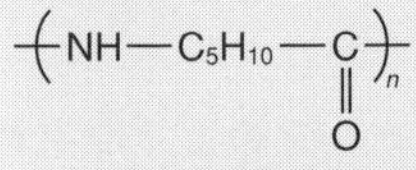<br>$+NH-C_5H_{10}-C(=O)+_n$<br>ナイロン6 | | 80〜140 | 乳白色で，耐摩耗性，耐寒冷性，耐衝撃性がよい．ナイロン6，ナイロン66などがある． | 自動車部品（吸気管，ラジエタータンク，冷却ファンほか），食品フィルム，魚網・テグス，各種歯車，ファスナー |
| フッ素樹脂（PTFE） 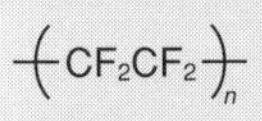<br>$+CF_2CF_2+_n$ | | 260 | 乳白色で耐熱性，耐薬品性が高い，非粘着性を有する． | フライパン内面コーティング，絶縁材料，軸受，ガスケット，各種パッキン，フィルター，半導体工業分野，電線被覆 |
| **熱硬化性樹脂** | | | | |
| フェノール樹脂（PF） | | 150 | 電気絶縁性，耐酸性，耐熱性，耐水性がよい．燃えにくい． | プリント配線基板，アイロンハンドル，配電盤ブレーカー，鍋・やかんの取っ手・つまみ，合板接着剤 |
| メラミン樹脂（MF） | | 110〜130 | 耐水性がよい．陶器に似ている．表面は硬い． | 食卓用品，化粧板，合板，接着剤，塗料 |
| ポリウレタン（PUR） | | 90〜130 | 柔軟から剛直まで広い物性の樹脂が得られる．接着性・耐摩耗性にすぐれ，発泡体としても多様な物性を示す． | 発泡体はクッション，自動車シート，断熱材が主用途．非発泡体は工業用ロール・パッキン・ベルト，塗料，防水材，スパンデックス繊維 |
| エポキシ樹脂（EP） | | 150〜200 | 物理的・化学的特性，電気的特性などにすぐれている．炭素繊維で補強したものは強い． | 電気製品（IC封止材，プリント配線基板），塗料，接着剤，各種積層板 |

日本プラスチック工業連盟資料より

> **油脂化学工業**
>
> 油脂化学工業は，植物油（ダイズ油，ナタネ油，パーム油，ヤシ油など）および動物油（牛脂，豚脂，魚油など）を原料とし，油脂そのものを製造する製油と油脂原料から油脂関連の製品を製造する油脂加工があり，食用加工油脂（マーガリンなど），セッケン，洗剤（界面活性剤），可塑剤など，多岐にわたる油脂化学製品を製造している．界面活性剤は衛生関連製品だけでなく，静電防止や潤滑などを目的としてさまざまな材料に添加されており，私たちの生活と密接にかかわる多様な製品に使用されている．

**界面活性剤**（surface-active agent, surfactant）
気–水や油–水などの二相界面に吸着して界面張力を低下させるはたらきをする化合物．分子内に両親媒性の構造をもち，親水部分の構造の違いによりアニオン性，カチオン性，非イオン性，両性の4種に大別される．

### 8・2・6 医薬品製造業

6章で学んだように生命は有機化合物を主体とするきわめて複雑なシステムであり，さまざまな原因で起こるシステムの不調が疾病である．その診断，治療，予防するための医薬品は，古代から常に追い求められてきた付加価値の高い製品である．医薬品の開発は薬効成分の抽出や精製，構造の部分変換などが中心となっていたが，近年分子レベルでの生命現象の解明が大きく進展しており，酵素活性阻害剤などのようなすぐれた効能をもつ医薬の分子構造を設計し化学合成する（ドラッグデザイン）という段階に達しつつある．高付加価値の製品であるため，出荷額に占める割合は高いが，医薬品の開発には薬効だけでなく安全性の検討も必要であり，研究開発に多額の費用が投入される典型的な研究開発型産業である．

### 8・3　有機機能材料——有機化学の新しい展開

20世紀初頭に出現したナイロンやポリエチレン，ポリスチレンのような有機素材は，軽くて丈夫，安く大量生産できるという利点を生かして，あらゆる分野で大量に使用され，私たちの生活様式を大きく変えた．そして21世紀を迎えた今では，スポーツ用品や防護服などに使用されている高強度材料の芳香族ポリアミド，浄水器に使用される中空糸状ろ過膜，表示デバイス用の液晶，CDやDVDなどに用いられる光記録材料など，一昔前にはなじみのなかった新しい有機機能材料がつぎつぎに開発され，高機能化で私たちの生活を急速に変化させ，快適な現代生活を支える原動力となっている．このような新しい有機機能材料は，単なる素材ではなく材料自身がすぐれた機能性を示し，用途に応じた高い要求性能を満たしてくれる．

では，すぐれた特性や機能性をもつ有機材料は，どのようにして実現できるのだろうか．多様な分子構造をもつ有機化合物にはすぐれた特性・機能をもつものが数多くあるが，有機材料の機能は必ずしも構成分子の特性・機能だけで決まるわけではない．一般に材料は分子運動の自由度が束縛された固体であり，μmサイズの材料であっても$10^6 \sim 10^9$個以上という膨大な数の有機分子の集合体であ

る．このため，材料は無数ともいえるほどの異なる分子集合構造をとることができ，このような分子の集合構造の違いが材料機能を大きく左右する．分子レベルからマクロスケールに至る材料の構造を解析する技術が急速に進展するとともに，微小な構造単位で機能発現の機構解明が進み，新しい有機機能材料の開発が加速されている．またナノスケールという微小な構造単位で制御された材料が，これまでの材料を超えた新しい機能・特性を示すことも見つかり，ナノテクノロジーとして大きな注目を集めている．

先端技術の解説は本書の範囲を超えたものなので，この節ではいくつかの身近な例を示すだけにとどめる．

### 8・3・1 光電子機能材料

有機化合物は可視から紫外領域の光を吸収して，高いエネルギー準位に電子遷移した励起状態となる．このとき物質から散乱される光は，吸収されなかった光の色（補色）を示すことから，**染料**（水に溶けるもの）や**顔料**（水に溶けないもの）として古代から利用されてきた．

化合物の色や補色については，4章参照．

染料（dye）

顔料（pigment）

近代の有機化学は合成染料の開発から始まり（1章のコラム参照），これまでに数多くの染料，顔料が生み出されている．その中で，電子が光励起して空状態となった準位（正孔，ホール）を通して光伝導性を示す有機半導体は（図8・8），コピーやレーザープリンタなどの感光部位として身近に利用されており，生活様式に変化をもたらしている．また図8・9に示す**蛍光色素**は，励起状態から基底状態に戻るときに色純度の高い鮮やかな蛍光を示す．蛍光色素に特定のタンパク質に結合する部位を付け加えた機能性蛍光色素は，細胞の染色などに利用されており，細胞内の特定の組織やタンパク質などの形状や分布を可視化することができ（冒頭の口絵参照），バイオサイエンスの研究や診断に貢献している．

このような材料を**有機光導電材料**（organic photoconductor, OPC）という．図1・1も参照．

蛍光色素（fluorescent dye）

一方，光の吸収を伴わない光学材料では，媒体を透過する光の屈折率の違いに

図8・8(a)の説明．電場勾配が存在すると，光エネルギーを吸収して励起された電子が近傍分子の励起軌道（非占有軌道）を移動する電子移動，あるいは励起前に電子が占めていた軌道にできた空孔（正孔，ホール）に近傍分子の占有軌道から電子が注入されることで，空孔が伝達されるホール移動が起こる．このように，光による励起電子と正孔との電荷分離と，それに続く電子輸送あるいはホール輸送で，光伝導が起こる．

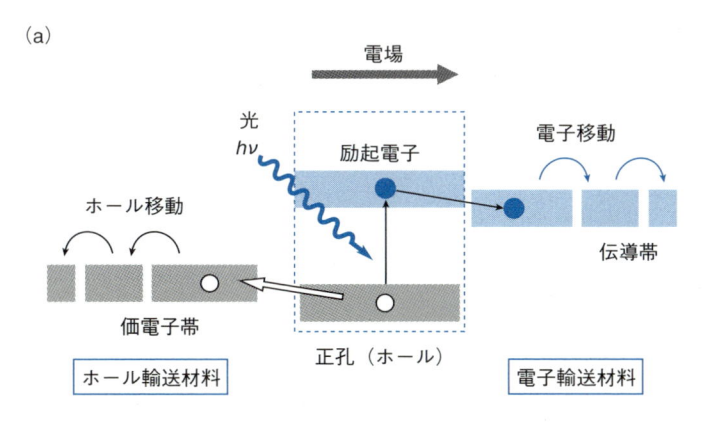

図8・8 光伝導の機構(a)と代表的なホール輸送材料(b)

図 8・9 代表的な蛍光色素（フルオレセイン（緑）, ローダミンB（赤）, クマリン2（青））

## 液晶ディスプレイの動作原理

　液晶ディスプレイ（LCD）は現在，パソコンのモニターやテレビなどに使われる薄型ディスプレイの主流となっている．図にはTN型とよばれる最もシンプルな液晶ディスプレイの画素の構造を示した．互いに直交した方向をもつ配向膜を貼付けた透明電極で液晶分子をはさみ，さらにその外側をそれぞれの配向膜と同じ方向性をもつ偏光フィルターで覆ったものである．棒状の構造をもつ液晶分子には配向膜で規定された方向を向いて並ぶ性質がある．配向膜の方向を上下で90°ねじると，それに従って液晶も90°ねじれて並ぶ．

　光（電磁波）は横波であり，進行方向に垂直な面内で振動している．光源から出た光はいろいろな振動面をもった電磁波の集まりであるが，それが偏光フィルターを通ると，特定の振動面（図の$x$方向）をもった光のみが透過する．この直線偏光が90°ねじれた液晶の中を通ると，その振動面も90°ねじれる．その後，下側にある$y$方向の偏光を通過させる偏光フィルターを経て，観察者の目に認識される．

　ここで電場をかけると，液晶分子が長軸を電極の法線方向に向けて配向する．そうなると上部の偏光フィルターを通ってきた光の振動面は回転せず，下部の偏光フィルターを通過できない．このため，私たちには黒く認識される．

　フルカラーのLCDは，この動作原理に立脚し，発色法や駆動法などの数多くの要素技術を巧みに組合わせてつくられている．

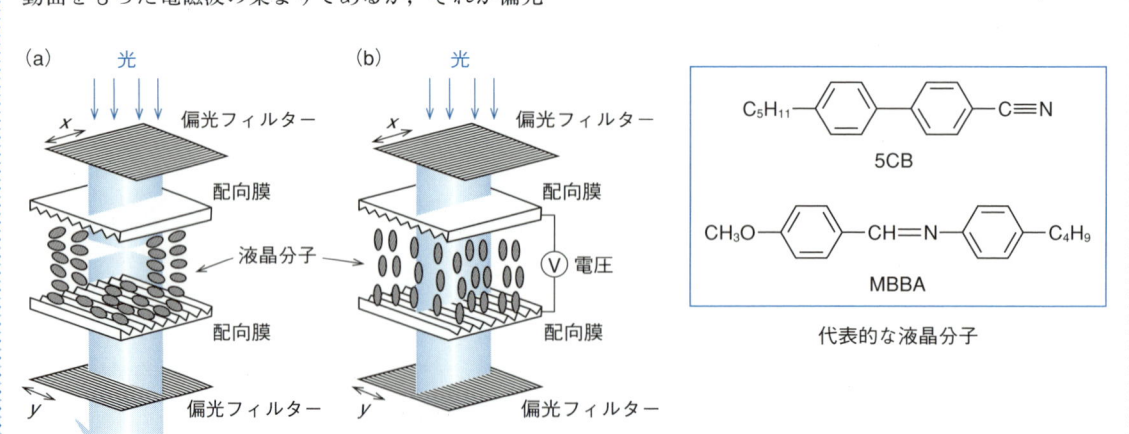

図　TN型液晶ディスプレイの動作原理および代表的な液晶分子．(a) 電場のないとき，(b) 電場が加えられたとき

基づくレンズ，光ファイバーなどの線形光学材料や光波長変換などに用いられる非線形光学材料などがある．身近な例としては**液晶**があり，電場で大きな双極子をもつ液晶分子の配向を制御し，光の透過をスイッチして画像表示をすることができる（コラム参照）．

液晶（liquid crystal）

### 8・3・2 力学・強度機能材料

繊維の強さは，弾性率（加えた力による弾性変形の割合，ヤング率）と破断強度で表すことができる．軽元素である炭素間の強固な共有結合でできた有機高分子は，直鎖状の高分子鎖が繊維軸方向にきちんと配列し，繊維軸に垂直な面を通過する結合1本当たりの断面積が小さいほど，強い繊維となる．実際に枝分かれがほとんどない直鎖状低密度ポリエチレン（LLDPE）は，分子断面積が小さく強い繊維となり，軽くて丈夫な繊維としてロープや釣り糸などに使用されている．表8・4に代表的な高強度繊維の例を示した．

繊維については1章のコラムも参照．

**高強度繊維**
(high strength fiber)

表 8・4 高強度繊維

| | 弾性率/GPa | 破断強度/GPa | 密度/g cm$^{-3}$ |
|---|---|---|---|
| 金属繊維 | | | |
| スチール繊維 | 200 | 2.8 | 7.85 |
| チタン合金繊維 | 106 | 1.2 | 4.58 |
| ボロン繊維 | 400 | 3.5 | 2.60 |
| 無機繊維 | | | |
| アルミナ繊維 | 250 | 2.5 | 4.01 |
| ガラス繊維 | 73 | 2.1 | 2.54 |
| 有機繊維 | | | |
| 炭素繊維 | 392 | 2.4 | 1.81 |
| PPTA 繊維 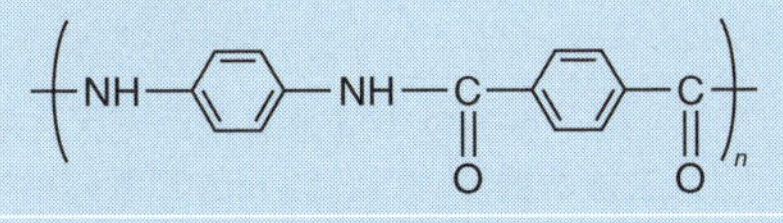 ⁅NH–C₆H₄–NH–CO–C₆H₄–CO⁆$_n$ | 186 | 3.5 | 1.45 |
| ポリエチレン（PE）繊維 ⁅CH₂CH₂⁆$_n$ | 232 | 6.2 | 0.96 |
| ポリオキシメチレン（POM）繊維 ⁅CH₂O⁆$_n$ | 58 | 2.0 | 1.41 |

PPTA：ポリ(p-フェニレンテレフタルアミド)，芳香族ポリアミドの一つ

ポリアクリロニトリルやピッチなどの有機繊維を高温で炭素化させてつくった繊維を**炭素繊維**（carbon fiber）という．低比重で耐薬品性・耐食性にすぐれ，導電性やきわめて高い弾性率，引張り強さを示すことから，複合材料として航空機などに使用されている．

### 8・3・3 生体機能材料

生体に類似した機能を示す，あるいは生体機能を代替する材料を生体機能材料という．この分野の進展も著しく，カテーテルなど治療用器具の材料，血管や皮膚の代替材料，腎臓や心臓などを代替する装置に用いられる材料など，数多く実用化されている．たとえば，表8・5に示した**生分解性高分子**は手術用縫合糸として用いられており，体内で分解するため抜糸することなく吸収される．また，現在日本では多数の患者が腎不全により人工透析を受けているが，透析に用いられる人工腎臓は，図8・10に示すように微細な孔が多数ある直径0.2 mm程度の

**生分解性高分子**
(biodegradable polymer)

約28万人，2008年（社）日本透析医学会資料

中空糸を約1万本程度束ねたもので，中空糸の外側を流れる透析液に老廃物や水などを移動させて血液を浄化し，腎臓の機能を代替する．

表 8・5 主な生分解性高分子

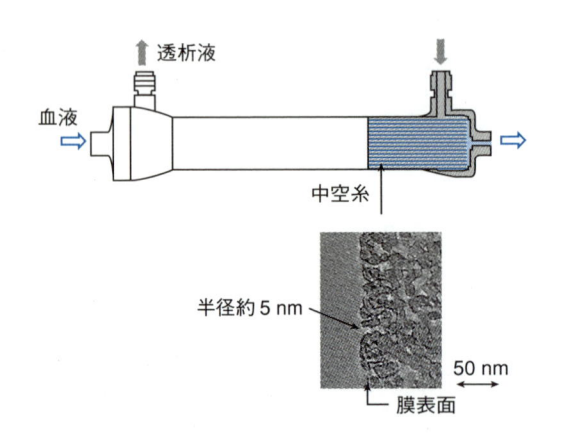

| | 高分子名 | 構造 |
|---|---|---|
| 微生物産生 | ポリ-3-ヒドロキシ酪酸 | |
| 天然物 | セルロース/デンプン | |
| 化学合成 | ポリ乳酸 | |
| | ポリグリコール酸 | |
| | ポリカプロラクトン | |

図 8・10 多孔性中空糸を用いた人工腎臓（人工透析器）．直径 0.2 mm 程度の中空糸の中を流れる血液から，不要な老廃物や水などが中空糸膜の微細な孔を通して外側を流れる透析液側に移動し，血液が浄化される．中空糸膜としては，セルロースが使用されていたが，最近はポリメタクリル酸メチル（表8・3参照）やポリスルホンを使用したものが増加している．写真は荒木孝二ら著，「有機機能材料」（東京化学同人）より転載．

## 8・4 環境と有機化合物

私たちの体は，多様で膨大な数の有機化合物が組織化されて集積したものであり，情報処理，エネルギー変換をはじめ，有機化合物を基盤とした高度な生命現象が営まれている．このため，人工的につくり出された自然界にない有機化合物が，生体の生命現象にさまざまな形で影響を与えるのは必然といえる．また近年の急速な化学工業の進展は，大量の有機化合物の使用という結果をもたらし，そ

の影響はときには特定の地域にとどまらず，広範囲にわたる生態系や地球環境にまで及ぶ．

### 8・4・1 生体への影響

自然界に存在する有機化合物だけでなく人工的につくり出されたものも含めて，有機化合物は程度に差はあっても，さまざまな形で生命活動に影響を与える．私たちはその効果が望ましい形で現れる有機化合物を選択あるいは合成して，医薬品や農薬（殺虫剤，除草剤など）として利用している．しかし，望ましくない効果を示す場合は有害性をもつ，あるいは毒性を示す化合物となる．医薬品の作用についてはすでに6章で述べているが，医薬品も使用する量や濃度によっては毒性化合物となり，生命活動に影響を与えるという観点からすると，毒と薬はまさに紙一重といえる．毒性の発現の仕方については，摂取直後から数日以内に発現する急性毒性，長期間にわたり反復して摂取した場合に発現する慢性毒性，さらに1〜3ヵ月程度で発現する亜急性毒性などに分類されている．

急性毒性（acute toxicity）
慢性毒性（chronic toxicity）

毒性，有害性を発現する機構は，多様で複合的な場合が多いため，その作用機序が十分に解明されていないことが多い．特に慢性毒性については，関与する可能性のある要因が多岐にわたるため，要因を絞り込むことはきわめて困難である．ただ，急性毒性については臨床的な知見だけでなく，その作用機序が分子レベルで解明されている場合もあり，慢性毒性と比べて比較的進んでいる．たとえ

#### 半数致死量

毒性を評価する指標として，一般に**半数致死量**，通称 **LD$_{50}$**（50 % lethal dose）が用いられる．これは，「ある物質を摂取させたとき，摂取した動物の半数が死に至る量」として定義され，動物の体重1 kg当たりの摂取量（mg/kg）として表される．当然のことながら，摂取させる動物の種類（ラット，マウス，ウサギなど）や状態（年齢，雌雄，季節など），摂取させる方法（経口，経皮，吸入，静脈注射など）などによって異なるので，あくまで目安としての概算値である．毒物および劇物取締法では，原則として経口摂取したときのLD$_{50}$が50 mg/kg以下，経皮で摂取したときはLD$_{50}$が200 mg/kg以下などを基準として，毒物として指定される．また医薬品については，薬事法でLD$_{50}$が経口投与30 mg/kg以下，皮下注射20 mg/kg以下のものを毒薬と指定している．いくつかの例を以下の表に示す．

カフェイン（caffeine）

プリン環をもつアルカロイドの一種．茶，コーヒーなどに含まれる．

パラチオン（parathion）

殺虫剤．毒性が高いため，現在では使用が禁止されている．

表　有機化合物の LD$_{50}$

| 化合物 | 評価法 | LD$_{50}$ | 化合物 | 評価法 | LD$_{50}$ |
|---|---|---|---|---|---|
| エタノール | ラット，経口 | 13.0 mL/kg | トルエン | ラット，経口 | 636 mg/kg |
| アセトン | ラット，経口 | 10.7 mL/kg | カフェイン | ラット，経口 | 192 mg/kg |
| 酢酸 | ラット，経口 | 3530 mg/kg | パラコート | ラット，経口 | 57 mg/kg |
| ジクロロメタン | ラット，経口 | 1.6 mL/kg | パラチオン | ラット，経口 | 6 mg/kg |
| ベンゼン | ラット，経口 | 4080 mg/kg | テトロドトキシン | マウス，経口 | 0.01 mg/kg |

**テトロドトキシン**
(tetrodotoxin)

クサフグ，トラフグに代表されるフグ毒の成分．

**パラコート**（paraquat）

別名 **メチルビオローゲン**（methyl viologen）ともいう．除草剤，防菌剤，防カビ剤として用いられる．

**内分泌かく乱化学物質**
(endocrine disrupting chemicals)

**環境ホルモン**
(environmental hormones)

**変異原性**（mutagenicity）
**発がん性**（carcinogenicity）

**ベンジジン**（benzidine）
体系的名称 **4,4′-ジアミノビフェニル**（4,4′-diaminobiphenyl）

**アフラトキシン**（aflatoxin）

ば，農薬として使用されるパラチオンは，重要な酵素であるコリンエステラーゼのはたらきを阻害する．このため，神経伝達物質であるアセチルコリンの分解が阻害されて毒性が発現するといわれている．また，フグ毒として知られるテトロドトキシンは細胞膜の $Na^+$ イオンの透過（イオンチャネルとよばれるタンパク質）に影響を与えて，神経伝達を阻害する．これらの物質は生命現象に不可欠な酵素の反応やタンパク質の機能を阻害することで，毒性や有害性を発現する．一方，非選択型除草剤として知られるパラコートは，細胞内で酸素分子を一電子還元して反応性の高いスーパーオキシドアニオン $O_2^-$ を生成させるために，生体組織が破壊されて毒性が発現する．

一方，慢性毒性を示す化合物には変異原性物質や発がん性物質のように（コラム参照），長期間にわたり繰返し暴露されることで発現するものがある．また環境中に存在してホルモン様の作用を示す，あるいは生体内のホルモンのはたらきを阻害する疑いのある物質が，**内分泌かく乱化学物質**（俗称 **環境ホルモン**）として近年注目されている．いずれも急性毒性を示さない程度の低濃度であっても，長期間にわたる接触あるいは摂取で毒性が発現する．

### 8・4・2 環境への影響

生態系はそれを構成する生物だけでなく，環境中に存在する有機化合物をはじ

---

#### 変異原性と発がん性

**変異原性**とは，遺伝情報を担う DNA や染色体に永続的な構造変化を引き起こす性質で，放射線なども変異原となる．一方，**発がん性**は，がんを誘発，促進する性質である．がんを誘発する物質には，変異原性による形質変化で発がん性を示すものが多い．

**表　ヒトに対して発がん性を示す物質の例[a]**

| 化合物名 | 化学構造式 |
|---|---|
| ベンゼン | $C_6H_6$ |
| ベンジジン | $H_2N$–C$_6$H$_4$–C$_6$H$_4$–$NH_2$ |
| ホルムアルデヒド | HCHO |
| 酸化エチレン | $H_2C$–$CH_2$（O 架橋） |
| アフラトキシン（カビ） | （構造式） |

a) 国際がん研究機関（International Agency for Research on Cancer, IARC）によりグループ1に分類された発がん物質から抜粋．

めとする多様な物質が相互に複雑に絡み合って成り立っている．前節では，個々の生体，特にヒトに対する有害性について述べたので，この節では生態系や大気，水圏，土壌といった環境に対する影響，特に20世紀以降の石油化学工業の発展に伴って石油を原料とする有機化学製品が大量に製造・消費されている現状について考えてみよう．

まず問題となるのは，有害性のある物質の環境中への排出であり，これについては排出を規制して，環境への影響を防止する必要がある．また，大量の有機化学品の製造・消費という点からは，これまでの有害物質による局所的な環境汚染に対応するだけでなく，有害性は低くても長期にわたり環境中に広範囲に蓄積さ

---

### 環境基本法

1993年に，これまでの公害対策基本法に代わって制定された，日本の環境政策の基本理念を定める基本法である．その目的は，第一条に以下のように述べられている．

第一条（目的）　この法律は，環境の保全について，基本理念を定め，並びに国，地方公共団体，事業者及び国民の責務を明らかにするとともに，環境の保全に関する施策の基本となる事項を定めることにより，環境の保全に関する施策を総合的かつ計画的に推進し，もって現在及び将来の国民の健康で文化的な生活の確保に寄与するとともに人類の福祉に貢献することを目的とする．

また第三条（環境の恵沢の享受と継承等），第四条（環境への負荷の少ない持続的発展が可能な社会の構築等），第五条（国際的協調による地球環境保全の積極的推進）で，その基本理念を述べている．

---

### 有害大気汚染物質

大気汚染防止法で，低濃度であっても長期的な摂取により健康影響が生ずるおそれのある「有害大気汚染物質」として指定されているもののうち，特に優先的に対策に取組むべき物質（優先取組物質）としては，つぎの22種類がある（環境省）．

(1) アクリロニトリル，(2) アセトアルデヒド，(3) 塩化ビニルモノマー，(4) クロロホルム，(5) クロロメチルメチルエーテル，(6) 酸化エチレン，(7) 1,2-ジクロロエタン，(8) ジクロロメタン，(9) 水銀およびその化合物，(10) タルク（アスベスト様繊維を含むもの），(11) ダイオキシン類，(12) テトラクロロエチレン，(13) トリクロロエチレン，(14) ニッケル化合物，(15) ヒ素およびその化合物，(16) 1,3-ブタジエン，(17) ベリリウムおよびその化合物，(18) ベンゼン，(19) ベンゾ[a]ピレン，(20) ホルムアルデヒド，(21) マンガンおよびその化合物，(22) 六価クロム化合物

---

アクリロニトリル
(acrylonitrile)

$H_2C=CH-CN$

クロロメチルメチルエーテル
(chloromethyl methyl ether)
体系的名称 クロロメトキシメタン (chloromethoxymethane)

$CH_3-O-CH_2Cl$

ダイオキシン類はコラム参照．

ベンゾ[a]ピレン
(benzo[a]pyrene)

## a. 大 気

大気汚染は火山の噴火のような自然現象で大気中に存在する物質ではなく，産業活動や社会活動により人為的に有害物質が大気中に放出されることで起こる．このような有害な汚染物質の放出を規制するために，日本では大気汚染防止法が定められており，有害大気汚染物質や揮発性有機化合物についても排出基準が定められている．

> 大気汚染防止法は1968年に制定された法律であり，その後改正が加えられている．ばい煙，粉じん，自動車排ガスとともに，揮発性有機化合物の排出基準が，施設の種類および規模ごとの許容限度として定められている．

しかし，個々の排出源での基準を達成しても，人口が集中して産業活動が活発な都市部では，**光化学スモッグ**が発生する．光化学スモッグは，産業活動や自動車から排出される窒素酸化物 $NO_x$ や揮発性有機化合物が紫外線による光化学反応で，オゾンをはじめとする酸化性の高い物質(オキシダント)となり，健康被害を引き起こすもので，1945年ロサンゼルスで初めて観測された．また**酸性雨**は，火山活動や化石燃料の燃焼で大気中に排出された窒素酸化物や硫黄酸化物 $SO_x$ が原因物質と考えられている．いずれも主たる一次汚染物質は無機化合物の窒素酸化物や硫黄酸化物であるが，これらの多くは有機化合物である化石燃料の燃焼により生成する．このため，燃焼条件の最適化や燃焼装置での排ガス処理装置の設置だけでなく，水素化精製（8・2・3節のコラム参照）による石油の脱硫といった燃料の品質を向上させて，有害物質の排出を減少させる努力がなされている．

> 光化学スモッグ（photochemical smog）
>
> 酸性雨（acid rain）

また，環境基準はヒトの健康の保護および生活環境の保全のうえで維持されることが望ましい基準として環境基本法（第16条）で定めたものであり，たとえばベンゼンなどの有害大気汚染物質については表8・6に示す値となっている．

表8・6 有害大気汚染物質（ベンゼンなど）にかかわる環境基準（環境省）

| 物　質 | 環境基準 |
| --- | --- |
| ベンゼン | 1年平均値が 0.003 mg/m³ 以下であること |
| トリクロロエチレン | 1年平均値が 0.2 mg/m³ 以下であること |
| テトラクロロエチレン | 1年平均値が 0.2 mg/m³ 以下であること |
| ジクロロメタン | 1年平均値が 0.15 mg/m³ 以下であること |

一方，3章で説明したように，炭化水素の水素をフッ素や塩素で置換したフロンは，有害な紫外線を吸収して地表への到達を防止している成層圏の**オゾン層**を破壊する物質として，地球規模での環境問題となり，1985年オゾン層の保護のためのウィーン条約や1987年オゾン層を破壊する物質に関するモントリオール議定書で製造が禁止された．これは，成層圏でフロンが高エネルギーの紫外線により光分解を起こし，発生するラジカル種がオゾン $O_3$ と反応することで，オゾン層を破壊する．フロンはきわめて高い安定性と一般的に低い生体毒性というすぐれた特性をもつため，冷媒や発泡剤などとして大量に使用されてきた．フロン

> オゾン層（ozonosphere）
>
> フロンについては3章のコラム「フロンとハロン」参照．
>
> 日本では，「特定物質の規制等によるオゾン層の保護に関する法律」が制定されている．

類の製造は禁止されたが，まだ発泡断熱材や電気製品などに使用されたものが大量に残っているため，その回収・破壊のための法律が制定され，実施されている．

また，経済活動の活発化に伴う大量のエネルギー消費が地球全体の温暖化をもたらしているという懸念から，1997年の京都議定書で温暖化の原因と考えられる**温室効果ガス**の削減目標が定められ，地球規模での取組みが求められている．

気候変動に関する国際連合枠組条約の京都議定書（Kyoto Protocol）

**温室効果ガス**
（green house effect gas）

### b. 水圏

人為的な要因による河川や海洋の汚染は，古くから都市の生活排水や鉱山排水による汚染などがあるが，有機化合物による人為的な汚染の発生は，大量の有機化合物が生産，消費されはじめた20世紀以降といえる．経済活動の活発化，汚染物質の多様化に対して，下水や河川，湖沼，港湾，沿岸海域といった公共用水域への排出水の排水基準を規制することで，水圏の環境を保全する取組みが行われている．閉鎖水域である湖沼は特に汚染が進行しやすく，水質保全に注意を要する．また湾沿岸海域だけでなく，総体積約 $1.37 \times 10^{18}$ m$^3$ とされる膨大な量の海水が存在する海洋全体を見ても，石油の流出やさまざまな廃棄物による汚染が頻発するようになっており，その環境保全に向けた努力が求められている．

また閉鎖水域では，化学物質が毒性を示さない程度の低濃度しか水中に存在しない場合でも，生物濃縮により最終的に毒性を示す濃度にまで高くなることがある．さらに，直接的なヒトへの被害ではないが，富栄養化など閉鎖水域の生態系に多大な影響を及ぼす例もあり，生活排水を含めて総合的な取組みが必要となる．

水質汚濁防止法で定める排水基準では，ヒトの健康に被害を生じるおそれがある有害物質は一律排水基準で規制されている．有機化合物では，農薬や除草剤など，毒性の比較的高い化合物が規制対象となっており，その一部を例として表 8・7 に示す．

水質汚濁防止法は工場および事業場から公共用水域に排出される水の排出および地下に浸透する水の浸透を規制するとともに，生活排水対策の実施を推進することなどによって，公共用水域および地下水の水質の汚濁の防止を図ることを目的として，1970年に制定された法律．その後改正が加えられている．

**表 8・7 有害物質として一律排水基準で規制される有機化合物の例（環境省）**

| 有害物質の種類 | 許容限度 |
|---|---|
| 有機リン化合物（パラチオン，メチルパラチオン，メチルジメトンおよびEPNに限る） | 1 mg/L |
| アルキル水銀化合物 | 検出されないこと |
| ポリ塩化ビフェニル | 0.003 mg/L |
| トリクロロエチレン | 0.3 mg/L |
| 四塩化炭素 | 0.02 mg/L |
| シマジン | 0.03 mg/L |
| ベンゼン | 0.1 mg/L |

パラチオン（8・4・1節参照），メチルパラチオン（パラチオンのジエチルをジメチルにしたもの），EPN，メチルジメトンは，いずれも有機リン系の農薬，殺虫剤．

**シマジン**（simazine）
トリアジン骨格をもつ除草剤

生物濃縮
(biological concentration)

**DDT**（*p,p′*-ジクロロジフェニルトリクロロエタン）

### 生物濃縮

生物が環境中から取込んだ物質を，環境中の濃度よりも高い濃度で体内に蓄積する現象を**生物濃縮（生物蓄積）**という．環境中にきわめて低濃度しか存在しない化学物質でも，生態系での食物連鎖により生物体内に濃縮されて蓄積されることがある．水俣病の原因物質であるメチル水銀の魚介類への生物濃縮だけでなく，DDTやダイオキシンなどの生物濃縮が指摘されている．

#### c. 土壌・地下水

物質が移動しにくい土壌では，一般に汚染は局所的であるが，河川の汚染は流域全体の汚染を引き起こす．また環境中での分解が遅い汚染物質は，土壌中に蓄積されやすい．鉱業排水中の重金属が引き起こす土壌汚染はその例といえる．20世紀になり産業活動が活発になると，環境中で難分解性の有機物質が大量に使用されるようになり，有機化合物による土壌汚染が深刻な問題として認識されるようになった．大量に有機化合物を取扱う事業場や廃棄物処理施設では，有機溶剤，PCB，ダイオキシンなどによる土壌汚染が問題となっている．さらに，汚染物質が土壌だけにとどまらず，地下水に移行すると，局所的であった汚染範囲が広範囲に拡大することになる．このため，地下水の水質規制も実施されている．

代表的な健康被害の例としてイタイイタイ病がある．これは神岡鉱山から排出されたカドミウムの土壌汚染による富山県神通川流域で発生した公害病で，骨軟化症や腎不全などの慢性疾患を引き起こす．

### ダイオキシン類

WHO（World Health Organization）はジベンゾ-1,4-ジオキシンの水素を塩素に置換した化合物，2,3,7,8-テトラクロロジベンゾ-1,4-ジオキシン（2,3,7,8-tetrachlorodibenzo[*b,e*][1,4]dioxine, TCDD）を**ダイオキシン**（dioxin）としている．

**ダイオキシン類**（dioxins）は，化学構造や性質がダイオキシンと類似した化合物で，多塩素置換のジベンゾ-1,4-ジオキシン類（polychlorinated dibenzo-1,4-dioxins, PCDDs）と多塩素置換ジベンゾフラン類（polychlorinated dibenzofurans, PCDFs）があり，ダイオキシン様の毒性を示すPCB（コラム参照）もダイオキシン類に含まれる．400を超えるダイオキシン類があるが，そのうち約30程度のダイオキシン類が強い毒性を示し，その中でTCDDが最も強い毒性を示す．

ダイオキシン類は，塩素を含む化合物や塩素が存在する状態で有機化合物を燃焼したときの副生成物であり，きわめて安定性が高い．火山活動や火災などの自然現象でも生成しているが，廃棄物の焼却炉で生成・蓄積することが明らかとなり，発生源となる焼却炉などへの対策がとられている．

> ## ＰＣＢ
>
> ポリ塩化ビフェニル（PCB）とは，ビフェニルの水素原子を塩素原子で置換した化合物の総称．$C_{12}H_{(10-n)}Cl_n (1 \leq n \leq 10)$
>
> （構造式：ビフェニル骨格に塩素が置換した構造、位置番号 2, 3, 4, 5, 6, 2', 3', 4', 5', 6'）
>
> PCBは熱安定性，電気絶縁性，耐薬品性の高い化合物であり，電気機器の絶縁油，熱媒体，溶剤などに大量に使用されていた．しかし発がん性など生体毒性が高く，環境中で難分解性であることから，PCB特別措置法に基づき処理が進められている．

ポリ塩化ビフェニル（polychlorinated biphenyl, PCB）

## 8・5 よりよい生活に向けた有機化学

多様な分子構造・特性をもつ有機化合物は，生命現象を担う主要な物質としてだけでなく，私たちの生活を支える物質としても重要な役割を果たしている．現代の私たちの生活は，人為的につくり出されたさまざまな有機物質・材料を基盤としており，医薬品や有機材料などさまざまな新しい特性・機能をもつ有機物質がつぎつぎに開発されて，生活の質のさらなる向上に寄与している．しかし，このような大量で多様な合成有機化合物の氾濫は，同時に健康被害，生態系の撹乱，環境汚染，さらには地球規模での環境変化などさまざまな問題を引き起こしている．これからの有機化学は，このような状況を十分に意識したうえで，よりよい生活に向けた有機化合物・材料を生み出すとともに，有機物質の負の影響を最小限にするための取組みが必要となる．ここでは，きわめて多様性に富む有機化合物を対象とした有機化学の今後に向けた一端を紹介する．

### 8・5・1 医薬品――命を助ける有機化合物

疾病を克服することは人類の大きな課題であり，これまでは長年にわたる経験（試行錯誤）から選び出した植物（薬草）などを病気の治療に用いてきた．化学の基礎が確立した19世紀中頃以降には，このような植物などから有効成分を単離精製して，効能の高い薬が開発された．しかし，20世紀中頃からは，6章で述べたように，生命現象にかかわる分子群のはたらきや分子システムについての理解が急速に深まり，いろいろな病気の原因がこのような分子群のはたらきやシステムと関連付けて説明できるようになってきた．このため，これまでの試行錯誤や偶然に頼るのではなく，医薬品の化学構造が薬理活性とどのように関係しているかを調べて，さらに活性の高い化学構造を見つけ出そうという構造活性相関解析に基づく理論的なドラッグ・デザインが盛んに研究され，自然界にはない新し

医薬品には，6章などに示した例だけでなく，アレルギー反応や胃酸の分泌を抑える抗ヒスタミン剤など，数多くの新薬が開発されている．

ヒスタミン（histamine）は，アレルギー反応や炎症に介在する物質で，抗ヒスタミン剤はヒスタミンが受容体と結合するのを妨げるはたらきをする．

（ヒスタミンの構造式）

ヒスタミン

い薬を創り出す（創薬）ことが可能となった．

また，21世紀を迎えた現在では，遺伝子の解析が進んでヒトのゲノムの約30億といわれる塩基配列の解析も終了している．病気と関連する疾患遺伝子の探索も進んでおり，その解析に基づいてこれまでにない新しい治療薬を開発する「ゲノム創薬」という試みも行われようとしている．このように，命を助ける治療薬としての新しい有機化合物の開発は，試行錯誤の時代とは異なる新しい段階に達している．

ただし，精緻で多様な生命現象に関する私たちの知識はごく一部にすぎない．このため，病気を治療するために開発した薬が，病気とは関係のない部位や臓器で治療目的に合わない作用（副作用）を示すことが多い．治療薬として用いることができるのは，このような副作用が許容範囲にとどまるものに限られる．そこで，病気の原因となっている部位や組織のみに結合して薬効を発揮できる薬の開発研究も進められている．

**ゲノム**（genome）
生殖細胞に含まれる染色体やあるいは遺伝子全体で，生物として必要な最小限の遺伝子群を含む染色体群をいう．

**ヒトゲノム計画**
（Human Genome Project）
ヒトのゲノムの全塩基配列を決定するために国際協力により進められたプロジェクトで，2003年に完了した．

### 8・5・2 夢を実現する有機材料

8・4節で私たちの生活を快適にする機能性の高い有機材料をいくつか紹介した．しかし，構造や性質の多様性は有機化合物の大きな特徴の一つであり，膨大な数の有機分子が集積した有機材料には無限ともいえる集積構造の多様性がある．このため，有機材料の特性や機能にも限りない可能性が秘められており，さまざまなところで新しい有機材料が開発されて用途を広げている．たとえば，高強度繊維である炭素繊維（8・3・2節参照）で強化したプラスチック材料は，軽量であるにもかかわらず強度が高く，自動車，航空機さらにはロケットなどにも使用されている．また，光を自由に配線するための光ファイバーも実用化されており，電気を通す有機導電体なども実用化に向けた研究が進められている．電場をかけて発光させる有機EL材料も，液晶に替わる新しい表示材料として注目されている．さらに，私たちの体の組織や臓器を代替するものとして人工腎臓はすでに述べたが，これ以外にも人工皮膚，人工血管から人工肝臓まで，新しい材料の開発が進んでいる．これらは一例にすぎず，夢を実現するような機能性の高い有機材料の開発が多方面で進められており，より快適で質の高い生活の実現に役立っている．

**炭素繊維強化プラスチック**
（carbon fiber reinforced plastics，CFRP）

有機導電体には，ポリアセチレンに代表されるπ共役系が発達した導電性高分子や電荷移動錯体などがある．

### 8・5・3 負の影響を最小限にするための取組み

#### a. 有害性評価と適正管理

有機化合物は生命現象の基盤となる化合物であることから，きわめて精密かつ複雑な有機反応系で成り立つヒトや生態系に対しは，潜在的にさまざまな影響を与える可能性が高い．このため，自然界にない化学物質については，あらかじめリスク評価，環境負荷を評価したうえで適正な管理下で使用する必要がある．有害性を評価するには，以下の評価が必須となる．

1. 毒性（急性，亜急性および慢性毒性）

表 8・8 化審法による規制対象物質

| 種類（規制など） | 対象 | 化合物の例 |
|---|---|---|
| 第一種特定化学物質（製造・輸入・特定用途以外の使用を事実上禁止） | 難分解性，高蓄積性および長期毒性または高次捕食動物への慢性毒性を有する化学物質 | PCB，DDTなど16物質 |
| 第二種特定化学物質（製造・輸入・用途の届出・表示の義務など） | 難分解性であり，長期毒性または生活環境動植物への慢性毒性を有する化学物質 | トリクロロエチレン，トリブチルスズ化合物など23物質 |
| 第一種監視化学物質（製造・輸入・用途の届出など） | 難分解性を有し，かつ高蓄積性があると判明した既存化学物質 | シクロドデカンなど36物質 |
| 第二種監視化学物質（製造・輸入・用途の届出など） | 高蓄積性はないが，難分解性であり，長期毒性の疑いのある化学物質 | クロロホルムなど921物質 |
| 第三種監視化学物質（製造・輸入・用途の届出など） | 難分解性があり，動植物一般への毒性（生態毒性）のある化学物質 | ノニルフェノールなど124物質 |

平成22年．

ノニルフェノール (nonylphenol)

2. 難分解性
3. 濃縮と蓄積
4. 生態系への影響

このため，現在では新規の化学物質の製造または輸入に際し，事前にその化学物質の有害性を審査する制度が設けられている．これが「化学物質の審査及び製造等の規制に関する法律（通称 化審法）」であり，難分解性の性状を有し，ヒトの健康や動植物の生息・生育に支障を及ぼすおそれがある化学物質は，環境汚染を防止するためにその性状などに応じて製造，輸入，使用などについて必要な規制が行われている．化審法の審査では，これまでに以下の規制対象物質として指定されている（表8・8）．

また，有害な物質を環境中に放出することを防止するために，「特定化学物質の環境への排出量の把握等及び管理の改善の促進に関する法律（通称 化管法）」が実施されている．これは有害性が判明している化学物質について，事業者による管理を改善・強化することを目的としたものある．事業者は指定された化学物質の環境への排出量・移動量を把握して届け出ること（PRTR制度），および事業者が対象化学物質を譲渡・提供する際に相手方に対して，その性状や取扱いに関する化学物質安全性データシートを提供すること（MSDS制度）をそれぞれ義務化している．

**PRTR**（pollutant release and transfer register）

**MSDS**（Material Safety Data Sheet）

これらの取組みを通して，有機物質の有害性を評価し，有害性物質については適正な管理を徹底する体制が整備されている．ただ，精緻で複雑な生命現象や生態系に関する私たちの理解は，きわめて限られたものである．このため，想定範囲を越えた形で有害性が発現する可能性は，常に存在しているといえよう．このことを忘れずに，謙虚な姿勢で取組む必要がある．

### b. 生産・使用量の適正化

人為的に合成された有機化合物の生産・使用量は，石油化学工業の発展に伴い20世紀後半になって急激に増大した．たとえば現在の主要な有機炭素源である石油は，1860年には年間50万バレルの原油しか生産されていなかった．しかし，2008年には世界中で1日当たり約8400万バレル（約1300万kL）という膨大な量の原油（コラム「石油の消費量」参照）が使用されており，その大部分は燃焼によるエネルギー源として消費されている．また，石油化学工業での有機基礎化学品であるエチレンの日本における年間生産量は688万トン，ポリエチレンは309万トンであり，大量の有機化学品が製造されていることがわかる．現代における私たちの快適で質の高い生活は，このような大量の有機資源の消費で支えられている．しかし，このような有機物質消費量の増大に伴い，単に有害性という有機化合物の性質に起因する問題だけでなく，大量消費ゆえの環境問題を生み出している．有害性の低い物質あるいは有害性が発現しないきわめて低濃度の排出であっても，蓄積や濃縮などを通して有害性が顕在化する可能性は常に存在し，大量消費はその可能性を高める結果となる．また，大量消費は大量の廃棄物を生み出す結果となる．自然界に存在しない合成樹脂などは，環境中での安定性がその特性の一つとなっているが，廃棄物として見たときは逆に難分解性として環境汚染を引き起こすことになる．また多様性が有機物質・材料の特徴の一つであり，異なる種類の有機物質・材料を複合化してすぐれた特性をもつ製品としているが，これも廃棄物の再利用に際しての分別処理を困難にする一因となっている．

石油化学工業協会，2008年

これからの有機化学は，このような状況を十分に認識し，持続性（サステイナビリティ）のある社会を目指して，化石燃料依存のエネルギー源の転換，炭素資源のより効率的な利用，リサイクルやリユースに向けた材料設計などを実現していく必要がある．当然のことながら，大量消費に慣れた私たちの生活スタイルも変革していく必要があるのはいうまでもない．

# 和文索引

## あ 行

I効果 45, 77, 78
IUPAC命名法 25
アキシアル 34
アキラル 99, 105
アクリル酸 55, 56, 59
アクリル酸メチル 57
アクリロニトリル 151, 159
味
　——のしくみ 106
アシル化
　ベンゼンの—— 81, 129, 130
アシルカチオン 130
アスパラギン 109
アスパラギン酸 109
アセタール
　——の生成 53
アセタール化 134
アセチレン 15, 28, 38, 39, 40, 41, 145
　——の工業的製造 44
アセトアミド 62
アセトアルデヒド 51, 52, 54, 89, 131, 159
　——の工業的製造 144
アセトニトリル 21, 63
アセトン 21, 51, 54, 74, 134, 157
　——の生成 50
　——の電子密度 51
アゾベンゼン 83
アゾール 92
アダマンタン 34
アデニン 93, 118, 119
アニオン 9
アニオン重合 136
アニソール 78
アニリン 73, 74, 78, 83, 145
　——の合成 82
アヌレン 72
アフラトキシン 158
アミド
　——の生成 57, 58, 61
アミド結合 62, 109, 137
アミノ基 59, 62, 78, 108, 138
アミノ酸 62, 87, 92, 99, 106, 108, 109, 120, 138, 140
アミラーゼ 116
アミン 46, 57, 59, 104
　——の生成 63
　——の反応 61
　——の分子構造と性質 59

アモルファス 141
アラニン 100, 109
アリザリン 2
$R/S$表示法 33, 100
RNA 120
R効果 45
アルカン 23, 28
　——とハロゲンの反応 35
　——の製造と用途 36
　——の燃焼反応 36
　——の反応 34
アルキニル基 38
アルギニン 109
アルキル化
　アミンの—— 61
　ベンゼンの—— 81, 129
アルキル基 38, 59, 60
アルキル水銀化合物 161
アルキルラジカル 36
アルキン 38, 39
　——の製造と用途 44
　——の体系的名称 39
　——の電子状態 39
　——の反応 43
　——の付加反応 44
　——の分子構造と性質 37
アルケニル基 38, 59
アルケン 72, 128, 135
　——の$E/Z$表示法 101
　——の重合 43
　——の生成 46, 49
　——の製造と用途 44
　——の体系的名称 38
　——の電子状態 39
　——の付加反応 41, 42, 43
　——の分子構造と性質 37
アルコキシ基 48
アルコール 16, 57, 124
　——とカルボン酸の脱水縮合 59
　——の体系的名称 48
　——の置換反応および脱水反応 49
　——のハロゲン置換反応 47
　——の分子構造と性質 47
アルデヒド 51, 59, 129
　——とアミンの反応 61
　——の酸化と還元 53
　——の生成 49, 50
　——の体系的名称 51
　——の付加反応 52
アルドース 113, 114
アルドール縮合 52, 129
α体
　糖の—— 115

αヘリックス 111
アレニウス（Arrhenius）の式 18
アレン
　——の分子軌道 69
アンギオテンシンⅠ 112, 114
アンギオテンシンⅡ 110, 112
アンギオテンシン変換酵素（ACE） 112, 114
安息香酸 73, 74
　——の$pK_a$に対する置換基効果 76
アントシアニン 90
アントラキノン 84
アントラセン 71, 84
アンモニア 21, 55

イオン化エネルギー 30, 40, 67, 79, 80, 89, 91
　代表的な元素の—— 9
　多環式芳香族化合物の—— 84
　置換ベンゼン類の—— 78
　メタンとエタンの—— 29
イオン結合 10
イオン重合 136
E効果 45
イコサン 29
いす形配座 34
異性体 25, 32, 74, 84
$E/Z$異性体 40, 103
$E/Z$表示法 38, 101
位　相 8, 13
イソオキサゾール 88
イソオクタン 148
イソクロトン酸 55
イソシアナート基 138
イソロイシン 109
一次構造 110
一次反応 18
位置選択性 133
位置番号 72
　——の付け方 32
一　価 48
イミダゾール 92
イミン
　——の生成 61
医薬品 86, 87, 95, 97, 103, 123, 152, 163
イレッサ 95
色
　多環式芳香族化合物の—— 84
　光の吸収と—— 69
陰イオン 9
インジゴ 2, 92
インスリン 110
インドール 92

## 和文索引

ウィリアムソン（Williamson）法　50
ウェーラー（Wöhler, F.）　3
ウッドワード（Woodward, R. B.）　131
ウラシル　90, 120
漆（うるし）
　——の成分　86
ウルシオール　86
ウレア結合　138
ウレタン結合　138
ウレタン樹脂　74
ウンデカン　29

永久双極子　20, 21
液化天然ガス　37
液晶　86, 155
液晶ディスプレイ　86
　——の動作原理　154
エクアトリアル　34
ACE　112, 114
s軌道　8, 11
エステル　55, 124
　——の生成　49, 57, 58, 59
　——の体系的名称　57
エステル化　133, 134
エステル結合　138
sp混成軌道　11, 12, 15, 69
sp³混成軌道　11, 12, 14, 29, 60
sp²混成軌道　11, 12, 14, 39, 65, 69, 78, 91
エタナール　51
エタノール　21, 25, 27, 48, 51, 54, 59, 157
　——の生成　17
　——の脱水反応　49
枝分かれアルカン
　——の体系的名称　31
エタン　14, 15, 29, 30, 36, 37, 66
エタンアミド　62
エタン酸　54
エタン酸エチル
　——の生成　59
エタン酸オクチル　57
エタン酸ペンチル　57
1,2-エタンジアミン　60
1,2-エタンジオール　48
エタンニトリル　63
エチルアセチレン　39
エチルアミン　60
　——の電子密度　61
エチルエーテル　48
エチル基　31
エチルベンゼン　72
5-エチル-3-メチルオクタン　32
1-エチル-3-メチルベンゼン　72
エチレン　14, 15, 28, 37, 38, 39, 40, 51, 65, 66, 74, 123, 124, 126, 130, 131, 136, 144, 148
　——の工業的製造　44
　——の重合法　141
　——の生成　49
エチレングリコール　48
エチレンジアミン　60
エチン　15, 38, 39, 145
HFC　47
HCFC　47

HDPE　140, 141, 150
エテニルベンゼン　73, 74
エーテル　48, 49, 51
　——の合成　50
　——の体系的名称　48
エテン　14, 37, 38, 144
エトキシエタン　48, 51
　——の生成　49
エトキシ基　48
エナンチオマー　32, 33, 98, 99, 103, 104, 107
　——の生理作用　106
エネルギー準位　13, 39, 40, 67
　各軌道の——　8, 9
　共役ポリエンの——　68
エノラートイオン　129, 131
ABS樹脂（ABS）　4, 151
エピカテキン　79
FC　47
1,2-エポキシエタン　137
エポキシ樹脂（EP）　74, 151
エポキシド　136, 137
MSDS制度　165
MO法　12
M効果　45, 77, 78, 82
LLDPE　141, 155
LCAO　12
LD$_{50}$　157
LDPE　140, 141, 150
エレクトロメリー効果　45
塩化チオニル　58
塩化ビニル　137, 148
塩化ビニルモノマー　159
塩基　55, 60
塩基性
　化合物の——　58
　ピロールの——　91
塩基配列　118
エンジニアリングプラスチック（エンプラ）　150, 151
塩素ラジカル　35
エンドルフィン　110

応力-ひずみ曲線　143
大澤映二　85
1,2-オキサゾール　88
オキシベンゾン　80
オキシム
　——の生成　52, 53
オキソール　92
オクタデカン酸　54, 57
9-オクタデセン酸　55
オクタン　29
オクタン価　148
オゾン層　47, 160
OPC　4, 153
オリゴマー　135
オルト-パラ配向性　82
オレイン酸　54, 55, 57, 59
温室効果ガス　161

## か 行

開環重合　136, 137
開始反応　35, 43, 136
界面活性剤　23, 152
カカオバター　57
化学結合　7, 10
化学選択性　132
化学反応　7, 16
　——の分類　19
化管法　165
可逆反応　18, 19, 59
架橋ポリマー　140
核　酸　5, 87, 135, 137
　——の機能　120
核酸塩基　90, 118, 119
角ひずみ　33, 34
重なり形配座　30, 31
可視光線　69
化審法　165
可塑剤　86, 123, 150
ガソリン　44, 147, 148
カチオン　9
カチオン重合　136
活性化エネルギー　17, 18, 43
価電子　8
カーバイド　44, 145
カフェイン　93, 157
カプトプリル　114
ε-カプロラクタム　137
カプロン酸　54
カプロン酸エチル　57
カーボンナノチューブ　85
カミンスキー（Kaminsky）触媒　141
ガラス状態　141
ガラス転移温度　141, 142
カール（Curl, R. F.）　85
カルバゾール　92, 93
カルボアニオン　42, 128, 129
カルボカチオン　17, 41, 42, 81, 128, 130
カルボキシ（カルボキシル）基　54, 62, 79, 83, 108
カルボニル化合物　128, 131
カルボニル基　51, 78, 113
カルボン　106
カルボン酸　49, 54, 104, 124
　——とアミンの反応　61
　——の生成　49, 50, 53, 63
　——の脱水縮合　57, 59
カロザース（Carothers, W. H.）　3
β-カロテン　68
環　境
　——と有機化合物　156
環境基本法　159
環境ホルモン　158
還　元　59, 62, 63, 113, 115, 126, 130
　アルデヒドおよびケトンの——　53
　α,β-不飽和アルデヒドの——　132
官能基　27, 44, 123, 125
官能基変換反応　125

## 和 文 索 引

慣用名　28, 38, 51, 54, 72, 88
顔　料　153

幾何異性体　38
ギ酸　54, 59
ギ酸エチル　57
基質特異性　111, 112
キシレン　73, 74, 85, 123, 124, 130, 148
軌　道　8
キニーネ　90
キノリン　90
CAS 登録番号　28
求核攻撃　44
求核性　42
求核置換反応　46
求核反応　18, 19, 42
求核反応剤　52, 129
求核付加　52, 53
吸収波長　80, 84
　　共役ポリエンの——　68
　　置換ベンゼン類の——　78
急性毒性　157, 164
求電子攻撃　44
求電子性　42
求電子置換反応　81
求電子反応　18, 19, 41, 42
求電子反応剤　41
求電子付加　42, 43
吸熱反応　16
共重合体　140
鏡像異性体　32, 33, 103
共鳴安定化　22
共鳴安定化エネルギー　70, 88, 91, 94
共鳴効果　45
共鳴構造　70, 71
共鳴混成体　71
共役酸塩基対　55
共役ジエン　65
　　——への臭素の付加反応　68
共有結合　4, 10, 14, 16
極限構造式　70, 71, 81
極性分子　16
キラリティー　32, 99, 119
キラル　32, 99, 114
金属錯体触媒　105

グアニン　93, 118, 119
薬　87, 94, 95, 97, 103, 114, 123, 163
　　——の作用　107
クマリン 2　154
クメン　74, 82
クラウンエーテル　5
クラッキング　44, 147, 148
グラファイト　84, 85
グラフトコポリマー　140
クラム（Cram, D. J.）　5
グリシン　109
グリセリド　56
グリセリン　48, 51, 57, 134
グリセルアルデヒド　100, 114
グリセロール　51
グリニャール（Grignard）反応剤　46, 128, 129

グルコース　3, 114, 115
グルタミン　109, 121
グルタミン酸　109
クロスカップリング反応　83
クロト（Kroto, H. W.）　85
クロトン酸　55
クロロフルオロカーボン　47
クロロエタン　45
クロロフィル　93
クロロベンゼン　78
クロロホルム　21, 45, 47, 159
クロロメタン　35, 45
クロロメチルメチルエーテル　159
クロロメトキシメタン　159
クロロ酪酸　58
クーロン力　10

蛍光色素　153, 154
蛍光増白剤　86
結合エネルギー　14, 16, 35, 39
　　共有結合の——　11
　　C–X 結合の——　46
　　メタンとエタンの——　29
結合角　14, 33, 89
　　シクロアルカンの——　34
　　メタンとエタンの——　29
結合距離　14, 16, 30, 39, 66, 89
　　共有結合の——　11
　　C–X 結合の——　46
　　シクロアルカンの——　34
　　メタンとエタンの——　29
結合性分子軌道　13
結合モーメント　29, 48
　　異なる原子間の——　16
　　C–X 結合の——　46
ケトース　113, 114
ケトン
　　——とアミンの反応　61
　　——の酸化と還元　53
　　——の生成　49, 50
　　——の体系的名称　51
　　——の付加反応　52
ゲノム　164
ゲフィチニブ　95
ゲラニオール　2
ゲル　142
原　子　7
原子核　7
原子価結合法　11, 14
原子軌道　8
元　素
　　——の存在度　1, 2
元素記号　7

5 員環複素環式化合物　90, 94
　　——の体系的名称　92
光化学スモッグ　160
光学活性体　99, 104
　　——の入手　103
光学分割　103, 104
抗がん剤　95
高級アルカン　28
高級アルコール　28

高級脂肪酸　28, 55
高強度繊維　155, 164
抗菌剤　86
交互コポリマー　140
合成樹脂　149, 150
合成繊維　3
合成着色料　86
抗生物質　95, 137
合成保存料　86
酵　素　111
構造異性体　25, 32, 38
構造式　27
高分子　135
高分子化学　3
高分子化学工業　143, 148
高分子化合物　4, 37, 43, 94
　　——の性質　141
　　——の生成　135
　　——の組成と構造　140
高分子材料　24
高密度ポリエチレン（HDPE）　140, 141, 150
香　料　2
黒　鉛　84
国際純正および応用化学連合（IUPAC）　25
国際(SI)単位系　9
コドン　120
コポリマー　140
孤立ジエン　65, 69
孤立電子対　46, 61
コレステロール　34, 117
混　成　11
混成軌道　11
　　炭素の——　12
コンホメーション　30, 98, 102, 110
　　シクロヘキサンの——　34

## さ 行

再結合　136
最高被占軌道　22, 39
再生繊維　3
最低空軌道　22, 40
細胞膜　4, 5, 117, 118
酢　酸　21, 27, 28, 54, 56, 59, 157
酢酸エチル　56
　　——の生成　59
酢酸オクチル　57
酢酸ペンチル　57
サリドマイド　108
酸　55
三塩化アルミニウム　55, 130
酸塩化物
　　——の生成　57, 58
酸塩基反応　126, 128, 130
三　価　48
酸　化　36, 49, 51, 79, 126
　　アルデヒドおよびケトンの——　53
　　プロパノールの——　50
　　ベンゼン誘導体の——　83

酸解離定数　56, 76
　　飽和脂肪酸の——　55
酸化エチレン　137, 158, 159
酸化還元反応　126, 127, 130
酸化重合　92, 94
酸化重合体　91
酸化度
　　炭素の——　127, 130
酸化防止剤　79, 150
三次構造　111
三重結合　15, 38, 43
酸　性
　　化合物の——　58
　　ピロールの——　91
三フッ化ホウ素　55
酸無水物　61
　　——の生成　58
三量体　135

1,3-ジアジン　88, 89
ジアステレオマー　38, 102, 103, 104, 115
ジアゾカップリング反応　83
ジアゾニウム塩　83
1,3-ジアゾール　92
シアニン色素　95
シアノ基　63
シアノヒドリン
　　——の生成　52
4,4′-ジアミノビフェニル　158
シアン化水素
　　——のアルケンへの付加　42
　　——の求核付加　52
CAS 登録番号　28
ジエチルアミン　60
ジエチルエーテル　46, 48, 51, 55, 129
　　——の生成　49
CFC　47
CFC-12　45, 47
ジエン　65
四塩化炭素　45, 161
1,4-ジオキサン　48
紫外線　69
紫外線吸収剤　80, 150
脂環式化合物　25, 33, 87
脂環式炭化水素　29
色　素　87, 95, 153
　　蛍光——　153, 154
　　太陽電池用の——　89
磁気量子数　7, 8
σ軌道　13, 14
σ*軌道　14
σ結合　14, 29, 30, 33, 39, 41, 45, 65, 77
シクロアルカン　29
　　——の体系的名称　33
シクロオクタテトラエン　71, 72
シクロオクタン　33
シクロブタジエン　71
シクロブタン　33, 34
シクロプロパン　33, 34
シクロヘキサジエン　66, 68, 69, 70, 72
シクロヘキサン　21, 33, 70, 78, 79
　　——のコンホメーション　34
シクロヘキセン　66, 68, 72

シクロヘプタン　33
シクロペンタン　33
1,2-ジクロロエタン　159
ジクロロ酢酸　58
$p, p'$-ジクロロジフェニルトリクロロエタン　162
ジクロロジフルオロメタン　45, 47
ジクロロメタン　45, 127, 157, 159, 160
脂　質　5, 23, 116
指示薬
　　酸塩基滴定の——　86
シ　ス　38, 101, 132
システイン　109, 111
ジスルフィド結合　110, 111
示性式　27
シックハウス症候群　54
シトシン　90, 118, 119
ジヒドロキシアセトン　114
$p$-ジヒドロキシベンゼン　79
6,6′-ジブロモインジゴ　2
ジベンゾ[$b,d$]ピロール　92
脂肪酸　54
　　——の体系的名称　60
脂肪族アミン　59
脂肪族化合物　25, 28, 44, 62
脂肪族カルボン酸　54
シマジン　161
ジメチルアセチレン　39
ジメチルエーテル　25
3,7-ジメチル-2,6-オクタジエン-1-オール　2
ジメチル水銀　62
ジメチルスルホキシド　62
2,4-ジメチルチオフェン　88
ジメチルブタン　31
2,2-ジメチルプロパン　31, 32
ジメチルベンゼン　73
シャープレス（Sharpless, K. B.）　105
重　合　135
重合体　135
重合度　140
重縮合　137
集積構造　4, 164
臭　素
　　——とベンゼンの反応　81
　　——のアルケンへの付加　42
　　——のジエンへの付加　68
重付加　138
縮合重合　137
縮合反応　19, 124
樹　脂　149
出発原料　124
出発物質　124
受容体　106
主量子数　7, 8
昇　位　11
触　媒　16, 18, 43, 134
ショ糖　115
人工腎臓　156, 164
人工タンパク質　112
人工透析器　156

水質汚濁防止法　161

水蒸気クラッキング　73
水　素
　　——の分子軌道　13
水素化精製　147
水素化脱硫　147
水素化熱　66, 69
水素結合　22, 23, 48, 54, 60, 62, 98, 111, 119, 142
水素添加　43, 59
スクロース　115
スタッキング　23, 94, 119
スチレン（スチロール）　73, 74, 137, 148, 151
ステアリン酸　54, 56, 57, 59
スピン量子数　8
スモーリー（Smally, R. E.）　85
スルホン化
　　ベンゼンの——　81

生成物　16
生体機能材料　155
生体内リガンド　113, 114
成長反応　35, 136
静電相互作用　10, 20, 21, 22, 98, 111, 142
生物濃縮（生物蓄積）　162
生分解性高分子　155, 156
生命現象
　　——と生体有機分子　5, 108
　　——と有機化学　121
　　——を担う有機化合物　1
生理活性物質　5, 87
生理活性ペプチド　110, 112
生理作用
　　エナンチオマーの——　106
赤外線　69
石　炭　84, 85
石炭化学工業　143, 145
石　油　36
石油化学工業　44, 144, 147
石油精製　145
　　——の概略　146
節　8
接触改質　73
接頭語　26, 27
接尾語　26, 37
セリン　109
セルロース　3, 116, 117, 137, 156
セロトニン　92
遷　移　67
遷移状態　17
線形結合　12
旋光性　32, 99
旋光度　101, 115
洗　剤　55, 86
選択性　112, 132
選択的反応　132
染　料　2, 153

双極子モーメント　16, 29, 30, 34, 44, 75, 76, 86, 88, 91
　　化合物の——　21
疎水性相互作用　23, 111
塑　性　143

# 和文索引

組成式　27
SOMO（ソモ）　39

## た　行

第一級アミン　60
第一級アルコール　48, 50, 51
　——の生成　53
ダイオキシン　162
ダイオキシン類　159, 162
体系的名称　136
　アルキンの——　39
　アルケンの——　38
　アルコールとエーテルの——　48
　アルデヒドとケトンの——　51
　エステルの——　57
　枝分かれアルカンの——　31
　5員環複素環式化合物の——　92
　シクロアルカンの——　33
　脂肪族アミンの——　60
　直鎖アルカンの——　29
　ハロアルカンの——　45
　不飽和脂肪酸の——　55
　ヘテロ原子を含む有機化合物の——　44
　芳香族化合物の——　73
　飽和脂肪酸の——　54
　6員環複素環式化合物の——　89
体系的命名法　28, 45
第三級アミン　60, 61
第三級アルコール　48, 50
第二級アミン　60, 61
第二級アルコール　48, 50, 51
　——の生成　53
太陽電池
　——に用いられる色素　89
第四級アンモニウム塩　60, 61
多塩素置換ジベンゾ-1,4-ジオキシン類　162
多塩素置換ジベンゾフラン類　162
多環式芳香族化合物　83
多環式飽和炭化水素　34
多重分子間相互作用　24, 95
脱水縮合　49, 55, 115, 139
　アミノ酸の——　62, 109
　アミンの——　61
　カルボン酸の——　57, 59
脱水反応
　アルコールの——　49
脱離反応　18, 19
　ハロゲン化水素の——　46
多糖　116, 135
単位
　物理量を表す——　9
炭化カルシウム　44, 145
炭化水素　28
単結合　28, 65, 66
炭水化物　113
弾性　143
弾性率　143, 155
炭素　2, 7
　——の混成軌道　11, 12

　——の酸化度　127, 130
　——の電子配置　8, 9
　——の同素体　84, 85
炭素陰イオン　128
炭素化合物　1
炭素骨格　123, 125, 130, 131
炭素繊維　155
炭素繊維強化プラスチック　164
炭素–炭素結合生成反応　125, 126, 131
　カルボアニオンを用いた——　128, 129
炭素陽イオン　17, 128
単糖　114
タンパク質　4, 5, 22, 23, 99, 107, 108, 120, 135, 137, 140, 153
　——の機能　111
　——の構造　110
単量体　43, 135
チオフェン　88, 92, 94
チオール　88, 92
置換基　25, 26, 27, 32, 33, 38
置換基効果　45, 75, 82, 87
置換基定数　76, 77
置換反応　17, 19
　アルコールの——　49
置換命名法　25, 28
チキソトロピー　142
逐次反応　18, 19
チーグラー–ナッタ（Ziegler-Natta）触媒　141
チミン　90, 118, 119
中性子　7
中性脂肪　56
長鎖脂肪酸塩　55, 56, 61
超分子化学　1, 4, 5
直鎖アルカン
　——の体系的名称　29
直鎖状低密度ポリエチレン（LLDPE）　141, 155
チロキシン　5, 113
チロシン　109

DNA　4, 22, 120, 140
　——の構造　118, 119
DNA鑑定　118
DL表示　114
TCDD　162
停止反応　35, 136
DDT　162
低密度ポリエチレン（LDPE）　140, 141, 150
ディールス–アルダー（Diels-Alder）反応　131
デオキシリボ核酸（DNA）　118
デオキシリボース　118, 119
デカヒドロナフタレン　34
デカリン　34
デカン　29
デキストロプロポキシフェン　97, 98, 100
適正管理
　有機化合物の——　164
テストステロン　113
テトラクロロエチレン　159, 160

2,3,7,8-テトラクロロジベンゾ-1,4-ジオキシン（TCDD）　162
テトラクロロメタン　45
テトラセン　83, 84
テトラチアフルバレン　95
テトラデカン　29
テトラヒドロフラン　48, 129
テトラメチルシラン　62
テトロドトキシン　157, 158
テレフタル酸　73, 74
転位反応　18, 19
電荷移動相互作用　22, 23
電気陰性度　16, 22, 29, 44, 46, 47, 51, 54, 58, 60, 75, 77, 88, 127
　代表的な元素の——　15
電気素量　7, 10, 16
電子　7
　——の空間分布　8
電子殻　8
電子求引基　76, 77, 78
電子求引性　45, 62, 63, 75
電子供与基　76, 77
電子供与性　45, 60, 75, 78
電子親和力　40
　代表的な元素の——　9
電子配置
　炭素の——　8, 9
電子密度　42, 44, 45, 60, 82
　アセトンの——　51
　エチルアミンの——　61
　ピリジンの——　88
　ピロールの——　91
　ベンゼンの——　70
天然ガス　36, 36
天然樹脂　149
デンプン　116, 156

糖質　113
同素体
　炭素の——　84, 85
導電性高分子　91, 164
毒性
　有機化合物の——　157, 164
特性基　25, 26, 27, 37, 44
ドデカン　29
ドデカン酸　54
ドーパミン　113
トランス　38, 101, 132
トリアコンタン　29
トリアシルグリセロール　117
1,3,5-トリアジン-2,4,6-トリアミン　139
トリエチルアミン　60, 60
トリエチルアルミニウム　62, 141
トリエチルホスフィン　62
トリグリセリド　57
トリクロロエチレン　45, 47, 159, 160, 161
1,1,2-トリクロロエテン　45
トリクロロ酢酸　58
1,2,4-トリクロロベンゼン　72
トリクロロメタン　45
トリフェニルアミン　80, 153
トリプトファン　92, 109
トリブロモメタン　45, 127

172　和文索引

2,3,6-トリメチルヘプタン　32
トリヨードメタン　45
トルエン　73, 74, 78, 85, 148, 157
トレオニン　109

## な 行

ナイアシン　90
内殻電子　8
内分泌かく乱化学物質　158
ナイロン　3, 151
ナイロン6　137, 151
ナトリウムアルコキシド　50
ナフサ　44, 147
ナフタレン　71, 74, 84

におい
　　——と芳香族化合物　75
　　——のしくみ　106
二　価　48
ニコチン　90, 95
二次構造　111
二次反応　18
二重結合　14, 15, 37, 38, 40, 65, 66, 67
二重らせん構造　22, 118, 119
二　糖　115
ニトリル　63
ニトロアルカン　62
ニトロイルイオン　76
ニトロエタン　62
ニトロ化
　　——への置換基効果　76
　　ピリジンの——　89
　　ベンゼンの——　74, 76, 81
　　ベンゼン誘導体の——　82
ニトロ基　62, 78, 79, 82
ニトログリセリン　51
$p$-ニトロフェノール　80
ニトロベンゼン　74, 78, 82
ニトロメタン　62
ニューマン（Newman）投影図　30, 31
尿　酸　93
尿　素
　　——の人工合成　3
二量体　135

ヌクレオチド　118, 120

ねじれ形配座　30, 31
熱可塑性　143
熱可塑性樹脂　149, 150, 151
熱硬化性樹脂　149, 151
熱分解　44, 73, 147, 148
燃焼熱　36
燃焼反応
　　アルカンの——　36
粘　性　142
粘性率（粘度）　142
粘弾性　143

野依良治　105

## は 行

ノナン　29
ノニルフェノール　165
ノールズ（Knowles, W. S.）　105
ノルボルナン　34

バイオエタノール　117
π過剰系ヘテロ芳香族化合物　91
π軌道　14, 40, 41, 78, 131
π*軌道　14, 40, 41, 78
π共役系　66, 67, 70, 71, 87
π結合　14, 39, 41, 45, 65, 70, 77
配向力　21, 22
配座異性体　31, 103
倍数接頭語　26, 37
π電子　23, 65, 67, 69, 70, 71, 77, 84, 85, 89
ハイドロキノン　74
π-πスタッキング　23, 94, 111, 119
π不足系ヘテロ芳香族化合物　89
パーキン（Perkin, W. H.）　145
麦芽糖　115
発がん性　158
発熱反応　16
波動関数　7
　　sp³混成軌道の——　12
　　水素分子の分子軌道を表す——　12
パラコート　157, 158
パラチオン　157, 158, 161
パラフィン　28, 35
バリン　106, 109
パルミチン酸　54, 56, 57
ハロアルカン　35
　　——の製造　47
　　——の体系的名称　45
　　——の反応　46
　　——の用途　47
ハロゲン
　　——とアルカンの反応　35
ハロゲン化アルキル　35, 45, 46, 50, 128
　　——とアミンの反応　61
ハロゲン化水素
　　——のアルキンへの付加　44
　　——のアルケンへの付加　41, 43
　　——の脱離反応　46
ハロゲンラジカル　47
ハロニウムイオン　42
ハロン　47
反結合性分子軌道　13
半合成繊維　3
半数致死量　157
半占軌道　39
反応次数　18
反応速度定数　18
反応熱　16, 17, 66, 70
反応物　16, 124
汎用プラスチック　150

PRTR制度　165
PET　74, 151
pH　56, 90

BHT　79
光吸収　80
光電子機能材料　153
光導電性　93
p軌道　8, 11, 13
非共有電子対　46, 61, 78, 87, 88, 89, 90, 91
非局在化　65, 66, 67, 69, 70, 71, 78, 87
非局在化エネルギー
　　共役ジエンの——　66, 67
　　5員環複素環式化合物の——　92
　　ベンゼンの——　70
　　6員環複素環式化合物の——　89
$pK_a$　56, 58, 60, 76, 89, 91, 92
PCDFs　162
PCDDs　162
PCB　162, 163
非晶質　141
ヒスタミン　163
ヒスチジン　92, 109
2,2-ビス（4-ヒドロキシフェニル）
　　　　　　　プロパン　73
ビスフェノールA　73, 74
比旋光度　100
ビタミンA　117
ビタミン$B_2$　95
BTX　85
ヒトゲノム計画　164
ヒドラゾン　153
　　——の生成　52
$p$-ヒドロキシ安息香酸　78
ヒドロキシ基　47, 48, 78, 115, 124, 134, 138
3-ヒドロキシブタナール　52
ヒドロキシベンゼン　73
ヒドロキシルアミン　62, 63
　　——の求核付加　52, 53
ヒドロキノン　73, 74, 79
ヒドロクロロフルオロカーボン　47
ヒドロフルオロカーボン　47
1,1′-ビ-2-ナフトール　99, 103
ビニル化合物　137
ビニル基　137
ビニルベンゼン　73, 74
PPTA繊維　155
ピペリジン　89
比誘電率　10, 22
　　化合物の——　21
　　ハロアルカンの——　45
ヒュッケル（Hückel）則　71, 83
標準生成エンタルピー　36, 40
標準燃焼熱　36
ピラゾリン　153
ピリジン　21
　　——の構造　89
　　——の電子密度　88
ピリジン-3-カルボン酸　88
ピリミジン　88, 89, 90
ピリミジン塩基　118, 119
ピリリウムイオン　90
ピレン　84
ピロリジン　91, 92
ピロール　92, 94
　　——の電子密度　91

## 和文索引

ファンデルワールス（van der Waals）力　21, 22, 24, 29
VB法　11
フェナントレン　84
フェニルアミン　73
フェニルアラニン　109
フェニル基　73
フェニルヒドラジン　52, 53
3-フェニル-1-プロパノール　73
フェノキシ基　48
フェノール　73, 74, 78, 79
　　――の合成　82
フェノール樹脂（PF）　54, 74, 138, 139, 149, 151
付加重合　43, 56, 59, 135, 136, 137
付加縮合　54, 138
付加反応　18, 19
　　アルケンの――　41
　　アルデヒドおよびケトンの――　52
　　ジエンへの臭素の――　68
不均化　136
福井謙一　39, 131
副殻　8
複素環式化合物　87
　　――の構造と性質　88
　　――の反応　94
不斉合成　104, 105
不斉触媒　105
不斉炭素　32, 98, 99, 115
ブタジエン　65, 66, 67, 71, 131, 148, 151, 159
1-ブタノール　48
ブタノン　51
フタル酸無水物　125
ブタン　25, 29, 30, 36
ブタン酸　54, 58
ブタン酸エチル　57
ブタン酸メチル　57
ブチレン　37
ブチン　39
不対電子　35
フッ素樹脂（PTFE）　151
沸点
　　アルキンの――　39
　　アルケンの――　38
　　アルコールとエーテルの――　48
　　アルデヒドとケトンの――　51
　　エステルの――　57
　　枝分かれアルカンの――　31
　　キシレンの――　74
　　5員環複素環式化合物の――　92
　　シクロアルカンの――　33
　　脂肪族アミンの――　60
　　直鎖アルカンの――　29
　　ハロアルカンの――　45
　　ベンゼン誘導体の――　73
　　飽和脂肪酸の――　54
　　6員環複素環式化合物の――　89
2-ブテナール
　　――の生成　52
ブテン　38, 40
2-ブテン酸　55
ブドウ糖　114

ブトキシ基　48
舟形配座　34
部分酸化
　　メタンの――　44
α,β-不飽和アルデヒド
　　――の還元反応　132
　　――の生成　52
不飽和化合物　15
α,β-不飽和カルボニル化合物　129
　　――の生成　52
不飽和結合　15, 135
不飽和脂肪酸　55, 56, 57
プラスチック　149
（+）/（－）表示法　101
フラーレン　85
フラン　92, 94
フリーデル-クラフツ（Friedel-Crafts）反応　129
プリン　93
プリン塩基　118, 119
プリン誘導体　93
フルオレセイン　95, 154
フルオロカーボン　47
フルフラール　92
フレオン-12　47
ブレンステッド-ローリー（Brønsted-Lowry）の酸・塩基　55, 60
ブロックコポリマー　140
プロトン供与体　55
プロトン受容体　55
プロパナール　51
プロパノ-3-ラクタム　137
プロパノール　48
　　――の酸化　50
プロパナル　51
プロパン　29, 36, 37, 126
プロパン酸　54
　　――の生成　50
1,2,3-プロパントリオール　48, 51
プロピオンアルデヒド　51
プロピオン酸　54
　　――の生成　50
プロピルアミン　60
プロピル基　31
プロピレン　37, 38, 43, 44, 46, 59, 74, 148
プロピン　39
プロペン　38, 43, 46
プロペン酸　55
2-プロペン酸メチル　57
プロポキシ基　48
ブロモエタン
　　――の置換反応　17
ブロモトリフルオロメタン　47
2-ブロモプロパン　46
ブロモベンゼン　72
ブロモホルム　45
2-ブロモ-2-メチルプロパン
　　――の置換反応　17
プロリン　109
フロン　47, 160
フロンティア軌道　39
分極　16, 46
分散力　20, 21, 23

分子間相互作用　5, 7, 18, 20, 22, 24, 30, 44, 46, 106
分子軌道　12
　　アレンの――　69
　　水素の――　13
分子軌道法　12
分子式　27
分子認識　5
分子量分布　140
フント（Hund）の規則　8
平均重合度　140
平均分子量　140
並列（並発）反応　18, 19
ヘキサデカン酸　54, 57
1,3,5-ヘキサトリエン　66, 70
ヘキサノ-6-ラクタム　137
ヘキサメチルリン酸トリアミド　62
ヘキサン　16, 21, 29
ヘキサン酸　54
ヘキサン酸エチル　57
ヘキシルオキシ基　48
ベークライト　139, 149
βシート　111
βストランド　111
ペダーセン（Pedersen, C. J.）　5
β体
　　糖の――　115
ヘテロ環式化合物　87
ヘテロ原子　44, 62, 87
ペニシリン　95, 137
pH　56, 90
ヘプタン　21, 29, 148
ペプチド　109
ペプチド結合　62, 109, 110, 112, 138
ヘミアセタール　115
　　――の生成　53
ヘム　93
変異原性　158
偏光面　99
ベンジジン　158
ベンジル基　73
ベンズアルデヒド　78
変性　111
ベンゼン　21, 27, 72, 73, 74, 78, 84, 85, 148, 157, 158, 159, 160, 161
　　――と臭素分子の反応　81
　　――のアシル化　129, 130
　　――のアルキル化　129
　　――の主な求電子置換反応　81
　　――の電子密度　70
　　――のニトロ化　76
ベンゼンカルボン酸　73
　　――の置換基効果　76
変旋光　115
ベンゼンジアゾニウム塩　83
ベンゼン-1,4-ジオール　73
ベンゼン-1,4-ジカルボン酸　73, 74
ベンゼンスルホン酸　82
ベンゾ[b]チオフェン　88
ベンゾ[b]ピリジン　89
ベンゾ[a]ピレン　159
ベンゾ[b]ピロール　92

# 174　和文索引

2-ベンゾフラン-1,3-ジオン　73
ペンタセン　83, 84
3-ペンタノン　51
ペンタン　29, 32
ペンチルオキシ基　48

方位量子数　7, 8
芳香環　23
芳香族化合物　25, 72, 87, 128
　——とにおい　75
　——の性質　75
　——の体系的名称　73
　——の反応　80
芳香族求電子置換反応　81, 94
芳香族性　72, 88, 90
芳香族複素環式化合物　87
包接化合物　37
防腐剤　86
飽和化合物　15
飽和脂肪酸　56, 57
　——の体系的名称　54
保護基　133, 134
補色　69
ホスト-ゲスト会合体　5
ポテンシャルエネルギー　10, 20, 21, 22, 98
ホフマン（Hoffmann, R.）　131
HOMO（ホモ）　39, 40, 41, 67, 68, 79, 131
ホモポリマー　140
ポリアセチレン　164
ポリアミド　3, 62, 137
ポリウレア　138
ポリウレタン（PUR）　74, 138, 151
ポリエステル　137, 138
ポリエチレン（PE）　37, 136, 140, 148, 150
ポリエチレングリコール　137
ポリエチレン繊維　155
ポリエチレンテレフタレート（PET）　151
ポリ塩化ビニル（PVC）　136, 150
ポリ塩化ビフェニル（PCB）　161, 163
ポリオキシエチレン　137
ポリオキシメチレン繊維　155
ポリカプロラクトン　156
ポリカーボネート（PC）　75, 151
ポリグリコール酸　156
ポリ酢酸ビニル　136
ポリスチレン（PS）　74, 136, 151
ポリスルホン　156
ポリチオフェン　92
ポリ乳酸　156
ポリ尿素　138
ポリ-3-ヒドロキシ酪酸　156
ポリピロール　91
ポリ($p$-フェニレンテレフタルアミド)　155
ポリフェノール　79, 86
ポリプロピレン（PP）　37, 150
ポリペプチド　109, 138
ポリマー　43, 135
ポリメタクリル酸メチル　151, 156
ポーリング（Pauling, L.）　15, 22
ポルフィリン　93
ポルフィン　93
ホルマリン　50, 53
ホルミル基　113

2-ホルミルフラン　92
ホルムアルデヒド　51, 53, 54, 89, 127, 138, 139, 158, 159
ホルモン　5, 24, 158
ホール輸送材料　79, 153

## ま 行

マルコフニコフ（Markovnikov）則　43
マルトース　115
慢性毒性　157, 164

水　16, 21
　——のアルケンへの付加　42, 43
ミセル　55, 56, 61

無極性分子　16, 23
無水フタル酸　73, 74
ムスコン　2

命名法
　複素環式化合物の——　87
　芳香族の化合物の——　72
　有機化合物の——　25
　立体化学の——　100
メソメリー効果　45, 77
メタクリル酸　56
メタクリル酸メチル　57
メタクリル樹脂（PMMA）　151
メタナール　51
メタノール　21, 48, 50, 53, 59
メタ配向性　82
メタロセン触媒　141
メタン　11, 12, 14, 29, 35, 36, 44, 126
メタン酸　54
メタン酸エチル　57
メタンチオール　62
メタンハイドレート　37
メチオニン　109
メチルアセチレン　39
メチルアミン　60, 127
メチル基　30, 31, 40, 83, 124, 148
4-メチル-3,5-ジニトロ安息香酸　77
メチルナフタレン　84
1-メチル-3-ニトロベンゼン　72
メチルパラチオン　161
メチルビオローゲン　158
2-メチルブタン　31, 32
2-メチル-2-プロパノール　50
2-メチルプロパン　25, 31, 36
2-メチルプロパン-2-オール
　——の生成　17
2-メチルプロペン　38
2-メチルプロペン酸メチル　57
2-メチルヘプタン　148
4-メチル-3-ヘプテン　101
メチルベンゼン　73
メチルペンタン　31
メチルラジカル　35
メトキシ基　48, 82
メラミン樹脂（MF）　54, 138, 139, 151

面偏光　99

モノマー　43, 135
モーベイン　145

## や 行

ヤングの式　143
ヤング率　143, 155
有害性評価
　有機化合物の——　164
有害大気汚染物質　159, 160
有機 EL　89, 164
有機化学　1
　——と生命現象　121
有機化学工業　3, 143, 144
有機化合物　1
　——の機能　4
　——の命名法　25
有機機能材料　87, 152
有機金属化合物　46, 62
誘起効果　45, 77
有機材料　1, 164
有機導電体　92, 95, 164
有機光導電材料（OPC）　79, 153
有機分子不斉触媒　106
有機マグネシウム化合物　46, 128
誘起力　21, 22
融点
　アルキンの——　39
　アルケンの——　38
　アルコールとエーテルの——　48
　アルデヒドとケトンの——　51
　キシレンの——　74
　5員環複素環式化合物の——　92
　脂肪族アミンの——　60
　直鎖アルカンの——　29
　ベンゼン誘導体の——　73
　飽和脂肪酸の——　54
　6員環複素環式化合物の——　89
誘電率　10, 21
遊離基　35, 135
油脂化学工業　152
UV 吸収剤　80

陽イオン　9
陽子　7
ヨードホルム　45

## ら 行, わ

ラウリン酸　54
酪酸　54, 58
酪酸エチル　57
酪酸メチル　57
ラクタム　136, 137
ラジカル　35, 36, 135
ラジカル重合　136

## 和文索引

ラジカル反応　18, 19, 35, 44
ラジカル連鎖反応　35, 36, 47, 148
ラセミ体　103, 104
ランダムコポリマー　140

力学・強度機能材料　155
リシン　109
律速段階　18, 41
立体異性体　25, 33, 38, 115
　──の分類　103
立体化学　97
　──の命名法　100
立体障害　20
立体選択性　133
立体配座　30, 34, 98
立体配置　33, 98

立体反発　20, 31, 40, 102
リノール酸　56
リボ核酸　120
リホーミング　73
硫　酸
　──のアルケンへの付加　42
量子数　8
両親媒性分子　48
リン酸ジエステル結合　118, 119
リン脂質　117

ルイス（Lewis）塩基　55
ルイス（Lewis）酸　55, 72, 81, 130
LUMO（ルモ）　40, 41, 67, 68, 85, 131

レシチン　117

レセプター　5, 24, 106, 107, 112, 113, 117
レナード-ジョーンズ（Lennard-Jones）式　20
レボプロポキシフェン　97, 98, 100
レーヨン　3
レーン（Lehn, J.-M）　4, 5
連鎖移動　136
連鎖反応　43, 136
連続反応　19

ロイシン　109, 121
6員環複素環式化合物　88, 90, 94
　──の体系的名称　89
ローダミンB　154

ワッカー（Wacker）法　144

# 欧文索引

## A

α helix　111
acetal　53
acetaldehyde　51
acetamide　62
acetic acid　28, 54
acetone　51
acetonitrile　63
acetylne　15, 39
achiral　99
acid　55
acid anhydride　58
acid–base reaction　126
acid dissociation constant　56
acid rain　160
acrylic acid　55
acrylonitrile　159
activation energy　18
acute toxicity　157
adamantane　34
addition condensation　138
addition polymerization　136
addition reaction　19
adenine　119
aflatoxin　158
alcohol　47
aldehyde　51
Alder, K.　131
aldol condensation　52
aldose　113
alicyclic compound　33
alicyclic hydrocarbon　29
aliphatic amine　59
aliphatic compound　28
alizarin　2
alkane　28, 37
alkenyl　38
alkoxy　27, 48
alkoxycarbonyl　26
alkyl　38
alkyl halide　45
alkylthio　27
alkyne　38
alkynyl　38
allene　69
alternating copolymer　140
amide　61
amine　59
amino　26
amino acid　108
amino group　59

amorphous　141
amylase　116
angiotensin　110
angle strain　33
aniline　73
anionic polymerization　136
anisole　78
anthocyanin　90
anthracene　84
anthraquinone　84
antibonding molecular orbital　13
antioxidant　79
aromatic compound　72
aromatic electrophilic substitution　81
aromaticity　72
asymmetric carbon　32
asymmetric catalysis　105
asymmetric synthesis　105
atom　7
atomic nucleus　7
atomic orbital　8
average molecular weight　140
axial　34
azido　27
azole　92

## B

β sheet　111
β strand　111
bakelite　139
base sequence　118
benzene　70, 73
benzenecarboxylic acid　73
benzene–1,4–dicarboxylic acid　73
benzene–1,4–diol　73
benzidine　158
2–benzofuran–1,3–dione　73
benzoic acid　73
benzo[a]pyrene　159
benzo[b]pyridine　89
benzo[b]pyrrole　92
benzo[b]thiophene　88
benzyl group　73
1,1′–bi–2–naphthol　99
biodegradable polymer　155
bioethanol　117
biological concentration　162
2,2–bis(4–hydroxyphenyl propane)　73
bisphenol A　73
block copolymer　140
boat conformation　34
bonding molecular orbital　13

bond moment　16
bromo　27
bromobenzene　72
bromoethane　17
bromoform　45
2–bromo–2–methylpropane　17
bromotrifluoromethane　47
1,3–butadiene　65
butane　29
butanoic acid　54
1–butanol　48
butanone　51
butene　37, 38
but–2–ene　27
2–butenoic acid　55
butoxy　48
butyne　39
butyric acid　54

## C

caffeine　157
canonical structure formula　70
caproic acid　54
ε–caprolactam　137
captopril　114
carbamoyl　26
carbanion　42
carbazole　92
carbide　44
carbocation　42
carbohydrate　113
carbon fiber　155
carbon fiber reinforced plastics　164
carbon framework　123
carbon nanotube　85
carbon tetrachloride　45
carbonyl group　51
carboxy　26
carboxy group　54
carboxylic acid　54
carcinogenicity　158
β–carotene　68
Carothers, W. H.　3
CAS registry number　28
catalyst　16, 134
cationic polymerization　136
C－C bond forming reaction　125
cell membrane　117
cellulase　117
cellulose　116
chain transfer　136
chair conformation　34

characteristic group 27
charge transfer 22
chemical bond 10
chemical reaction 16
chemoselectivity 132
chirality 32
chloro 27
chlorobenzene 78
chloroethane 45
chlorofluorocarbon 47
chloroform 45
chloromethane 45
chloromethoxymethane 159
chloromethyl methyl ether 159
chlorophyl I 93
cholesterol 117
chronic toxicity 157
cis 38
clathrate compound 37
combustion reaction 36
commodity plastics 150
common name 28
compositional formula 27
condensation polymerization 137
condensation reaction 19
conformation 30
conjugated acid–base pair 55
conjugated diene 65
copolymer 140
core electron 8
Coulomb force 10
covalent bond 10
cracking 148
Cram, D. J. 5
cross coupling 83
crosslinked polymer 140
crotonic acid 55
crown ehter 5
cumene 74
Curl, R. F. 85
cyano 26
cyano group 63
cyanohydrin 52
cycloalkane 29
cyclobutadiene 71
cyclobutane 33
cycloheptane 33
cyclohexadiene 66
cyclohexane 33, 66
cyclooctane 33
cyclooctatetraene 71
cyclopentane 33
cyclopropane 33
cytosine 119

## D

decalin 34
decane 29
degree of polymerization 140
delocalization 65
delocalization energy 66
denaturation 111

deoxyribonucleic acid 118
4,4′–diaminobiphenyl 158
diastereomer 102
1,3–diazine 89
diazo 27
diazo coupling 83
1,3–diazole 92
diazonium salt 83
dibenzo[$b,d$]pyrrole 92
dichlorodifluoromethane 45, 47
dichloromethane 45
Diels, O. 131
diene 65
diethylamine 60
diethylether 48
dihydroxyacetone 114
dimer 135
dimethylacetylene 39
dimethylbenzene 73
dimethylbutane 31
dimethylmercury 62
2,2–dimethylpropane 31
dimethyl sulfoxide 62
2,4–dimethylthiophene 88
1,4–dioxane 48
dioxins 162
dipole moment 16
disaccharide 115
dispersion force 21
disproportionation 136
dodecane 29
dodecanoic acid 54
dopamine 113
double helix structure 118
dye 153

## E

eclipsed conformation 30
elasticity 143
elastic modulus 143
electron 7
electron affinity 9
electron configuration 8
electronegativity 15
electrophilic addition 42
electrophilic reaction 19
electrostatic interaction 10
elimination reaction 19
enantiomer 32
endocrine disrupting chemicals 158
endorphin 110
endothermic reaction 16
engineering plastics 150
enolate ion 129
environmental hormones 158
enzyme 111
epicatechin 79
epoxide 137
1,2–epoxyethane 137
equatorial 34
ester 55
ethanal 51

ethanamide 62
ethane 14, 29, 38
1,2–ethanediamine 60
1,2–ethanediol 48
ethanenitrile 63
ethanoic acid 54
ethanol 48
ethene 14
ethenylbenzene 73
ethenyl group 137
ether 48
ethoxy 48
ethoxyethane 48
ethyl 31
ethylacetylene 39
ethylamine 60
ethylbenzene 72
ethyl butanoate 57
ethyl butyrate 57
ethyl caproate 57
ethylene 14, 38
ethylenediamine 60
ethyleneglycol 48
ethylene oxide 137
ethyl formate 57
ethyl hexanoate 57
ethyl methanoate 57
1–ethyl–3–methylbenzene 72
5–ethyl–3–methyloctane 32
ethyne 15, 39
exothermic reaction 16

## F, G

first–order reaction 18
fluorescent dye 153
fluoro 27
fluorocarbon 47
formaldehyde 51
formalin 53
formic acid 54
formyl 26
2–formylfuran 92
free radical 35
frontier orbital 39
fullerene 85
functional group 27
functional group interconversion 125
furan 92
furfural 92

gel 142
genome 164
geometrical isomer 38
geraniol 2
glass transition temperature 141
glucose 114
glyceraldehyde 114
glyceride 56
glycerin 48
glycerol 51
graft copolymer 140
graphite 84

green house effect gas 161
Grignard, V. 46
guanine 119

## H

haloalkane 45
haloformyl 26
halon 47
halonium ion 42
heat of reaction 16
heme 93
hemiacetal 53
heptane 29
heteroatom 87
heterocyclic compound 87
hexadecanoic acid 54
1,4-hexadiene 37
hexa-1,4-diene 37
hexamethylphosphoric triamide 62
hexane 29
hexanoic acid 54
hexano-6-lactam 137
1,3,5-hexatriene 66
hexyloxy 48
high density polyethylene 141
higher alcohol 28
higher alkane 28
higher fatty acid 28
highest occupied molecular orbital 39
hight strength fiber 155
histamine 163
Hoffmann, R. 131
hormone 5
Human Genome Project 164
hybridization 11
hybrid orbital 11
hydrazone 52
hydrocarbon 28
hydrochlorofluorocarbon 47
hydrodesulfurization 147
hydrofluorocarbon 47
hydrogen bond 22
hydrophobic interaction 23
hydroquinone 73
hydrotreating 147
hydroxy 26
hydroxybenzene 73
$p$-hydroxybenzoic acid 78
hydroxyl group 47

## I〜L

icosane 29
imidazole 92
imine 61
imino 26
indigo 2, 92
indole 92
induced force 21
inductive effect 45
initiation reaction 35
insuline 110

intermolecular interaction 18
International Union of Pure and Applied
　　　　　　　　　Chemistry 25
iodo 27
iodoform 45
ionic bond 10
ionic polymerization 136
ionization energy 9
isocrotonic acid 55
isolated diene 65
isomer 25
isoxazole 88

ketone 51
ketose 113
Knowles, W. S. 105
Kroto, H. W. 85

lactam 137
lauric acid 54
lecithin 117
Lehn, J.-M. 4, 5
lethal dose 157
linear combination of atomic orbital 12
linear low density polyethylene 141
lipid 116
liquefied natural gas 37
liquid crystal 155
low density polyethylene 141
lowest unoccupied molecular orbital 40

## M, N

macromolecule 135
maltose 115
Material Safety Data Sheet 165
mauveine 145
melamine 139
melamine resin 139
mercapto 26
mesomeric effect 45
meta orientation 82
methanal 51
methane 11, 29
methane hydrate 37
methanethiol 62
methanoic acid 54
methanol 48
methoxy 48
methyl 31
methylacetylene 39
methyl acrylate 57
methylamine 60
methylbenzene 73
2-methylbutane 31
methyl butanoate 57
methyl butyrate 57
methyl methacrylate 57
methyl 2-methylpropenoate 57
methylnaphthalene 84
1-methyl-3-nitrobenzene 72
methylpentane 31
2-methylpropane 31

2-methylpropene 38
methyl 2-propenoate 57
methyl viologen 158
micelle 55
molecular formula 27
molecular orbital 12
molecular orbital theory 12
molecular recognition 5
molecular weight distribution 140
monomer 135
monosaccharide 114
multiple intermolecular interraction 24
muscone 2
mutagenicity 158

naphtha 44
naphthalene 84
natural resin 149
niacin 90
nitrile 63
nitrilo 26
nitro 27
nitroalkane 62
nitrobenzene 78
nitroglycerin 51
nitro group 62
$p$-nitrophenol 80
nitroso 27
nitroyl ion 76
node 8
nonane 29
nonpolar molecule 16
nonylphenol 165
norbornane 34
nucleobase 118
nucleophilic displacement reaction 46
nucleophilic reaction 19
nucleotide 118
nylon 3

## O, P

octadecanoic acid 54
9-octadecenoic acid 55
octane 29
octane number（octane value） 148
octyl acetate 57
octyl ethanoate 57
olefin 37
oleic acid 55
oligomer 135
onia 26
onio 26
optically active substance 99
optical resolution 104
optical rotatory power 99
organic chemistry 1
organic compound 1
organic photoconductor 153
orientation force 21
ortho-para orientation 82
1,2-oxazole 88
oxidation 126

oxidation inhibitor 79
oxidation level 127
oxime 52
oxo 26
oxole 92
ozonosphere 160

π conjugated system 66
π-π stacking 23
palmitic acid 54
paraffin 35
parallel reaction 19
paraquat 158
parathion 157
Pauling, L. 15, 16
Pedersen, C. J. 5
penicillin G 95
pentacene 84
pentane 29
3-pentanone 51
pentyl acetate 57
pentyl hexanoate 57
pentyloxy 48
peptide 109
peptide bond 109
Perkin, W. H. 145
permittivity 10
phenanthrene 84
phenol 73
phenolic resin 139
phenoxy 48
phenylamine 73
phenyl group 73
3-phenyl-1-propanol 73
phospholipid 117
photochemical smog 160
phthalic anhydride 73
pigment 153
piperidine 89
plane of polarization 99
plane polarized light 99
plasticity 143
plastics 149
polarization 16
polar molecule 16
pollutant release and transfer register 165
polyaddition 138
polychlorinated biphenyl 163
polychlorinated dibenzo-1,4-dioxins 162
polychlorinated dibenzofurans 162
polycondensation 137
polycyclic aromatic compound 83
polyethylene glycol 137
polymer 135
polymerization 135
polyoxyethylene 137
polypeptide 109
polyphenol 79
polysaccharide 116
polyurea 138
polyurethane 138
porphine 93
porphyrin 93

primary structure 110
product 16
promotion 11
propagation reaction 35
propanal 51
propane 29
1,2,3-propanetriol 48
propanoic acid 54
propanol 37, 48
propan-2-ol 37
propano-3-lactam 137
propanone 51
propene 38
propenoic acid 55
propionaldehyde 51
propionic acid 54
propoxy 48
propyl 31
propylamine 60
propylene 38
propyne 39
protective group 134
protein 108
proton acceptor 55
proton doner 55
purine 93, 118
pyrene 84
pyridine 89
pyridine-3-carboxylic acid 88
pyrimidine 89, 118
pyrrole 92
pyrrolidine 92

## Q, R

quaternary ammonium salt 60
quinine 90
quinoline 89

racemic modification 103
radical 35
radical chain reaction 35
radical polymerization 136
radical reaction 19, 35
random copolymer 140
rate constant 18
rate-determining step 18
rational formula 27
rayon 3
reactant 16
reaction order 18
rearrangement reaction 19
receptor 106
redox reaction 126
reduction 126
regenerated fiber 3
regioselectivity 133
resonance hybrid 71
resonance structure 70
reversible reaction 19
ribonucleic acid 120
ring opening polymerization 136

## S

saturated compound 15
secondary structure 111
second-order reaction 18
selective reaction 132
selectivity 112, 132
semisynthetic fiber 3
serotonin 92
Sharpless, K. B. 105
simazine 161
singly occupied orbital 39
Smalley, R. E. 85
sodium alkoxide 50
specific rotation 100
staggered conformation 30
starch 116
stearic acid 54
stepwise reaction 19
stereochemistry 97
stereoisomer 33
stereoselectivity 133
steric hindrance 20
steric repulsion 31
stress-strain curve 143
structural formula 27
structural isomer 32
styrene 73
substituent 27
substituent constant 76
substituent effect 45
substitution reaction 19
substitutive nomenclature 25
substrate specificity 111
sucrose 115
sugar 113
sulfo 26
supramolecular chemistry 5
surface-active agent (surfactant) 152
symbol of elements 7
synthetic fiber 3
synthetic resin 149

## T

terephtalic acid 73
termination reaction 35
tertiary structure 111
testosterone 113
tetracene 84
2,3,7,8-tetrachlorodibenzo[b,e][1,4]dioxine 162
tetrachloromethane 45
tetradecane 29
tetrahydrofuran 48
tetramethylsilane 62
tetrodotoxin 158
thalidomide 108
thermoplasticity 143
thermoplastic resin 149
thermosetting resin 149
thiol 88

thiole  88, 92
thiophene  88, 92
thixotropy  142
thymine  119
toluene  73
trans  38
transition  67
transition state  17
triacontane  29
triacylglycerol  117
1,3,5-triazine-2,4,6-triamine  139
tribromomethane  45
1,2,4-trichlorobenzene  72
1,1,2-trichloroethene  45
trichloroethylene  45
trichloromethane  45
triethylamine  60

triethylalminium  62
triethylphosphine  62
triiodomethane  45
trimer  135
2,3,6-trimethylheptane  32

## U〜X

ultraviolet absorbent  80
undecane  29
unsaturated bond  15
unsaturated compound  15
uracil  120
urea  3
uric acid  93

urushiol  86

valence bond theory  11
valence electron  8
vinylbenzene  73
vinyl compound  137
vinyl group  137
viscoelasticity  143
viscosity  142
visible rays  69
vitamin A  117

wave function  7
Wöhler, F.  3
Woodward, R. B.  131

xylene  73

荒木孝二

1948年 大阪に生まれる
1976年 東京大学大学院工学系研究科博士課程 修了
現 東京大学生産技術研究所 教授
専攻 有機機能材料
工学博士

工藤一秋

1963年 岩手県に生まれる
1993年 東京大学大学院工学系研究科博士課程 修了
現 東京大学生産技術研究所 教授
専攻 有機合成化学, 有機材料化学
工学博士

第1版 第1刷 2010年9月15日 発行

有 機 化 学
―基礎化合物から機能材料まで―

Ⓒ 2010

著 者 荒 木 孝 二
　　　　工 藤 一 秋

発行者　小 澤 美 奈 子
発　行　株式会社 東京化学同人
東京都文京区千石3丁目36-7（〒112-0011）
電話 03-3946-5311・FAX 03-3946-5316
URL: http://www.tkd-pbl.com/

印刷・製本　株式会社 シ ナ ノ

ISBN978-4-8079-0734-2
Printed in Japan

## ソレル 有機化学（上・下）

Thomas N. Sorrell 著
村田道雄・石橋正己・木越英夫・佐々木 誠 監訳

B5変型判　2色刷
上巻：440ページ　本体4200円＋税
下巻：464ページ　本体4400円＋税

官能基の構造と反応機構を結びつけて，酵素反応を含めた化学反応をわかりやすく体系化して解説．反応機構は丁寧に解説されており，各章で取上げる機器分析，新しい合成反応や分子認識，高分子合成などを扱っている点も特徴である．

## マクマリー 有機化学（上・中・下）第7版

John McMurry 著
伊東　椒・児玉三明・荻野敏夫・深澤義正・通　元夫 訳

A5判上製　カラー
上巻：544ページ　本体4500円＋税
中巻：420ページ　本体4400円＋税
下巻：432ページ　本体4400円＋税

世界的に広く採用されている教科書の最新第7版．今回の改訂では，本書の特徴となる反応機構の説明スタイルはそのままに，新規の反応や約100題にも及ぶ章末問題の追加がなされた．図版も一新された．

2010年8月現在

## ウォーレン 有機化学（上・下）

S. Warren ほか 著

野依良治・奥山 格・柴﨑正勝・檜山爲次郎 監訳

B5 変型判　カラー
上・下巻各 812 ページ　本体各 6500 円＋税

反応例を中心にまとめられた新しいアプローチの教科書．各章の最初に「必要な基礎知識」，「本章の課題」，「今後の展開」が示されており，学習前と後で習熟度の確認ができる．さらに章末の「問題」で再確認できる．合成反応の実例も多く丁寧な解説で読者に考え方の幅と深みをもたせるように工夫．

## ジョーンズ 有機化学（上・下）
## 第3版

M. Jones, Jr. 著

奈良坂紘一・山本 学・中村栄一 監訳

B5 変型判　カラー
上巻：752 ページ　本体 6400 円＋税
下巻：600 ページ　本体 6400 円＋税

学生に直接語りかける文章で反応機構を丁寧に解説した評判の教科書．膨大な有機反応が，共通の概念や考え方で統一的に理解でき，構造式の表記にも細心の注意が払われている．この第3版では教師の要望で有機反応に関する議論が早い段階で登場．下巻にCD-ROM付．

2010 年 8 月現在